中国石油天然气集团公司统编培训教材

天然气与管道业务分册

液化天然气接收站建设与运行

《液化天然气接收站建设与运行》编委会　编

U0310151

石油工业出版社

内 容 提 要

本书内容主要包括液化天然气接收站的功能和组成、重点工程施工、关键设备安装、试运投产、运行与维护、冷能利用等。

本书可作为液化天然气接收站工程建设管理人员、设计人员、采购人员、施工管理人员及运行维护人员的培训用书,也可供其他相关人员参考。

图书在版编目(CIP)数据

液化天然气接收站建设与运行/《液化天然气接收站建设与运行》编委会编. —北京:石油工业出版社,2017.8

中国石油天然气集团公司统编培训教材

ISBN 978 – 7 – 5183 – 1987 – 9

Ⅰ. ①液… Ⅱ. ①液… Ⅲ. ①液化天然气储存 – 技术培训 – 教材 Ⅳ. ①TE82

中国版本图书馆 CIP 数据核字(2017)第 161270 号

出版发行:石油工业出版社

　　　　(北京安定门外安华里 2 区 1 号　 100011)

　　　　网　址:www. petropub. com

　　　　编辑部:(010)64269289　 图书营销中心:(010)64523633

经　　销:全国新华书店

印　　刷:北京中石油彩色印刷有限责任公司

2017 年 8 月第 1 版　 2017 年 8 月第 1 次印刷

710 × 1000 毫米　 开本:1/16　 印张:21.5

字数:400 千字

定价:75.00 元

《液化天然气接收站建设与运行》
编 审 人 员

主　　编：章泽华

副 主 编：刘海春　　狄启腾　　李生怀　　周荣星
　　　　　水明星　　艾绍平

编写人员：杜书成　　王杰夫　　郑大明　　尹清党
　　　　　都书海　　宋修益　　杨　超　　吴　斌
　　　　　张　奕　　班　毅　　韦勇军　　宋江卫
　　　　　胡　颖　　王念榕　　师　祥　　雒海龙
　　　　　孙庆东　　车明东　　王　喆　　张　鑫
　　　　　陈林斌　　张　彬　　朱成安　　高　辉
　　　　　彭　超　　张鹏飞　　贾运行　　张　勇
　　　　　王　璐　　张　俊　　赵智勇　　侯旭光
　　　　　刘芊菁　　刘　畅　　王宏帅　　郭　爽
　　　　　肖超然　　赵小男　　白　维　　杨忠明
　　　　　罗圣锜　　叶馨然　　张宁宁　　刘　坤
　　　　　刘　楠　　杨红蕊　　潘骁骅　　穆宇轩
　　　　　刘筠竹　　田路江　　赵弘翔　　唐永娜

刘攀攀　张瑞超　周　旭　岳　鹏
张　圆　赵以琛　李　静　许文洋
李昌徽　王　乐　王若凡　陈静明
曲　帅　于传生　吕　杰　蒲志远
杨信一　罗玉龙　刘　可　李　硕
郭　新　周　游　刘　超　石晓星
张沫寒

审定人员：李　伟　陈健峰

序

　　企业发展靠人才，人才发展靠培训。当前，集团公司正处在加快转变增长方式，调整产业结构，全面建设综合性国际能源公司的关键时期。做好"发展"、"转变"、"和谐"三件大事，更深更广参与全球竞争，实现全面协调可持续，特别是海外油气作业产量"半壁江山"的目标，人才是根本。培训工作作为影响集团公司人才发展水平和实力的重要因素，肩负着艰巨而繁重的战略任务和历史使命，面临着前所未有的发展机遇。健全和完善员工培训教材体系，是加强培训基础建设，推进培训战略性和国际化转型升级的重要举措，是提升公司人力资源开发整体能力的一项重要基础工作。

　　集团公司始终高度重视培训教材开发等人力资源开发基础建设工作，明确提出要"由专家制定大纲、按大纲选编教材、按教材开展培训"的目标和要求。2009年以来，由人事部牵头，各部门和专业分公司参与，在分析优化公司现有部分专业培训教材、职业资格培训教材和培训课件的基础上，经反复研究论证，形成了比较系统、科学的教材编审目录、方案和编写计划，全面启动了《中国石油天然气集团公司统编培训教材》（以下简称"统编培训教材"）的开发和编审工作。"统编培训教材"以国内外知名专家学者、集团公司两级专家、现场管理技术骨干等力量为主体，充分发挥地区公司、研究院所、培训机构的作用，瞄准世界前沿及集团公司技术发展的最新进展，突出现场应用和实际操作，精心组织编写，由集团公司"统编培训教材"编审委员会审定，集团公司统一出版和发行。

　　根据集团公司员工队伍专业构成及业务布局，"统编培训教材"按"综合管理类、专业技术类、操作技能类、国际业务类"四类组织编写。综合管理类侧重中高级综合管理岗位员工的培训，具有石油石化管理特色的教材，以自编方式为主，行业适用或社会通用教材，可从社会选购，作为指定培训教材；专业技术类侧重中高级专业技术岗位员工的培训，是教材编审的主体，按照《专业培训教材开发目录及编审规划》逐套编审，循序推进，计划编审300余门;操作技能类以国家制定的操作工种技能鉴定培训教材为基础,侧重主体专业(主要工种)骨干岗位的培训;国际业务类侧重海外项目中外员工的培训。

"统编培训教材"具有以下特点:

一是前瞻性。教材充分吸收各业务领域当前及今后一个时期世界前沿理论、先进技术和领先标准,以及集团公司技术发展的最新进展,并将其转化为员工培训的知识和技能要求,具有较强的前瞻性。

二是系统性。教材由"统编培训教材"编审委员会统一编制开发规划,统一确定专业目录,统一组织编写与审定,避免内容交叉重叠,具有较强的系统性、规范性和科学性。

三是实用性。教材内容侧重现场应用和实际操作,既有应用理论,又有实际案例和操作规程要求,具有较高的实用价值。

四是权威性。由集团公司总部组织各个领域的技术和管理权威,集中编写教材,体现了教材的权威性。

五是专业性。不仅教材的组织按照业务领域,根据专业目录进行开发,且教材的内容更加注重专业特色,强调各业务领域自身发展的特色技术、特色经验和做法,也是对公司各业务领域知识和经验的一次集中梳理,符合知识管理的要求和方向。

经过多方共同努力,集团公司"统编培训教材"已按计划陆续编审出版,与各企事业单位和广大员工见面了,将成为集团公司统一组织开发和编审的中高级管理、技术、技能骨干人员培训的基本教材。"统编培训教材"的出版发行,对于完善建立起与综合性国际能源公司形象和任务相适应的系列培训教材,推进集团公司培训的标准化、国际化建设,具有划时代意义。希望各企事业单位和广大石油员工用好、用活本套教材,为持续推进人才培训工程,激发员工创新活力和创造智慧,加快建设综合性国际能源公司发挥更大作用。

《中国石油天然气集团公司统编培训教材》
编审委员会

前 言

中国经济的发展和能源结构的不断优化调整,对加快发展清洁高效能源提出了日益迫切的要求。液化天然气(LNG)接收站项目群是我国"四大油气进口战略通道"之一的海上油气战略通道的重要组成部分,有强大的应急调峰功能且相关业务受地缘政治影响较小。国内已建、在建和扩建中的LNG接收站约20座,LNG贸易量以每年约12%的速度增长,更加有力地保障了国家能源安全,为国家经济稳步发展奠定了基础。

本书结合中国石油LNG接收站工程建设和运行维护经验以及项目研究成果,为读者介绍LNG行业发展情况以及LNG接收站的定位、规模、组成等概念,对工程建设、试运投产、运行维护等内容进行了重点阐述。为LNG接收站工程建设的管理、设计、采购、施工管理人员及运行维护人员提供参考。

本书由中石油京唐液化天然气有限公司组织编写。章泽华任主编,并与艾绍平等人承担第一章的编写工作;狄启腾、杨超、艾绍平等人负责第二章的编写工作;水明星、都书海、王杰夫等人负责第三章的编写工作;李生怀、周荣星、都书海、吴斌、郑大明、尹清党、宋修益等人负责第四章至第六章的编写工作;周荣星等人负责第七章的编写工作。全书由李伟、陈健峰两位教授级高级工程师审定。

本书在编写过程中得到了中国石油天然气与管道分公司、中石油江苏液化天然气有限公司、中石油大连液化天然气有限公司、中国寰球工程公司领导和专家的关心和支持,在此深表感谢。

由于编者水平有限,本书难免存在错误和疏漏之处,恳请读者不吝指正。

编者

说　明

　　本教材可作为中国石油天然气集团公司所属各建设、设计、施工、生产等相关单位 LNG 接收站建设与运营培训的专用教材。本教材主要是针对从事 LNG 接收站建设与运营管理的中高级技术人员和管理人员编写的，也适用于操作人员的技术培训。教材的内容来源于实际工程施工，实践性和专业性很强，涉及内容广。为便于正确使用本教材，在此对培训对象进行了划分，并规定了各类人员应该掌握或了解的主要内容。

　　培训对象主要划分为以下几类：

　　(1)生产管理人员，包括工程建设管理人员、生产运营管理人员等。

　　(2)专业技术人员，包括工程建设专业技术人员、设计人员，施工单位技术人员、质量人员、安全人员，生产运营专业技术人员等。

　　(3)现场作业人员，包括生产单位维修及运营操作工人等。

　　各类人员应该掌握或了解的主要内容如下：

　　(1)工程建设单位的管理人员、专业技术人员、设计人员，施工单位的技术人员、质量人员、安全人员，要求掌握第一章、第二章、第三章、第四章、第五章、第七章的内容，要求了解第六章的内容。

　　(2)生产运营管理人员、生产运营专业技术人员、生产单位维修及运营操作工人，要求掌握第四章、第五章、第六章的内容，要求了解第一章、第二章、第三章、第七章的内容。

　　各单位在教学中要密切联系生产实际，在课堂教学为主的基础上，还应增加施工现场的实习、实践环节。建议根据教材内容，进一步收集和整理施工过程照片或视频，以进行辅助教学，从而提高教学效果。

目 录

第一章 概 述

液化天然气(Liquefied Natural Gas,LNG)主要成分为甲烷,具有热值高、燃烧产物对环境污染少等特点,是公认的优质清洁能源。本章主要介绍液化天然气的特性、应用、行业的发展以及 LNG 产业链的相关情况。

第一节 液化天然气特性及应用

一、液化天然气的特性

1. 组成

LNG 是指天然气原料经过预处理(脱水、脱烃、脱酸性气体),脱除其中的杂质后,再通过节流、膨胀和外加冷源制冷的低温冷冻工艺所形成的低温液体混合物。

LNG 的性质随组分变化而略有不同,其组成见图 1－1。LNG 的主要成分为甲烷,同时还有少量乙烷、丙烷和氮气等成分,其体积约为同量气态天然气体积的 1/600。天然气按烃类组分分类可分为贫气与富气,相对应组分的 LNG 就是贫液和富液。但其划分并没有一个统一的标准。根据文献调研,对于从气井井口采出的或由油、气田矿场分离器分离出的天然气而言,可按丙烷及以上烃类含量划分。其划分方

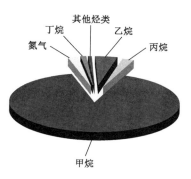

图 1－1 LNG 的组成

法如下:每立方米天然气中,丙烷以上(C_{3+})烃类按液态计小于 100mL 的天然气为贫气;每立方米天然气中,丙烷以上(C_{3+})烃类按液态计大于 100mL 的天然气为富气。

不同的 LNG 资源地 LNG 的组分也不同,同一资源地组分也有变化,一

般以资源地 LNG 的物性范围作为设计依据。某资源地 LNG 典型的贫液和富液组成见表 1-1。

表 1-1　某原料地 LNG 组成表

组分	物质的量浓度（%）	
	贫液	富液
氮	0.90	0.11
二氧化碳	0.00	0.00
甲烷	96.64	89.39
乙烷	1.97	5.76
丙烷	0.34	3.30
异丁烷	0.07	0.78
正丁烷	0.08	0.66
戊烷及以上重烃	0.00	0.00
合计	100.00	100.00
硫化氢（mL/m^3）	<3.5	<1.0
总硫含量（mL/m^3）	<17.5	<5.0
固体及杂质	无	无
相对分子质量	16.59	18.40

2. 物理性能

一般商业 LNG 的基本性质为：在 -162℃ 与 0.1MPa 条件下，LNG 为无色、无味、无毒且无腐蚀性的液体，基本物性参数见表 1-2。

表 1-2　LNG 基本物性参数

项目	密度	热值	燃烧极限	燃点	汽化潜热
参数	$430kg/m^3$	$2.4 \times 10^4 MJ/m^3$	5%~15%	650℃	$219.4MJ/m^3$

注：表内参数根据 LNG 组分不同略有差别。

3. 特点

LNG 主要有以下特点：

（1）LNG 体积比同质量的天然气约小 600 倍，可以大大节约储运空间和成本。

（2）LNG 储存效率高，占地少，投资省。按照每人每年生活用气 100m³

计算,设计规模为 $350 \times 10^4 t$ 的 LNG 接收站,可向约 5000 万人提供一年的生活用气。

（3）LNG 作为优质的车用燃料,与汽油相比,它具有辛烷值高、抗爆性能好、发动机寿命长、燃料费用低、环保性能好等优点。它可将汽油汽车尾气中排出的氮的氧化物减少 30% ~ 40%,CO 减少 90%,微颗粒排放减少 40%,噪声减少 40%,硫的氧化物和铅含量降为零。

（4）由于 LNG 组分较纯,燃烧完全,燃烧后生成二氧化碳和水,所以它是很好的清洁燃料,有利于保护环境,减少城市污染。天然气发电时 NO_x 和 CO_2 排放量仅为燃煤电厂的 20% 和 50%。作为工业气体燃料,可用于玻壳厂、工艺玻璃厂等,不仅环保,而且可以在一定程度上提升产品品质。

（5）LNG 汽化潜热高,液化过程中的冷量可回收利用。

（6）由于 LNG 汽化后密度很小,只有空气的一半左右,稍有泄漏立即飞散开来,不致引起爆炸。

4. 单位及换算

在国际 LNG 贸易中,一般采用美元/百万英热(美元/MMBtu)作为单位。其中英热(Btu)是英制热量单位,意思是将 1 磅水提升 1 华氏度所需要的热量。1MMBtu 约等于 1055.056MJ。

在国内计量交接中,普遍采用元/立方米(元/m³)作为单位。

二、液化天然气的应用

1. 交通行业应用

与传统燃油相比,LNG 燃料具有体积小、热值高,储量大、供应足,排放低、污染少,易运输、更安全等优势。但是,LNG 作为动力燃料,在我国应用和推广依然面临如成本高、续航能力较弱、配套基础设施严重不足等很多挑战。

1964 年 LNG 燃料船舶已经出现。我国 2009 年研制第一台船用柴油—LNG 双燃料发动机并成功应用,即在船舶现有柴油机的基础上,增加一套 LNG 供气系统和 LNG—柴油双燃料喷射系统,以实现单纯柴油和油气双燃料两种运行模式。

LNG 重卡在国际上已经普遍应用。我国在 20 世纪 90 年代也已开始小规模推广使用,目前使用最为广泛的是单燃料 LNG 重卡,北京等地也在大力推广 LNG 公交车。

世界上第一架以 LNG 为燃料的飞机(采用航空煤油—LNG 双燃料系统)在俄罗斯试飞成功,此项技术在我国还未有成功案例。

2014 年我国交通领域用气量达到 $225 \times 10^8 m^3$,增长 12.5% ,占天然气消费总量的比例为 12.3% 。但 2014 年下半年以来,受成品油和天然气价格调整影响,天然气相对汽柴油的经济性明显减弱,交通用气行业发展速度有所放缓。

2. 发电应用

随着非经合组织成员工业化的持续推进、全球经济电气化程度提高和环保要求的不断提升,工业和发电的天然气消费将持续快速增长,特别是在发电的燃料结构中,天然气的比重将进一步提升,发电将成为世界天然气消费增长的主要驱动力。

LNG 发电可分为 LNG 冷能发电及作为燃料发电。

1)LNG 冷能发电

LNG 冷能发电主要是依靠 LNG 与周围环境之间存在的温度差和压力差形成动力循环进行发电。LNG 冷能发电可有多种途径,常用的有利用 LNG 低温冷量的朗肯循环发电和利用 LNG 汽化后压力较高的天然气直接膨胀发电。

2)作为燃料发电

LNG 作为燃料发电的主要形式有天然气联合循环发电和冷热电三联产系统。前者既可满足局部电力需求,又可以并网发电,易于大型化。后者主要用于区域内的供电、制冷和供热。联合循环发电系统就是燃气轮机—蒸汽轮机(Rankin 循环)联合发电,天然气燃烧产生的 1300~1500℃ 高温烟气在燃气轮机内做功发电后,产生 500~600℃ 排气,在排气锅炉中回收热量、产生蒸汽、推动蒸汽轮机再次做功发电,这样两级产生动力的热力循环系统称作联合循环发电系统。目前,以天然气为燃料的联合循环发电机组的总效率最高可达到 60% 。

冷热电三联供(Combined Cooling,Heating and Power),是指以天然气为主要燃料带动燃气轮机、微燃机或内燃机、发电机等燃气发电设备运行,产生的电力供应用户的电力需求,系统发电后排出的余热通过余热回收利用设备(余热锅炉或者余热直燃机等)向用户供热、供冷。通过这种方式大大提高整个系统的一次能源利用率,实现了能源的梯级利用。三联供系统能充分利用天然气的热能,综合用能效率可达80%以上,同时可降低以天然气为燃料的供热成本,把一部分成本摊到电费上,减轻运营成本负担。

日本一直是世界上LNG进口最多的国家,其进口的LNG有75%以上用于发电,用作城市燃气的占20%~23%。韩国电力工业是韩国天然气公司Kogas的最大用户,所消费的LNG占该国LNG进口总量的一半以上。

随着天然气占中国一次能源消费比重的不断提高,天然气发电清洁环保的优势也越来越得到市场的认可。截止到2013年底,我国天然气发电装机已达$4309 \times 10^4 kW$,占全国总装机容量的3.45%;发电量达$1143 \times 10^8 kW \cdot h$,占总发电量的2.19%,已经超越核电,成为中国第四大电源。此外,中国能源发展"十二五"规划也明确提出,"十二五"期间新增(集中的)天然气发电$3000 \times 10^4 kW$,到2015年,中国天然气发电(集中式)装机规模将达到$5600 \times 10^4 kW$。根据近期中国电力企业联合会发布的《"十三五"天然气发电需求预测》报告指出,到2020年中国天然气发电装机规模将达$1 \times 10^8 kW$左右,占总发电装机的4.71%。

3. 工业原料应用

天然气作为工业原料应用广泛,作为大宗的两种化工产品——合成氨和甲醇,则是天然气经合成气$(CO + H_2)$间接制取的。以甲烷气为原料生产合成氨和甲醇的产量分别占两种产品总产量的85%和90%,构成了天然气化工利用的核心。此外,以天然气为一次加工产品的还有甲醇、炭黑等二十几个品种,经过二次或者三次加工后的重要化工产品则包括甲醛、醋酸、碳酸、二甲酯等五十多个品种以上。与其他原料相比,以LNG汽化后的天然气为原料的化工产品装置具有投资少、能耗低、占地少、所需劳动力较少、环保性好、运营成本低等优点。

第二节　液化天然气行业发展现状

一、国外发展情况

1. 液化天然气行业起源

天然气产业发展的瓶颈在于其运输和储存技术,液化天然气技术的发展和成熟,为天然气工业的大发展创造了更好的条件。液化天然气由天然气经压缩、冷却等一系列工艺处理后变成液态,使得天然气的储存和长途运输更加便利。此项技术早在1914年就出现了,真正成熟是在第二次世界大战以后。1959年,"甲烷先锋号"把第一船液化天然气从美国路易斯安那州穿越大西洋,运抵英国的坎威岛,实现了世界第一次天然气液化运输。1964年,阿尔及利亚阿尔泽天然气液化厂投入生产,此后英法两国很快就签订了供气合同。这是世界第一座商业化、大规模的天然气液化厂,液化天然气海上跨洲运输也从此开始。但是液化天然气工业在20世纪70年代前并未有太快发展,其地位的提高是在20世纪90年代末期。

1)液化工厂和LNG主要产地

随着天然气需求增长带动了LNG工业增长,近10年来全球LNG贸易量逐年提高,根据BP能源统计,2015年全球LNG贸易量为2.49×10^8t,比2014年增加了443×10^4t。LNG贸易的蓬勃发展,推动了全球LNG液化生产能力快速增长,尼日利亚、特立尼达和多巴哥、卡塔尔、澳大利亚等LNG生产国的出现,使LNG生产能力增长了1倍多。

(1)亚太地区、中东是全球LNG主要产区,北美快速增长。

截止到2015年底,全球LNG主要产地集中在亚太地区、中东和非洲,主要LNG生产国有19个,总生产能力达到3.05×10^8t/a,其中中东、亚太和非洲地区分别为10080×10^4t、9040×10^4t和6830×10^4t,分别占世界总产能的33.1%、29.7%和22.3%。卡塔尔、澳大利亚、印度尼西亚是世界三大LNG生产国,生产能力分别为7700×10^4t/a、3280×10^4t/a、2650×10^4t/a,分别占世界总产能的25.2%、10.8%和8.7%。全球主要LNG工厂生产能力现状见表1-3。

表1-3　全球主要LNG工厂生产能力现状表

序号	地区	国家	生产线(条)	生产能力(10^4t/a)
1	亚太	澳大利亚	9	3280
2		文莱	5	720
3		印度尼西亚	9	2650
4		马来西亚	9	2390
5		小计	32	9040
6	中东	阿曼	3	1080
7		卡塔尔	14	7700
8		阿拉伯联合酋长国	3	580

续表

序号	地区	国家	生产线(条)	生产能力(10⁴t/a)
9	中东	也门	2	720
10		小计	22	10080
11	非洲	阿尔及利亚	14	2530
12		安哥拉	1	520
13		埃及	3	1220
14		赤道几内亚	1	370
15		尼日利亚	6	2190
16		小计	25	6830
17	欧洲	挪威	1	420
18		俄罗斯	2	960
19		小计	3	1380
20	美洲	特立尼达和多巴哥	4	1530
21		秘鲁	1	445
22		美国	1	150
23		小计	6	2150
24	合计		94	30465

2015 年底,全球在建的 LNG 液化天然气生产线共 94 条,总液化能力为 1.41×10^8 t/a,其中美国在建的液化能力达到了 6195×10^4 t/a,占比最大,见表 1-4。2016 年 2 月美国 Sabine Pass 液化厂正式投入商业运营,正式拉开了北美 LNG 出口的序幕。

表 1-4　2016 年—2019 年全球在建(规划)LNG 工厂情况表

序号	地区	国家	生产线(条)	生产能力(10⁴t/a)
1	亚太	澳大利亚	12	5380
2		印度尼西亚	1	50
3		马来西亚	3	630
4		小计	16	6060
5	非洲	喀麦隆	1	240
6		小计	1	240

序号	地区	国家	生产线（条）	生产能力（10^4t/a）
7	欧洲	俄罗斯	3	1650
8		小计	3	1650
20	美洲	美国	14	6195
23		小计	14	6195
24	合计		94	14145

（2）Air Products（AP）公司液化工艺占市场主导地位。

目前，全球 LNG 液化厂采用的主要液化工艺多采用 AP 公司和 ConocoPhillips 公司的技术专利。截止到 2015 年底，AP 公司的液化工艺占市场主导地位，全球采用 AP 公司液化工艺技术（4 种）的液化能力占全球总液化能力的 80% 左右。

其中，C3MR 技术仍是应用最广泛的技术，2015 年全球 49% 的液化能力采用该工艺技术；AP‒X 技术主要用于卡塔尔的 Qatargas 项目。预计到 2021 年，当相关新项目投产后 AP 公司的市场占有率将下降到 67%。

近年来 ConocoPhillips 公司的 Cascade 技术将有强劲的增长，在目前已完成最终投资决定的 30 条液化生产线中有 13 条采用该技术，其市场占有率将由 2015 年的 14% 增长到 24%。

2）船舶与运输

据国际 LNG 进口商组织（GIIGNL）统计，截至 2015 年底，世界上共有液化天然气运输船 449 艘，其中包括 23 艘 FSRU（浮式存储和汽化装置）和 28 艘小于 5×10^4m³ 的 LNG 运输船，总船运能力 6330×10^4m³。

据国际天然气联合会（IGU）统计，2016 年—2022 年 LNG 船订单数为 146 艘，其中运输船 77 艘。

（1）$15 \times 10^4 \sim 18 \times 10^4$m³ 船容的 LNG 船是市场需求的主体。

截至 2015 年底，船容为 $12.5 \times 10^4 \sim 18 \times 10^4$m³ 的船舶约占运营中 LNG 船总数的 87%。目前，LNG 船标准船容为 15.5×10^4m³，随着巴拿马运河扩建即将完成，巴拿马级船舶将重新定义，$15 \times 10^4 \sim 18 \times 10^4$m³ 的船舶成为市场需求的主体，$17 \times 10^4$m³ 左右的船舶比例将会快速增长。根据 2015 年底 LNG 船订单情况，除 2 艘 LNG 船外，其余的 144 艘 LNG 新船的船容都为 $15 \times 10^4 \sim 18 \times 10^4$m³。

在运输船的发展过程中，大型化是一个比较突出的趋势。在 LNG 船问世最初的 10 年,由单船船容不足 $3 \times 10^4 \, m^3$ 迅速增长至 1975 年的 $12 \times 10^4 \, m^3$;之后 LNG 船的最大船容基本保持在 $13 \times 10^4 \sim 14 \times 10^4 \, m^3$。

2006 年—2010 年,尽管 LNG 船队运力增幅高达 90%,但其中很大一部分来自于由卡塔尔订造、分别由大宇造船海洋和三星重工建造的 $21 \times 10^4 \, m^3$ 的"Q-flex"型和 $26 \times 10^4 \, m^3$ 的"Q-max"型超大型 LNG 船。

通过大型化的确可以降低运输成本,但是由于受到码头装卸能力、港口吃水深度和 LNG 船装卸速度等限制,LNG 船也并非越大越好,上述超大型 LNG 船是专门为美国航线设计的,并不适用于其他没有大型 LNG 接收终端及配套港口的国家和地区。

(2)韩国船企在 LNG 船建造市场中依旧处于垄断地位。

韩国在 LNG 船建造领域市场份额优势明显,在过去的 10 多年里,韩国船厂一直垄断了 LNG 船市场。在良好的市场形势下,韩国船厂开始在 LNG 船建造领域"扎堆",韩进重工、STX 造船等船厂先后参与进来,相比常规船型市场,LNG 船市场竞争较为有限。在 2015 年,全球成交的 26 艘 LNG 船(不包括 3 艘 FSRU 和 4 艘船容小于 $5 \times 10^4 \, m^3$ 的船),韩国船企承接了其中的 16 艘。

日本早在 20 世纪 80 年代就开始了 LNG 船的建造,但在韩国船厂崛起后,日本船厂船价昂贵、交付周期长等一系列劣势就体现出来,几乎退出了 LNG 船市场。进入 2009 年后,看好 LNG 船市场未来前景的日本船厂又重拾旗鼓,进行了新一轮的 LNG 船开发。三菱重工在 2009 年将 LNG 船的 4 个球状液货舱改装为 1 个,开发了有篷顶的新兴 LNG 船,这一改进不仅增加了船体强度,而且可以减轻 10% 的重量和节约 30% 的燃料消耗。

中国船厂也在逐步向 LNG 船市场进军,中国大型造船企业如沪东中华造船(集团)有限公司(以下简称沪东中华)、江苏熔盛重工集团有限公司和江苏新世纪造船有限公司正积极向 LNG 运输船建造市场推进。作为中国在 LNG 船领域的先行者,沪东中华早在 1997 年就开始了 LNG 船的研发。2008 年 4 月,由沪东中华建造的中国首艘 LNG 船"大鹏昊"号正式交付运营,使中国成为全球少数能自主研发和设计 LNG 船的国家之一。2010 年 12 月,沪东中华接获来自商船三井的 4 艘 $17.2 \times 10^4 \, m^3$ 的 LNG 船订单,并于 2015 年正式交付 3 艘,标志着处于世界造船业最高端的 LNG 船市场迎来了中国竞争者。

(3)蒸汽轮机在 LNG 船推进系统中的地位逐渐衰落。

除了船容,LNG 船最引人注目的变化是推进方式的发展,传统的 LNG 船几乎全部采用蒸汽轮机作为推进主机,蒸汽轮机一枝独秀的局面在 LNG 船领域存在了 40 年之久。蒸汽轮机最大优势是可以方便地使用 LNG 蒸发气,可靠性也较高。然而,由于蒸汽轮机推进效率较低、操纵性较差等因素,使得越来越多的船东不倾向于使用蒸汽轮机作为 LNG 船的推进装置,一些新型推进装置已经得到实船应用,或即将被装上在建船舶。其中,主要包括双燃料柴油电力推进装置、低速柴油机、燃气轮机等,特别是三燃料柴油电力装置(TFDE)和 M 型电子控制燃气注射装置(ME - GI)等新型动力系统将大规模用于新船的建造中,2015 年底的新船订单中将这两种新型装置作为推进主机的 LNG 船各占 31%。

3)接收终端与主要消费国

随着 LNG 市场的不断增长,特别是浮式汽化装置(FSRU)不断应用,截至 2015 年底,全球共有 33 个国家和地区建有 LNG 接收站,在运的接收站共 108 座,其中 FSRU 达到了 20 座,全球接收站总的接收能力为 $7.57 \times 10^8 t/a$,包括了 FSRU $7700 \times 10^4 t/a$ 的接收能力。

日本为全球 LNG 接收能力最大的国家,2015 年底总建有 LNG 接收站 34 座,总 LNG 接收能力为 $1.95 \times 10^8 t/a$,其次分别为美国、韩国、西班牙、中国、英国、印度、墨西哥、法国、中国台湾、巴西等。2015 年全球 LNG 接收站负荷率仅为 33%,负荷率最高的为中国台湾地区,负荷率为 113%,具体见表 1 - 5。

表 1 - 5　2015 年全球 LNG 接收站接收能力和负荷率情况

国家和地区	接收站能力($10^4 t/a$)	负荷率(%)
日本	19500	44
美国	12900	1
韩国	9800	34
西班牙	5100	18
中国	4000	50
英国	3800	26
印度	2200	67
墨西哥	1700	31
法国	1600	29
中国台湾	1300	113

目前亚太地区仍是全球 LNG 接收能力最大的地区,同时也是 LNG 主要消费地区,2015 年底其 LNG 总接收能力约为 $3.3 \times 10^8 t/a$,占全球总能力的 44% 左右。虽然从 2000 年开始亚太地区接收能力占全球总能力的比例有所下降,但仍居领先地位,特别是在 2013 年随着中国和印度 LNG 接收站的投产,以及约旦、巴基斯坦等国 FSRU 的投产,亚太地区的比例有所回升。2015 年亚太地区进口 LNG $1.4 \times 10^8 t$,日本是最大的进口国,进口量为 $8560 \times 10^4 t$,其次是韩国和中国台湾地区。

虽然美国的 LNG 接收能力位居全球第二,但随着国内天然气产量越来越高,以及国内天然气价格远低于 LNG 价格,因此其 LNG 需求越来越低。2013 年起美国接收能力开始下降,其中 Neptune 接收终端暂时退役,而且 2015 年美国接收站平均负荷率仅达到 1%,11 座接收站中 4 座完全停止接收 LNG,许多接收站正向 LNG 出口站转变。

欧洲握有全球 20% 的接收能力,但近年来面临着管道气、煤炭和可再生能力的竞争,2011 年—2014 年欧洲整体 LNG 进口量逐年增长量不大,但 2015 年出现较大增长,主要由于 LNG 价格下降,以及美国和中东供往欧洲的 LNG 较充足。欧洲 LNG 接收站近年来逐步增加,西欧的法国和南欧地区的立陶宛、波兰等国都有新的 LNG 接收站投运。

拉丁美洲和中东在过去的 5 年间接收能力快速增长,主要是依靠浮式汽化装置(FSRU),如巴西、约旦、埃及等国。

2. 液化天然气行业的发展趋势

(1)北美和亚太地区将是今后 LNG 生产重点产区。

近几年来全球在开展前期研究和计划的 LNG 项目众多,截至 2015 年底,这些项目总的液化能力将达到 $8.9 \times 10^8 t/a$,主要分布在北美、亚太地区和非洲。

亚太地区开展前期研究的液化项目总能力达到了 $9600 \times 10^4 t/a$,其中澳大利亚是未来一个时期天然气产量大幅度增长的国家。澳大利亚天然气储量丰富,可持续开采 100 多年,目前全球 10 多个在建 LNG 项目有 6 个位于澳大利亚。澳大利亚在建 LNG 项目产能将有 $5380 \times 10^4 t/a$,共 12 条生产线,项目全部建成后将超越卡塔尔成为第一大 LNG 生产/出口国。

随着北美非常规气快速发展和大规模开发,美国天然气供应富余量大,使得美国 LNG 出口已成现实,今后 2 ~ 3 年美国将有大量的液化能力建成,预计 2019 年美国将建成 14 条液化生产线,共 $6195 \times 10^4 t/a$ 的液化能力。此外,北美有超过 60 个液化项目(共 $6.8 \times 10^8 t/a$ 液化能力)正在进行前期论证,其中在加拿大的液化项目液化能力达到了 $3.4 \times 10^8 t/a$。虽然最终可能仅有几个项目投产运行,但北美有可能今后成为全球第一大 LNG 出口地区。

由于东非发现储量巨大的海上气田,使得非洲的莫桑比克、坦桑尼亚等国计划发展 LNG 液化项目,其中莫桑比克计划建设 $4400 \times 10^4 t/a$ 的液化能力,坦桑尼亚划建设 $2000 \times 10^4 t/a$ 的液化能力,部分东非的液化项目预计在 2025 年前投产运营。然而这些项目存在较大的风险,包括国内需求的增长、基础设施的缺乏和政治的不确定性。

总体上看,2023 年前全球 LNG 市场将处于供大于求的情况,LNG 供应是充足的。

(2)LNG 船运近期处于过剩情况,新技术将不断应用。

目前 LNG 运输市场仍处于 LNG 船舶运力过剩的时期,特别是 2016 年后将有大量的 LNG 新船不断投入运营,因此预计今后几年仍将处于该种情况。

在新船船容方面,由于巴拿马运河的扩建及美国 LNG 的出口,从中长期发展趋势来看,$18 \times 10^4 m^3$ 左右船容的 LNG 船将是今后市场需求的主体。

在 LNG 造船技术方面,随着三燃料柴油电力装置和 M 型电子控制燃气注射装置等新技术的发展和应用,LNG 船舶不断朝着高效率、低耗能、低成本方向发展。

由于 LNG 船造价不断降低以及掌握主动权和灵活性的需要,LNG 贸易中的 FOB 合同不断增多,买方开始向 LNG 运输业务延伸,建造自己的 LNG 船和船队,以增强应变、抵御风险的能力。而且,船运技术的革新和提高也降低了运输风险和运输费用,进一步增加了买方对 LNG 运输环节的投资兴趣。LNG 运输将不是制约 LNG 产业发展的因素。

(3)LNG 接收站建设步伐放缓,新兴市场是今后需求主体。

近年来中国、印度的 LNG 接收站项目的不断建设,全球 LNG 接收能力有较大的增长,但全球 LNG 接收站负荷率较低,接收能力远大于液化能力。随着中国和印度等新兴市场项目的建成,预计今后几年 LNG 接收站建设步伐将放缓,新增接收能力增长不大。根据 IGU 的统计,全球在建 LNG 接收站项目共 20 个,共新增接收站能力 $7190 \times 10^4 t/a$,主要集中在亚太地区的中国、印度等国。

2015 年埃及、约旦和巴基斯坦成为新的 LNG 进口国,新兴市场对全球 LNG 市场更加重要,特别是随着 FSRU 技术的不断应用以及 LNG 价格的不断下降,更多的新兴市场将短期内成为新的 LNG 进口国,如立陶宛、波兰、克罗地亚、哥伦比亚、加纳、巴拿马、乌拉圭、菲律宾等国。因此,新兴市场将成为今后主要的 LNG 接收站建设者。

二、国内发展史

1. 液化天然气行业起源

早在 20 世纪 60 年代,国家科委就制定了 LNG 发展规划,并指定四川天然气研究所承担该项科研攻关项目,20 世纪 60 年代中期完成了工业性试验,掌握了 LNG 液化工艺技术,后来使用 LNG 作为燃料进行了多次汽车试验。1993 年 11 月,在中国制冷学会第二专业委员会天然气分离与液化学术研讨会上,与会专家认为我国已经具备发展 LNG 工业的条件。"八五"至"十五"期间,我国 LNG 工业打开新的局面。此后,中国科学研究院低温中心先后与四川石油管理局、吉林油田合作,研制出两台小型天然气液化试验装置。2001 年,该装置在中原油田试车成功,标志着我国 LNG 工业化迈出了关键的一步。随着上海浦东事故调峰型 LNG 液化装置的建成投产、新疆广汇 LNG 液化装置的建设和深圳大鹏湾秤头角 LNG 接收终端的开工建设,我国的 LNG 工业发展拉开了序幕。

2. 液化天然气行业的现状

1)液化工厂和 LNG 主要产地

天然气液化工厂是把天然气经过一系列工艺流程冷却至 −162℃,使气态天然气转化为液态。天然气液化工厂按其使用情况分为四大类:基本负荷型、调峰型、接收终端型和卫星型。

我国从 20 世纪 80 年代开始进行小型天然气液化装置的研究,第一台用于商业化的天然气液化装置是中原天然气液化装置,于 2001 年建成。中原天然气液化装置的处理量达到 $15 \times 10^4 \mathrm{m}^3/\mathrm{d}$,它的液化装置采用的是乙烯和丙烷为制冷剂的复叠式制冷循环。第一台事故调峰型液化装置是上海浦东天然气液化装置,于 2000 年建成。2002 年新疆广汇集团开始建设一座大型的液化天然气工厂,它的处理量达到 $150 \times 10^4 \mathrm{m}^3/\mathrm{d}$。

截至 2015 年,国内已建成投产天然气液化工厂 138 座,建成规模近 8000 × $10^4 \mathrm{m}^3/\mathrm{d}$,2007 年至 2014 年液化能力年均增长速率为 38%(图 1 − 2)。但从单座液化厂的液化规模上看,目前国内至今尚无超过 $200 \times 10^4 t/a$ 以上的天然气液化工厂,以中小型为主,液化规模基本都小于 $100 \times 10^4 t/a$。2010 年后投产的单套规模 $30 \times 10^4 m^3/d$ 与 $100 \times 10^4 m^3/d$ 以上的液化工厂数分别是 2010 年前的 4 倍和 8 倍。自 2011 年开始,建成投产的天然气液化工厂数量快速增加,总液化产能大幅提高,液化工厂的单套生产能力呈逐渐扩大趋势,但整体运行负荷率仅为 50% 左右。

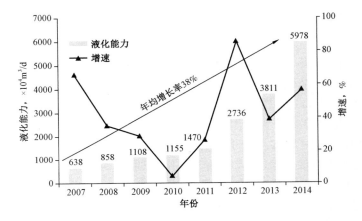

图 1-2　国内 LNG 液化厂液化规模变化趋势图

我国天然气液化工厂的液化技术,一部分是引进外国的技术,与此同时,我国也一直在研发自己的液化技术,经过多年的发展,我国掌握了一些基本的液化天然气技术。2014 年 5 月 24 日,设计能力 $500 \times 10^4 m^3/d(120 \times 10^4 t/a)$ 的湖北黄冈 LNG 工厂投运,标志着我国首座国产化百万吨级 LNG 工厂全面投入运行,该厂是我国规模最大、大型 LNG 装备国产化率超过 99% 的 LNG 工厂,同时采用的是国内自主研发的液化技术。

我国 LNG 液化厂遍布新疆、上海、广东、江苏、内蒙古、山东、四川、宁夏、山西、海南、广西、青海、陕西和河南等省市自治区。其中,典型的有新疆广汇、河南中原绿能,天然气气源来自油田伴生气,属于连续生产型,产量分别为 $150 \times 10^4 m^3/d$ 和 $30 \times 10^4 m^3/d$。国内部分天然气液化工厂见表 1-6。

表 1-6　国内部分天然气液化工厂统计表

经营公司	产能($10^4 m^3/d$)	地点	投产时间(年份)
宁夏哈纳斯新能源集团公司	2×150	宁夏银川	2012
昆仑能源华油天然气股份有限公司	215	陕西安塞	2012

续表

经营公司	产能（$10^4 m^3/d$）	地点	投产时间（年份）
杭锦旗新圣天然气有限责任公司	120（二期）	内蒙古鄂尔多斯	2012
陕西绿源天然气有限公司	100	陕西子洲	2012
陕西延长石油（集团）有限责任公司	100	陕西甘谷驿	2012
昆仑能源华油天然气股份有限公司	100	四川广安	2012
西蓝天然气股份有限公司	50	陕西靖边	2012
陕西延长石油（集团）有限责任公司	50	陕西南泥湾	2012
中国联盛投资集团	50（二期）	山西沁水	2012
华北油田华港燃气集团	35	河北任丘	2012
巴彦淖尔华油天然气有限责任公司	30	内蒙古巴彦淖尔	2012
包头市新源天然气有限责任公司	30	内蒙古包头	2012
苍溪县大通天然气投资有限公司	30	四川广元	2012
宣城深燃天然气有限公司	30	安徽宣城	2012
晋煤集团天煜新能源有限公司	30	山西晋城	2012
新疆广汇实业股份有限公司	150	新疆吉尔乃	2013
新疆广汇新能源有限公司	150	新疆哈密淖毛湖	2013
陕西星源实业有限责任公司	150	陕西榆林	2013
中国国储能源化工集团股份公司	100	河北张家口	2013
昆仑能源华油天然气股份有限公司	100	河北霸州	2013
华油天然气广元有限公司	100	四川广元	2013
中石化陕西新能源公司 陕西黄河矿业集团	100	陕西韩城	2013
新疆洪通燃气集团有限公司	50	新疆库尔勒	2013
新矿内蒙古能源有限责任公司	40	内蒙古鄂尔多斯	2013
中国海油	35	山东菏泽	2013
乌审旗京鹏天然气有限公司	30	内蒙古乌审旗	2013
包头市新兴盛能源有限责任公司	30	内蒙古包头	2013
中国国储能源化工集团股份公司	30	内蒙古包头	2013
包头市赛达新能源有限责任公司	30	内蒙古包头	2013
包头市亨通新能源开发有限责任公司	30	内蒙古包头	2013
包头磴口县德胜天然气有限公司	30	内蒙古巴彦淖尔	2013

经营公司	产能($10^4 m^3/d$)	地点	投产时间(年份)
鄂尔多斯市汇达液化天然气有限责任公司	30	内蒙古达拉特旗	2013
内蒙古恒坤化工有限公司	30	内蒙古鄂托克前旗	2013
长春华润液化天然气有限公司	30	吉林长春	2013
吉林省天富能源集团	30	吉林松原	2013
兴县华盛燃气有限责任公司	30	山西吕梁	2013
山东西能天然气利用有限公司	30	山东济南	2013
山东禹城华意天然气开发有限公司	30	山东禹城	2013
唐山新奥永顺清洁能源有限公司	30	河北唐山	2013
河南京宝新能源有限公司	30	河南平顶山	2013
陕西众源绿源天然气有限责任公司	200(二期)	陕西定边	2014
乌海华油天然气有限责任公司	100	内蒙古乌海	2014
昆仑能源黄冈液化天然气有限公司	500	湖北黄冈	2014
泰安昆仑能源有限公司	260	山东泰安	2014

2)船舶与运输

(1)LNG运输船。

LNG海上运输主要用于国际LNG贸易,LNG运输船制造技术是造船业公认的技术含量高、难度最大的顶尖级设计制造技术。多年以来,该项技术只有美国、日本、韩国和欧洲的少数几个国家的造船厂掌握,LNG运输船的设计及建造技术一直处于垄断地位,这大大刺激了中国制造业的神经。在广东LNG项目中,为实现"国货国运,国船国造"的目标,首次引入国内造船企业参与竞标,从此开启了我国LNG造船业和LNG船运运输发展的新模式。

进入21世纪后,我国LNG远洋运输及近海、内河运输船技术获得历史性突破。2008年由沪东中华造船建造的我国首艘LNG船"大鹏昊"首航广东LNG项目,其船容为$14.7 \times 10^4 m^3$,世界级船舶建造历史上又一次铭刻下中国制造"零"的突破,标志着我国LNG船运运输产业正式加入到LNG运输业中,同时也说明了我国已经基本掌握了这一顶尖级技术。2010年12月,沪东中华接获来自商船三井的4艘$17.2 \times 10^4 m^3$的LNG船订单,这是中国船厂首次接获LNG船出口订单,也标志着处于世界造船业最高端的LNG船市场迎来了中国竞争者。2015年沪东中华船厂交付了3艘LNG船,目前手持

11 艘 LNG 船的订单。

（2）陆路运输。

公路运输 LNG 在我国已有多年的应用历史,设计及制造技术都十分成熟。我国 LNG 的公路运输主要使用液化天然气槽车,LNG 槽车有 30m³、40m³、45m³、52.6m³ 等几种常用规格。2013 年张家港中集圣达因低温装备有限公司通过应用领先的技术,设计制造出国内最大容积(56.23m³)的 LNG 运输槽车,但国家基于 LNG 运输存在的危险性,出于安全考虑确立了一个稳定的容积,使 LNG 槽车形成一个标准化产品体系,并在标准中做出明确规定。目前,我国 LNG 运输槽车允许最大容积为 52.6m³。

2013 年 6 月,中国铁路总公司批准通过 LNG 铁路运输试验大纲,随后我国 LNG 铁路运输进入试验准备阶段。在 2013 年 8 月中旬至 9 月底,在青藏线格拉段经过三次上线试运和大量试运数据取证,论证了 LNG 罐箱铁路运输的安全性。2013 年国家铁路总公司将 LNG 罐车列为科技开发计划,由西安轨道交通装备公司承担该项目的研发和试制。我国首条 LNG 铁路运输专用线在新疆竣工,该项目由新疆广汇燃气集团建设,专用线的竣工将有效解决新疆 LNG 向外运输距离远的难题。2015 年 4 月,我国首个 LNG 铁路罐车样车设计方案获批,首个 LNG 铁路罐车样车正在加工生产,预计很快将投入试运行。

现阶段,国外仅有美国、日本等少数国家掌握了 LNG 铁路罐车技术,LNG 铁路罐车在我国还是空白。在我国,铁路运输 LNG 的容器主要朝 LNG 罐箱方向发展,其储存容器结构与 LNG 槽车完全相同。与 LNG 槽车结构相比,LNG 罐箱由于采用了非固定的连接方式,具有机动性好、罐箱外形尺寸适合铁路等优点。

与 LNG 槽车公路运输相比,LNG 铁路运输具有运输量大、运输速度快、效率高、受大雾雨雪等恶劣天气影响小、保障平稳供给能力强等诸多优点,使得铁路比公路运输更加经济、有保障。

（3）接收终端建设现状。

中国 LNG 业务真正纳入实施阶段是 20 世纪 90 年代末。2003 年,中国海油大鹏 LNG 接收站开工建设,该站是国内首个 LNG 接收站,正式拉开了我国 LNG 接收站建设的序幕。近 10 年来,国内 LNG 接收站建设蓬勃发展,建成了多座 LNG 接收站。截至 2015 年底,国内共建成 11 座大型接收站,总接收能力 4560×10^4 t/a;4 座接收站在建,总在建接收能力 1200×10^4 t/a（表 1 - 7）。

表 1 - 7　国内液化天然气接收站

序号	项目名称	所在位置	所属公司	设计能力（10⁴t/a）	投产时间（年．月）	备注
1	广东大鹏 LNG	深圳大鹏湾	中国海油	670	2006.6	
2	福建莆田 LNG	莆田湄洲湾	中国海油	520	2008.4	
3	上海洋山 LNG	洋山深水港	中国海油	300	2009.10	
4	江苏如东 LNG	如东洋口港	中国石油	650	2011.6	
5	辽宁大连 LNG	大连大孤山半岛	中国石油	300	2011.11	
6	浙江宁波 LNG	宁波白峰镇中宅	中国海油	300	2012.12	
7	珠海金湾 LNG	广东珠海高栏港	中国海油	350	2013.10	
8	河北曹妃甸 LNG	唐山曹妃甸港区	中国石油	650	2013.12	
9	天津浮式 LNG	天津港南疆港区	中国海油	220	2013.12	
10	山东青岛 LNG	山东青岛董家口港	中国石化	300	2014.11	
11	海南 LNG	海南海口洋浦港	中国海油	300	2014.11	
	已建合计			4560		
12	深圳迭福 LNG	广东深圳迭福北	中国海油	400		在建
13	广东粤东	广东揭阳前詹	中国海油	200		在建
14	广西北海 LNG	广西北海防城港	中国石化	300		在建
15	深圳 LNG	广东深圳迭福	中国石油	300		在建
	在建合计			1200		

　　国内率先投产的 3 个 LNG 项目全部由中国海油控股公司组织建设，EPC 总承包商和主要材料、设备全部来自国外，全部由引进技术建造。通过多年的建设，目前我国接收站设计和建设技术已从国外引进转变为自主掌握，中国石油江苏 LNG 项目是国内第一个自主设计、自主管理、自主施工和自主运营的 LNG 项目。同时，接收站的大部分设备也实现了国产化，9% Ni 钢板、海水泵、汽化器、BOG（蒸发气）压缩机、保温材料以及相关仪表阀门都已实现国产化，相关设备和材料在中国石油唐山和江苏 LNG 项目得到了应用及试验。

3. 液化天然气行业的发展趋势

（1）LNG 液化工厂面临产能调整。

近 10 年来，我国 LNG 液化行业迅猛发展，由于国产 LNG 工厂上游扩张迅速,而下游建设步伐相对较慢,面对"僧多粥少"的供应格局,各工厂纷纷压价出货,导致工厂利润骤减甚至出现成本倒挂现象。

从目前国内 LNG 发展情况来看,LNG 市场已经形成市场竞争格局。纵观国内 LNG 均价走势,由于 2014 年国际原油价格断崖式的下跌,2015 年我国 LNG 行业进入前所未有的寒冬,国内两次下调天然气门站价格,LNG 价格一路下滑,直至成本线附近徘徊。

尽管天然气随国际市场价格下滑,但国内燃料油、液化石油气(LPG)也受国际油价影响价格低廉,"逆替代"现象仍频频上演,下游需求被挤占。同时,随着我国管道建设的完善,进口 LNG 供应量增多,进口 LNG 汽化后进管道供应东南沿海城市,城市燃气公司的 LNG 汽化站利用率降低。

在需求减少、进口 LNG 冲击的情况下,国产 LNG 下游市场缩窄。而国产 LNG 产能逐年增加,2015 年 LNG 产能过剩加剧恶化了 LNG 市场下行趋势,因此国内 LNG 产能将面临调整。

(2)LNG 接收站建设步伐放缓,调峰功能将越加突出。

虽然从环保、节能减排、能源结构优化等方面,中国天然气市场潜力巨大,但受中国经济放缓、国际油价低位运行、全球天然气供应宽松等因素影响,LNG 市场面临激烈竞争,进口 LNG 增速放缓。

目前中国 LNG 下游市场化程度较高,LNG 业务多方资本参与,同时今后几年内全球 LNG 供应宽松,LNG 贸易向买方市场倾斜,而且 LNG 短期和现货贸易越来越活跃,在 LNG 资源采购方面可采用更加灵活的方式,可以为 LNG 项目带来更多的活力。但目前 LNG 接收站业务发展还面临着以下问题:

① 由于 LNG 运输的特殊性,能够用于建设 LNG 大型接卸码头的沿海优良码头资源已经很少,新建 LNG 接收站仅码头、航道及陆域形成投资超过 10 亿人民币,造成投资居高不下。

② 国内 LNG 接收站运行负荷较低,2015 年国内接收站负荷率约为 50%,随着在建 LNG 接收站的陆续投产,将继续保持较低的负荷率。

③ LNG 进口价格较高,形成价格倒挂,特别是中国石油,其进口的 LNG 汽化产品基本上进入长输管道,根据国家规定,汽化后的天然气执行管道气价格,大大低于进口 LNG 价格。

④ 受油价下跌、国内天然气调价、关税攀高和更廉价燃料冲击等因素影响,国内天然气需求增长受到了一定的抑制,减缓了 LNG 用量增长。

面对这当前的机遇和挑战,国内 LNG 接收站的建设发展速度将会大幅放缓,各大石油公司放缓新 LNG 接收站的建设节奏,将以扩大现有接收站能力为主。

同时,我国天然气市场需求存在季节不均匀性,特别是北方地区,供需峰谷差大、调峰储备需求大。虽然我国已建成 23 座储气库,但地下储气库储气能力总体不足,仅承担了不到 20% 的调峰量;而且存在资源分布欠均衡、地质条件差、技术复杂、达容周期长、建设运行成本高等问题。LNG 接收站具有快速、灵活等特点,利用现有的 LNG 接收站设施进行调峰,可满足较大的瞬时调峰量,而且运行成本费用相对较低。因此,今后 LNG 接收站将不断增加储存容量和汽化能力,积极参与市场调峰。

第三节　液化天然气产业链

天然气产业链上下游涉及范围较广,主产业链为从海洋或陆地天然气田采集出的天然气经过脱水脱烃等程序处理后进入液化工厂,然后通过 LNG 运输船/槽车输送至陆域或浮式 LNG 接收站、LNG 卫星站,最后输往城市燃气系统、天然气发电厂、压缩天然气(CNG)加气站及化工用户。主产业链的延伸带动了超低温材料(阀门、设备)等一系列机械制造产业的发展,还可带动诸如冷能空分、冷链运输、低温破碎等一系列冷能利用项目等。可见 LNG 产业辐射面广,对相关产业的带动能力强。LNG 主产业链见图 1-3。

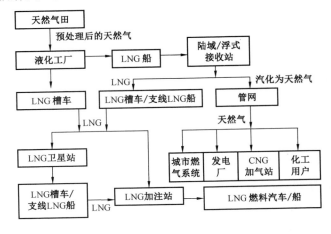

图 1-3　LNG 主产业链

一、天然气生产

天然气生产流程见图1-4。天然气从气井中开采出来后,经过冷凝/脱水处理,然后经过酸气(如硫化氢、二氧化硫等)脱除,再进行脱水和杂质(汞、氨等)脱除,进入轻烃回收装置。经过装置后较轻组分的天然气(大部分为甲烷,含有少量乙烷、丙烷等)输送至下游管网或进行液化后装船外运,较重组分(一般为乙烷、丙烷及以上)的混合物经过分馏装置生产出多种单一组分产品用作化工原料等。

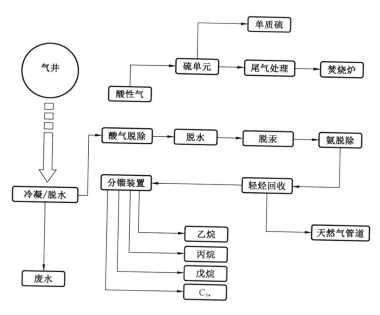

图1-4 天然气生产流程

二、液化厂

天然气液化装置可以分为基本负荷型和调峰型两大类。另外,随着海上油气田的开发,近年又出现了浮式液化天然气生产储卸装置。天然气液化装置一般由天然气预处理、液化、储存、控制及消防等系统组成。液化工厂基本生产流程见图1-5。

图 1-5　液化工厂基本生产流程

基本负荷型液化装置是用本地区丰富的天然气生产 LNG 供出口的大型液化装置。20 世纪 60 年代采用当时技术成熟的阶式制冷液化流程,现在大多数采用的是流程大为简化的单一或混合制冷剂液化流程。这类装置的特点是:处理量大;为了降低成本,近年向大型化发展,建设费用很高;工厂生产能力与气源、运输能力等 LNG 产业链配套严格;为便于 LNG 装船外运,工厂往往建在海岸边。

调峰型液化装置主要建设在远离天然气气源的地区,广泛用于天然气输气管网中,可调峰负荷或补充冬季燃料供应。通常将低峰负荷时过剩的天然气液化储存,在高峰时或紧急情况下再汽化使用。与基本负荷型 LNG 装置相比,调峰型 LNG 装置是小流量的天然气液化装置,非常年连续运行,生产规模较小,其液化能力一般为高峰负荷量的 10% 左右。对于调峰型液化天然气装置,其液化部分常采用带膨胀机的液化流程和混合制冷剂液化流程。

浮式液化天然气生产储卸装置是一种新型的海上气田天然气的液化装置,以其投资较低、建设周期短、便于迁移等优点倍受青睐。

三、运输

1. 航运

全球 LNG 主产地在中东、澳大利亚和印尼,而主要的消费地在亚洲,漫长的运输距离和巨大的商业需求极大地促进了大型 LNG 运输船技术的成熟和发展,使得天然气跨洲商业运输不仅仅局限于管道运输;而支线 LNG 船的发展则使得沿海/沿江河的 LNG 商业运输不用完全倚重 LNG 槽车。

LNG 航运链见图 1-6。LNG 从液化工厂通过大型/支线型 LNG 运输船输往 LNG 接收站/卫星站,最终将天然气送至终端用户。此种运输方式比管道运输具有更大的灵活性,并且受地缘政治影响相对较小,对保障国家能源安全意义重大。

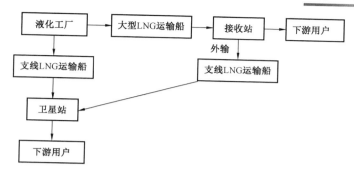

图 1-6　LNG 航运链简图

2. LNG 运输船

LNG 船可分为薄膜型和 MOSS 型。薄膜型 LNG 船在整体性能方面要优于 MOSS 型,但 MOSS 型具有货物装载限制较少等使用操作上的优点,在早期的 LNG 海运中 MOSS 型船占有较大优势。随着技术水平的不断提高,薄膜型 LNG 船逐渐成为造船业的主流。典型的 LNG 运输船见图 1-7。

图 1-7　LNG 运输船

薄膜型船的液货舱按其采用绝热形式和施工方式的不同分为 GTT No. 96 型和 Mark Ⅲ 型,GTT No. 96 型的绝缘形式为绝缘箱;Mark Ⅲ 型为绝缘板和刚性绝缘材料。GTT No. 96 型在船体建造工艺方面比 Mark Ⅲ 型要求更高,无论是在精度控制还是焊接要求方面。在液货舱主、次层殷瓦钢的焊接上,GTT No. 96 型可大量采用自动焊,焊接质量容易控制,而 Mark Ⅲ 型手工焊接较多,焊接质量不易控制。国内多家船厂基本掌握了 GTT No. 96 型薄膜型 LNG 船货舱的建造技术。

为了降低运输成本,为长途 LNG 运输而制造的大型 LNG 船货舱容量越来越大。目前全球最大的 LNG 船为 QG 公司的 Q – MAX 型运输船（$27 \times 10^4 m^3$）。而 $3 \times 10^4 m^3$ 以下的支线 LNG 船相对槽车运输而言有着更好的经济性，目前在国内的发展也比较快，尤其伴随着长江经济带的大开发，沿江各地对支线 LNG 船需求量较大。根据国际造船业权威咨询机构英国克拉克松研究公司（Clarkson Research Studies）的统计，2015 年末全球 LNG 船队近 400 艘，预计 2019 年达到 600 艘左右的规模，规模扩大约 35%。

3. 其他

LNG 运输车作为 LNG 陆地运输的最主要的工具，因其具有很强的灵活性和经济性，已得到了广泛地应用。LNG 运输车将 LNG 从气源地运抵用气城市 LNG 供气站后，利用槽车上的空温式升压汽化器将槽车储罐升压到 0.6MPa（或通过站内设置的卸车增压汽化器对罐式集装箱车进行升压）。同时将储罐压力降至约 0.4MPa，使槽车与 LNG 储罐间形成约 0.2MPa 的压差，利用此压差将槽车中的 LNG 卸入供气站储罐内。卸车结束时，通过卸车台气相管线回收槽车中的天然气。目前我国使用的 LNG 运输车主要有两种形式：LNG 半挂式运输槽车和 LNG 集装箱式罐车。常见的运输槽车形式见下表 1 – 8。

表 1 – 8　LNG 运输车主要形式和规格

形式	长度（m）	有效容积（m³）	形式	长度（m）	有效容积（m³）
半挂式运输槽车	10	36	LNG 集装箱式罐车	40	36
	19	11		43	40

2012 年，中国铁道部（现中国铁路总公司）发布铁运函[2012]1157 号文《铁道部关于印发〈液化天然气（LNG）铁路安全运输可行性研究工作方案〉的通知》，至此，国家层面正式就 LNG 应用铁路运输的课题展开研究。2013 年 9 月 15 日，青海油田液化天然气公司 LNG 铁路运输试验在青藏线格拉段首获成功，填补了国内 LNG 铁路运输的空白，有效降低 LNG 运输成本。LNG 铁路运输取得了一定的进展，但目前依然存在标准不完善等问题。

随着液化天然气需求量的增加，对 LNG 长输管道输送技术的研究越来越引起人们的重视。LNG 长输管道可以有效地节省空间、提高效率。主要的难点在于必须使用低温条件下性能良好的 9% 镍钢管或者是 304L/316 材质的奥氏体不锈钢管等较为昂贵的材料。同时，长距离的管道运输中还要注意防止液体汽化问题，需要在运输管道中间建立冷却站，工程建设投资较大。我国的液化天然气长输管道输送技术还有待提高。

三、接收站

接收站强大的 LNG 接卸、储存和汽化/液体外输能力,使其成为连接 LNG 主产地和主要消费地之间的核心环节。

1. 陆域 LNG 接收站

在我国,陆域 LNG 接收站经过十多年的发展,相关技术已基本成熟,大部分设施、设备也逐步实现了国产化,大幅降低了建设成本,极大地促进了相关行业的发展。接收站主要功能是将船载的 LNG 卸至储罐中,然后通过增压和汽化系统,将 LNG 直接外输至卫星站/下游用户,或将汽化后的天然气外输至天然气管网。接收站工艺流程见图 1 – 8。本书以典型设计规模为 $350 \times 10^4 t/a$ 的 LNG 接收站为例做介绍。

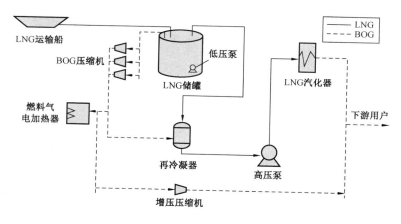

图 1 – 8　LNG 接收站流程示意图

2. 浮式 LNG 接收站

近年来,浮式 LNG 技术(Floating Storage and Regasification Unit,FSRU)已发展成熟,国外新建接收站中采用此形式的接收站数量逐渐增加。

浮式 LNG 接收站主要优点如下:

(1)建造周期短。一般常规的陆域 LNG 接收站从国家发展和改革委员会审批到最终建成需要 5 年左右的时间,其中建设期为 3 ~ 3.5 年。浮式 LNG 接收站建设一般需要 1 ~ 2 年,目前已建成的浮式 LNG 接收站中,最快的纪录是从决定投资到完成试运行一共 6 个月。一般情况下浮式 LNG 接收站较陆域 LNG 接收站缩短 60% ~70% 的时间。

（2）选址灵活性大。浮式 LNG 接收站对于靠泊地点和系泊方式的选择较为灵活。不需要专门建设陆上设施。可以建在用气需求量大，但由于发展较早、港口非常拥挤的沿海城市群。而且浮式 LNG 接收站远离人口聚集区，对环境影响小。特别适合向环保要求和安全性要求都很高的城市群供气。

（3）成本低。浮式 LNG 接收站总造价（包括 FSRU）比相同规模常规陆域 LNG 接收站总造价低 20% ~50%（根据工程需求不同造价差异较大），如使用旧的 LNG 运输船改造成 FSRU，总造价将更低。

（4）审批手续简单。传统陆域 LNG 接收站需要办理大量的用地、用海域审批手续，审批过程漫长而痛苦。浮式 LNG 接收站基本不需要用地方面的审批。

（5）对接收站的业主方而言，在浮式 LNG 技术日趋成熟的今天，选择浮式 LNG 接收站建设方案可以在很大程度上规避建造期风险。

（6）随着用户对浮式 LNG 接收站接收能力要求的不断提高，FSRU 自身的存储能力和汽化能力在不断增强，再加上可以在 FSRU 旁停靠浮式的存储容器，使得浮式 LNG 接收站对客户要求的适应能力大大增强。

浮式 LNG 接收站的局限性如下：

（1）目前国内应用浮式 LNG 接收站的最大局限性在于尚未建立完整的标准规范。

（2）接卸 LNG 过程中存在安全操作风险，需要有经验的工程师对操作人员进行严格的岗位培训。

中国海油气电集团在天津以租借 FSRU 的方式，在国内首次应用了此项技术。中国石油京唐液化天然气有限公司已初步完成了浮式 LNG 接收站相关技术储备，正在积极探讨此项技术国产化实施的可能性。浮式 LNG 接收站工作流程见图 1 - 9，浮式 LNG 船（FSRU）见图 1 - 10。

图 1 - 9　浮式 LNG 接收站工作流程

图 1 - 10　浮式 LNG(FSRU)

思　考　题

1. 液化天然气的定义。
2. 液化天然气行业主产业链。
3. 液化天然气接收站的主要功能。

第二章 液化天然气接收站组成

接收站分区一般按照设施设备位置和功能来划分,主要分为5个区域:码头栈桥区、储罐区、主工艺区、海水取水区和公用工程区,见图2-1。本章主要介绍各区域主要组成和功能等内容。

图2-1 某LNG接收站区域划分

第一节 码头与栈桥区

一、组成

此区域主要包括:工艺码头、栈桥、工作船码头等。主要工艺系统是卸船系统,主要设备是卸料臂,配套有登船梯、导助航设备等。

二、分类

码头结构形式有重力式、高桩式和板桩式。主要根据使用要求、自然条件和施工条件综合考虑确定。

(1)重力式码头。靠建筑物自重和结构范围的填料重量保持稳定,结构整体性好,坚固耐用,损坏后易于修复,有整体砌筑式和预制装配式,适用于较好的地基。

（2）高桩码头。由基桩和上部结构组成,桩的下部打入土中,上部高出水面,上部结构有梁板式、无梁大板式、框架式和承台式等。高桩码头属透空结构,波浪和水流可在码头平面以下通过,对波浪不发生反射,不影响泄洪,并可减少淤积,适用于软土地基。近年来广泛采用长桩、大跨结构,并逐步用大型预应力混凝土管柱或钢管柱代替断面较小的桩,而称管柱码头。

（3）板桩码头。由板桩墙和锚定设施组成,并借助板桩和锚定设施承受地面使用荷载和墙后填土产生的侧压力。板桩码头结构简单,施工速度快,除特别坚硬或过于软弱的地基外,均可采用,但结构整体性和耐久性较差。

石油化工码头主要采用高桩墩式结构,靠船兼工作平台的"蝶形"平面布置形式,可以满足不同设计船型的靠泊要求,提高码头使用的安全性;可以有多组橡胶护舷同时承受船舶停泊时受横向浪产生的撞击能,有利于结构安全;靠船兼工作平台结构整体性好、刚度大,平台可使用面积大,且基本不增加工程费用。对于设计船型跨度大的石油化工码头,在下部结构采用桩基时,该平面布置形式具有较大的优越性。

三、功能

此区域实现的主要功能是 LNG 运输船的靠泊、LNG 物料的接卸、国际LNG 贸易计量等。

1. 接卸工艺系统

1）LNG 接卸工艺系统流程

LNG 接卸工艺系统流程示意图见图 2-2。

（1）运输船停泊/连接卸船臂。

LNG 接收站一般设有靠泊码头,用于 LNG 运输船的停靠和卸船臂的连接及卸料。码头设有 LNG 卸载所需的工艺和安全设施。码头设计应考虑接收站接卸的各种船型,一般设计可兼顾 $8 \times 10^4 \sim 27 \times 10^4 m^3$ LNG 船的安全靠泊。LNG 船到岸时,港口操作员与领航员、拖船以及船只停泊监测系统控制运输船靠岸系泊。在运输船安全系泊并和岸上建立了通信联系后,方可连接气相返回臂和 LNG 卸船臂。随后需测试紧急切断系统,并用氮气置换卸船臂中的空气,置换达到要求后,再用船上的 LNG 冷却运输船的输送管道

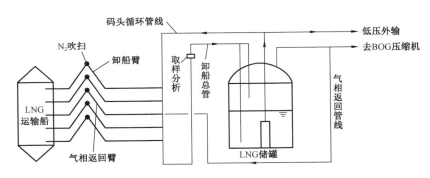

图 2-2 LNG 接卸工艺系统流程示意图

和 LNG 卸船臂后再进行卸船作业。

（2）运输船卸载。

LNG 运输船到达卸船码头后，LNG 由运输船上的卸料泵，经过 LNG 卸船臂，并通过卸船总管输送到 LNG 储罐中。为平衡船舱压力，LNG 储罐内的部分蒸发气通过气相返回管线、气相返回臂返回 LNG 船舱中。卸船操作时，实际卸船速率和同时接卸 LNG 储罐数量需根据 LNG 储罐液位和 LNG 船型来确定。每座 LNG 储罐均设有液位计，可用来监测罐内液位。卸船管线设有固定的取样分析系统，可对 LNG 组分和杂质进行在线分析。卸船时可通过卖方提供的货运单上的 LNG 组分使 LNG 合理地通过储罐的顶部或底部进料阀注入储罐中，避免 LNG 产生分层，从而减少储罐内液体翻滚的可能性。在卸船完成后，LNG 运输船脱离前，用氮气从卸船臂顶部进行吹扫，将卸船臂内的 LNG 分别压送回 LNG 运输船和 LNG 码头排净罐，并脱离卸船臂。当码头排净罐检修时，也可将卸船臂和卸船管线中的 LNG 通过旁路直接返回 LNG 储罐。在无卸船操作期间，通过一根从低压输出总管来的循环管线以小流量 LNG 经卸船管线循环，以保持 LNG 卸船管线处于冷态备用。循环的 LNG 通过流量控制阀经 LNG 卸船总管回到各 LNG 储罐。

2）液化天然气接卸系统主要工艺参数

LNG 接卸系统主要工艺参数见表 2-1。

表 2-1 LNG 接卸系统主要工艺参数

序号	控制参数	控制范围	单位
1	全速卸货速率	12000 ~ 14000	m³/h
2	气相返回速率	11000	m³/h

续表

序号	控制参数	控制范围	单位
3	卸船臂管径	16～20	in
4	卸船臂操作压力	0.45～0.85	MPa
5	卸船臂操作温度	-162	℃
6	气相返回臂操作压力	0.005～0.017	MPa
7	气相返回臂操作温度	-150～-100	℃
8	卸船总管管径	40～42	in
9	气相返回管线管径	30	in
10	码头循环管线管径	10	in

3) 进口贸易计量

(1) 进口贸易交接模式。

LNG 进口贸易计量交接是一项重要的工作, 通过计量从而确定交货的总热值, 进行买卖双方的结算。目前常用的适用于海运的贸易交接模式及特征见表 2-2。我国 LNG 进口贸易交接采用的方式均为 DES(Delivered Ex Ship), 目的港船上交货, 交接界面为卸料臂和船上汇管的连接法兰。

表 2-2　贸易交接模式及特征

状态	名称	共同特征	交货地点	风险转移	运输	保险	运输方式
主运费未付	FAS（船边交货）	买方订立运输合同, 支付主运费合同属于装运合同	装港船边	交货时	买方	买方	海运、内河
	FOB（船上交货）		装港船上	装港船舷			海运、内河
主运费已付	CFR（成本加运费）	卖方订立运输合同, 支付主运费合同属于装运合同, 风险划分与费用划分点分离	装港船上	装港船舷	卖方	买方	海运、内河
	CIF（成本、运费、保险费）		装港船上	装港船舷			海运、内河
到达	DES（目的港船上交货）	卖方将货物运输到目的地, 承担货物运输到该地的一切风险和费用, 合同属于到达合同	目的港船上	交货时	卖方	卖方	海运、内河
	DEQ（目的港码头交货）		目的港码头	交货时			海运、内河

（2）贸易交接计量系统介绍。

① 贸易交接计量系统组成。

LNG 贸易交接计量是通过安装在 LNG 运输船上的贸易交接计量系统（Custody Transfer Measurement System，CTMS）完成的。CTMS 系统是一个综合性的系统，包括液位测量仪器、气相压力测量装置、天然气液体和气体温度测量装置、横倾纵倾测量装置。该系统采用双电脑控制和监视，具有图形界面及键盘和打印输出设备。该系统通过船舱的储罐参数和实际测得值来计算出货物的体积，该系统具有异常参数报警和长期数据储存功能，并能传递报告和输出打印。该系统还可以根据行业标准运输协议将数据传输到远程监控系统。CTMS 系统在投入使用前必须进行检定，并按期进行检查和维修。

② CTMS 计量参数测量。

（a）液位测量。

液位测试仪表一般配备两到三套，一套为主系统，为首选测量仪表，其他为辅助系统，是在主系统出现故障时使用。主系统和辅助系统可以互相进行监测和跟踪，以确保系统的完整性。主系统会在每个货舱内以合理的时间间隔读取几次液位（例如五次），然后以这几次的算数平均值作为确定的该舱液位。而在计量时，需要辅助液位测量系统处于工作状态，以防止主系统发生故障，可以随时使用辅助系统测量值。计量需记录下两套系统的读数，如果二者之间的差异较大（超出合同要求范围），各利益相关方应共同商榷解决方案。

液位计的类型主要有电容式、浮子式、雷达式和激光式。但无论是哪种液位计都应符合合同的测量精度要求。常见的组合是雷达式液位计作为主系统（图 2 - 3），浮子式液位计作为辅助系统（图 2 - 4）。

雷达式液位计系统从雷达信号收发机发出雷达信号，信号到达舱内液面并返回收发机，根据传输速度和发送接收时间间隔，即可得知测量高度，已知 AB 段的高度，与测量高度做差就可以得出液位高度。

浮子式液位计系统是将一个浮子悬挂在手摇线圈末端，线圈位于货舱液面上方，线圈周长已知，手摇线圈可以记录手摇的圈数，从而浮子沿导线放下时可以测得从手摇起点到液位的距离，由于罐底到起点的距离是已知的，所以可以得出舱内液位。浮子式液位计的手轮线圈伸缩量会受温度和液体密度影响，所以需要根据温度和液体密度进行伸缩量修正。

浮子测量是浮动状态的，其读数是变化的，如发现读数不变，那么该浮

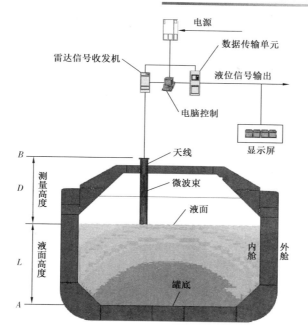

图 2-3 雷达式液位计系统

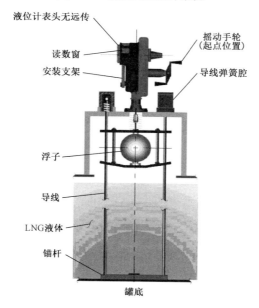

图 2-4 浮子式液位计系统

子可能被粘连在某个地方,此时应上下移动浮子使其处于自由状态。浮子的正确性检查可在空舱状态下进行,这就是浮子基位测量。LNG 船在航行时,应将浮子式液位计收起固定在导线上方,以避免液体晃动对系统的损坏。

(b)温度测量。

舱内安装了多个温度探头,这些探头通常是三线/四线/五线铂电阻温度传感器。为防止传感器出现故障,较新的船舶还会在每个主传感器旁设置一个备用传感器。一般在每个舱内 6 个不同的高度设置一个温度探头,比如舱底、10% 舱高、50% 舱高、80% 舱高、95% 舱高和舱顶。根据探头的高度和测量的数值可以判断其处于气相或是液相,进而选择计算液相平均温度和气相平均温度。

液相平均温度是计算每个浸在液相中温度测量的平均值,而不是每个舱温度的平均值。而气相平均温度则仅计算气相中温度测量的平均值。

(c)压力测量。

压力测量是仅测量气相空间的压力,用于计算置换液体体积的返舱气体的能量,压力测量采用绝压测量。

(d)横倾纵倾测量。

由于液位计并不一定在货舱中心点位置,其测量的液位与船舶水平状态下的测量就会有差异,所以对液位需要进行横倾和纵倾的修正。纵倾是船头和船尾偏离水平线的倾斜程度;横倾是船身两侧偏离水平线的倾斜程度。测量的液位得到横倾和纵倾的修正后,再进行体积的计算。

(3)贸易交接计量流程。

① 贸易交接计量总体流程。

LNG 接收站贸易交接计量流程见图 2-5。

LNG 船到港后通过卸料臂进行船岸连接,卸货前后在船上使用 CTMS 系统分别进行首次计量和末次计量,计量的整个过程都应该在船方代表、LNG 接收站计量代表、国家检验检疫局以及第三方检验人员(如 SGS、Intertek 等)的见证下完成。

首次计量和末次计量分别是测量卸货前液位和卸货后液位以及相应条件下的温度和压力,同时考虑纵倾和横倾修正对液位的影响,从而确定卸货前的舱内 LNG 体积 V_1 和卸货后 LNG 体积 V_2,故卸载的 LNG 体积 $V_{LNG} = V_1 - V_2$。各方确认满足计量条件时,请船方打印计量表,计量表上包括温度测量、压力测量、液位测量以及横纵倾修正后的液位对应的货舱内体积。检

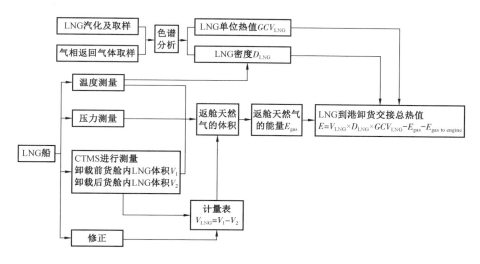

图 2-5　LNG 接收站贸易交接计量流程图

查各参数的正误,并对应舱容表手册核对体积的正误。

全速卸料期间进行卸船总管内 LNG 汽化取样收集。取样结束后利用色谱进行组分分析和杂质检验,从而确定天然气(质量或体积)单位热值和 LNG 密度。

② 取样分析工艺流程及设备。

(a)取样方式。

LNG 取样可分为连续取样和间歇取样。连续取样是在全速卸料的稳定过程中,将 LNG 从卸船管线连续不断地取出汽化并进行取样分析的方式。间歇取样是按预定的时间间隔或预定流量间隔取样的方式。但无论是连续取样还是间歇取样,都是通过取样探头将卸船总管内的 LNG 取出后通过汽化器汽化进行收集取样的,收集完后盛装于取样钢瓶中用于离线色谱分析。目前接收站均采用连续取样方式进行卸船取样收集。

(b)在线取样工艺流程。

LNG 卸货在线取样工艺流程见图 2-6。

LNG 卸货在线取样遵循国际标准 ISO 8943《Refrigerated light hydrocarbon fluids – Sampling of liquefied natural gas – Continuous and intermittent methods》(《冷冻轻烃液体—液化天然气的取样—连续和间歇法》)。要取到具有代表性的样品,需保证卸船管线中 LNG 的流速稳定、压力稳定、气质均匀、LNG 充满卸船管线,且液体流态不能为层流也不能为紊流,需是过渡流状态(流体的流线出现波浪状的摆动,摆动的频率及振幅随流速的增加而增加的状态,雷诺数 $Re = 2100 \sim 4000$)。卸料速度与取样时间的关系见图 2-7。5~6 阶段即在线取样阶段。

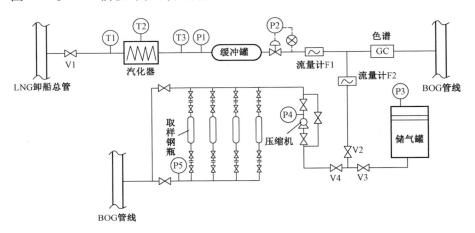

图 2-6 LNG 卸货在线取样工艺流程(连续取样)

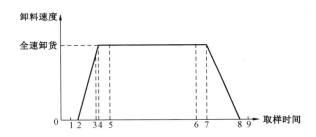

图 2-7 卸料速度与取样时间的关系
1—首次计量;2—船上第一台卸货泵启动;3—船上最后一台卸货泵启动;4—达到全速卸货;
5—开始在线取样;6—停止在线取样;7—船上第一台卸货泵停止;8—卸货停止;9—末次计量

(c)在线取样系统的组成。

在线取样系统由取样探头、汽化器、储气系统(输气管线、储气罐、仪表控制系统、取样钢瓶)、在线分析仪表、分散控制系统(DCS)等组成。

ⓐ 取样探头。

取样点应尽可能靠近贸易交接点(可设于卸料臂法兰处、船上汇管或接收站卸船总管),以减少外界热传递对 LNG 品质的改变。一般将取样探头安装在卸船总管上,并且安装在直管段上,防止弯管产生涡流而局部汽化,直

管段的长度一般是 $5D \sim 10D$（D 为直管段直径）。取样探头的材质一般为不锈钢，为保证 LNG 汽化前的品质，需对探头部分做一些保冷措施，使其不产生汽化分馏。取样管线的直径和长度的设计应不会产生共振，取样探头的插入深度应考虑液体流动对探头产生的涡激振动而引发的风险（取样探头可能折断，造成 LNG 泄漏或损坏正在运转的设备）。一般探头插入长度在卸船总管的 $1/3D \sim 1/2D$（D 为直管段直径）深度范围内。

ⓑ 汽化器。

LNG 样品进入汽化器前不能够分馏，汽化器入口温度要足够低，而进入汽化器则需要完全汽化，且不存留在汽化器内，这要求汽化器的温度设定应足够高，高于所有组分的沸点，使所有存在的重组分都汽化，防止凝结在出口处。汽化器的电加热器功率要满足汽化系统对从主管道内采到的 LNG 样品进行汽化后不会产生凝析所需的热量。汽化器的类型可分为水（蒸汽）加热式、壳装式、电加热式，其结构原理见图 2-8。目前较常用的是电加热式。

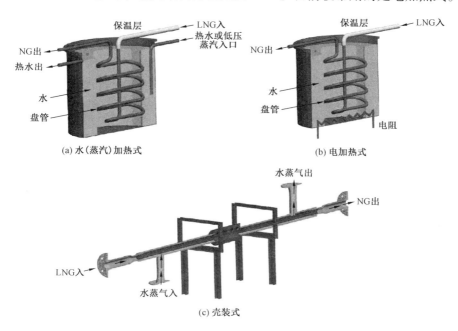

(a) 水（蒸汽）加热式   (b) 电加热式

(c) 壳装式

图 2-8 汽化器的类型

汽化器的汽化应满足在超临界状态范围内，汽化后不能出现气液两相同时存在。当汽化器内的压力和温度使 LNG 在高压（约 8MPa）状态才能达到超临界状态时,液相瞬间汽化为气相,不会出现气液共存的状态。

ⓒ 储气系统。

储气系统是从汽化器到取样钢瓶的部分,包括输气管线、储气罐、仪表控制系统和取样钢瓶。常见储气罐的类型有两种,一种是圆顶水封式,一种是无水活塞式,见图 2-9。圆顶水封式是在储气罐内外罐之间用水做密封防止气体泄漏,样品收集满后充至取样钢瓶;无水活塞式是在储气罐中加装活塞,活塞上部可填充惰性气体(最好是样品气中没有的组分),活塞下部可充填样气。控制惰性气体的压力,当样气压力大于惰性气体压力,则进行取样;当样气压力小于惰性气体压力,则进行样气充装取样钢瓶,但这种方式需严格确认活塞的密封性要好,活塞上下的气体不会相互渗透。

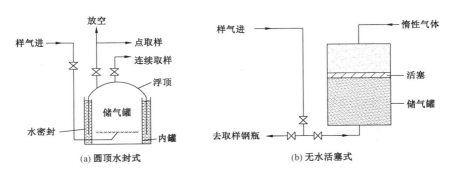

图 2-9 储气罐的类型

取样钢瓶用于在储气罐收集样气后,将样气充至钢瓶内送至化验室进行组分分析。一般是不锈钢材质,样品储存压力范围约为 0.4~0.7MPa,常用的钢瓶体积是 300~1000mL。若进行硫组分的分析,则需将取样钢瓶进行硫钝化或硅烷化处理,防止硫组分的吸附影响分析结果。

ⓓ 在线分析仪表。

汽化器开启时,即可启动在线分析仪表进行在线分析。这些仪表主要是在线气相色谱仪、硫化氢/总硫分析仪、烃水露点分析仪等,以在线监测卸载天然气的品质。在线仪表需在卸船前进行标定,达到相关分析方法对分析结果重复性和再现性的要求。

ⓔ 分散控制系统。

为便于参数的监控和系统操作,取样系统的重要工艺参数以及系统的启停操作控制均远传至分散控制系统。重要的工艺参数包括:汽化器本体和入/出口温度、取样流量、取样管线压力、储气罐液位、取样时间、在线分析数据(组分、露点、硫含量等)以及相关的热值和密度的计算。对这些数值设置上下限控制,保证采集样品的品质。

③ LNG 接卸参数计算。

LNG 贸易交接计算可参照由 LNG 进口商国际组织 GIIGNL 2011 年出版的《LNG CUSTODY TRANSFER HANDBOOK》中提供的计算方法。

④ 杂质检测。

为了确保外输天然气的气质良好,保持天然气输送管道清洁,减少管道腐蚀和磨损,需对接卸的天然气进行杂质检测,对不合格的天然气不予接卸。LNG 接收站一般检测天然气的杂质包括硫化氢、总硫、汞等含量。我国进口 LNG 的气质指标控制范围可参照标准 SN/T 2491—2010《进出口液化天然气质量评价标准》。

准确的在线取样和分析是计量的基础,是计量是否准确的先决条件。如果在线取样失败,即没有取到具有代表性的样品,或者在样品分析时因操作失准或仪器故障得不到最终的分析结果,都不能得到最终精准的计量结果,计算不出卸货热值和质量。

在来船前应进行取样系统和分析仪器的检查和试运行,对在线色谱和离线色谱进行标定;卸船时在全速卸料阶段,应密切关注取样系统的参数,控制取样温度和管线压力,观察系统是否有异常变化,谨慎取样和分析。若最终没能得到较好的分析结果,买卖双方通常会协商采用五船以上相同货源地、船型、运距和工况的卸货样品分析结果作为结算数据。

第二节 储 罐 区

一、组成

此区域主要由储罐、泄漏收集池及配套消防系统等组成,主要设备有低压泵、罐顶吊车等。

二、分类

LNG 储存是 LNG 工业链中的重要一环。LNG 储罐虽然只是 LNG 工业链中的一种单元设备,但是,由于它不仅是连接上游生产和下游用户的重要设备,而且大型储罐对于液化工厂或接收站来说,占有很高的投资比例,是接收终端可持续供气的根本保障。因此,储罐是 LNG 接收终端最重要的组成部分之一,世界各国都非常重视大型 LNG 储罐的设计和建造。

LNG 储罐按容量分类可分为:小型储罐($5 \sim 50 m^3$),常用于民用 LNG 汽车加注点及民用燃气液化站等;中型储罐($50 \sim 100 m^3$),多用于工业燃气液化站;大型储罐(为 $100 \sim 1000 m^3$),适用于小型 LNG 生产装置;超大型储罐($10000 \sim 40000 m^3$),用于基本负荷型和调峰型液化装置;特大型储罐($40000 m^3$ 以上),用于 LNG 接收站。

随着全球范围天然气利用的不断增长和储罐建造技术的发展,LNG 储罐大型化的趋势越发明显,单罐容量($16 \sim 20$)$\times 10^4 m^3$ 储罐的建造技术已经成熟,最大的储罐容量已达到 $27 \times 10^4 m^3$ 以上。由于 LNG 具有可燃性和超低温性($-162℃$),因而对 LNG 储罐有很高的要求。储罐在常压下储存 LNG,罐内压力一般为 $3.4 \sim 30 kPa$,储罐的日蒸发量一般要求控制在 $0.04\% \sim 0.2\%$。

低温常压液化天然气储罐的设置方式及结构形式可分为地下罐及地上罐。地下罐主要有埋置式和池内式;地上罐有球形罐、单容罐、双容罐、全容罐及膜式罐。其中单容罐、双容罐及全容罐均为双层罐(即由内罐和外罐组成,在内外罐间充填有保冷材料)。

1. 地下储罐

除罐顶外,地下储罐内储存的 LNG 的最高液面在地面以下,罐体坐落在不透水、稳定的地层上。为防止周围土壤冻结,在罐底和罐壁设置加热器。有的储罐周围留有 1m 厚的冻结土,以提高土壤的强度和水密性。

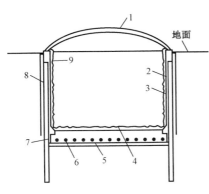

图 2 - 10 半地下式储罐示意图
1—槽顶;2—隔热层;3—侧壁;4—储槽底板;
5—沙砾层;6—底部加热器;7—砂浆层;
8—侧加热器;9—薄膜

LNG 地下储罐采用圆柱形金属罐,外面有钢筋混凝土外罐,能承受自重、液压、地下水压、罐顶、温度、地震等载荷。内罐采用金属薄膜,紧贴在罐体内部,金属薄膜在 $-162℃$ 时具有液密性和气密性,能承受 LNG 进出时产生的液压、气压和温度的变动,同时还具有充分的疲劳强度,通常制成波纹状。半地下式储罐示意图见图 2 - 10。

日本某公司为东京煤气公司建造了目前世界上最大的 LNG 地下储罐。其容量为 $14 \times 10^4 m^3$，储罐直径 64m，高 60m，液面高度 44m，外壁为 3m 厚的钢筋混凝土，内衬 200mm 厚的聚氨酯泡沫隔热材料，内壁紧贴耐 -162℃ 的不锈钢薄膜，罐底为 7.4m 厚的钢筋混凝土。

地下储罐比地上储罐具有更好的抗震性和安全性，不易受到空中物体的碰击，不会受到风载的影响，也不会影响人员的视线，不会泄漏，安全性高。但是地下储罐的罐底应位于地下水位以上，事先需要进行详细的地质勘察，以确定是否可采用地下储罐这种形式。而且地下储罐的施工周期较长，投资较高。

2. 地上储罐

目前世界上 LNG 储罐应用最为广泛的是金属材料地面圆柱形双层壁储罐。LNG 地上储罐分为以下五种形式。

1）单容罐

单容罐是常用的形式，它分为单壁罐和双壁罐（由内罐和外容器组成），出于安全和隔热考虑，单壁罐未在 LNG 工程中使用。双壁单容罐的外罐是用普通碳钢制成，它不能承受低温的 LNG 和低温的气体，主要起固定和保护隔热层的作用。单容罐一般适宜在远离人口密集区，不容易遭受灾害性破坏（例如火灾、爆炸和外来飞行物的碰击）的地区使用，由于它的结构特点，要求有较大的安全距离及占地面积。底座式单容罐示意图见图 2 - 11，架空式单容罐示意图见图 2 - 12。

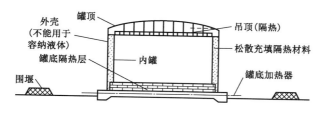

图 2 - 11　座底式单容罐结构示意图

单容罐的设计压力通常为 17 ~ 20kPa，操作压力一般为 12.5kPa。对于大直径的单容罐，设计压力相应较低，如储罐直径为 70 ~ 80m 时，其最大操作压力大约在 12kPa。因设备操作压力较低，在卸船过程中蒸发气不能返回到 LNG 船舱中，需增加一台回流鼓风机。较低的设计压力使蒸发气体的回收压缩系统需要较大的功率，将增大投资和操作费用。

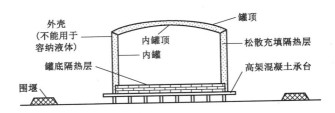

图 2-12　架空式单容罐结构示意图

单容罐的投资相对较低,施工周期较短;但易泄漏是一个较大的问题,根据规范要求单容罐罐间安全防护距离较大,并需设置防火堤,从而增加占地及防火堤的投资。单容罐周围不能有其他重要的设备,因此对安全检测和操作的要求较高。由于单容罐的外罐是普通碳钢,需要严格地保护以防止外部的腐蚀,外部容器要求长期地检查并涂刷油漆。由于单容罐的安全性较其他形式罐的安全性低,近年来在大型 LNG 生产厂及接收站已较少使用。

2)双容罐

双容罐具有能耐低温的金属材料或混凝土外罐,在内筒发生泄漏时,气体会发生外泄,但液体不会外泄,增强了外部的安全性,同时在外界发生危险时其外部的混凝土墙也有一定的保护作用,其安全性较单容罐高。根据规范要求,双容罐不需要设置防火堤,但仍需较大的安全防护距离。当事故发生时,LNG 罐中气体被释放,但装置的控制仍然可以持续。金属外罐双容罐示意图见图 2-13,预应力混凝土外罐双容罐示意图见图 2-14。

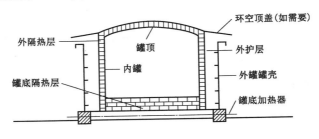

图 2-13　金属外罐双容罐结构示意图

双容罐的设计压力与单容罐相同(均较低),也需要设置回流鼓风机。双容罐的投资略高于单容罐,约为单容罐投资的 110%。

3)球形罐

球形罐的内外罐均为球状,见图 2-15。工作状态下,内罐为内压容器,外罐为真空外压容器。夹层通常为真空粉末隔热。球罐的内外球壳板在压力容器制造厂加工成形后,在安装现场组装。球壳板的成形需要专用的加工工装保证成形,现场安装难度大。

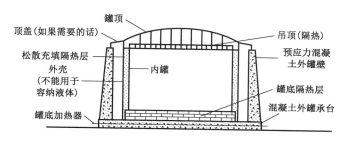

图2-14 预应力混凝土外罐双容罐结构示意图

图2-15 球形储罐

球罐的优点是由于球体是在同样的体积下,具有最小的表面积,因而所需的材料少,设备质量小;球罐具有最小的表面积,因此传热面积也最小,加之夹层可以抽真空,有利于获得最佳的隔热保温效果;内外壳体呈球形,具有最佳的耐压性能。但是球壳的加工需要专用设备,精度要求高;现场组装技术难度大,质量不易保证;虽然球壳的净质量最小,但成形材料利用率最低。

球罐的容积一般为200~1500m³,工作压力为0.2~1.0MPa。容积小于200m³的球罐尽可能在制造厂整体加工后出厂,以减少现场安装工作量。容积超过1500m³时,不宜采用球罐,因为此时外罐的壁厚过大,制造困难。

4)薄膜型罐

薄膜型储罐,采用了不锈钢内膜和混凝土储罐外壁,对防火和安全距离的要求与全容罐相同。薄膜型储罐的操作灵活性比全容罐的大,不锈钢内膜很薄,没有温度梯度的约束。薄膜型储罐的整体结构示意图见图 2-16,罐壁结构示意图见图 2-17。

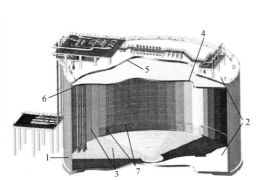

图 2-16　薄膜型储罐的结构示意图
1—混凝土外罐;2—混凝土承台和拱顶;
3—一级波状薄膜(内罐);4—绝缘吊顶;
5—碳钢衬板;6—外围埋件;7—绝缘填充层

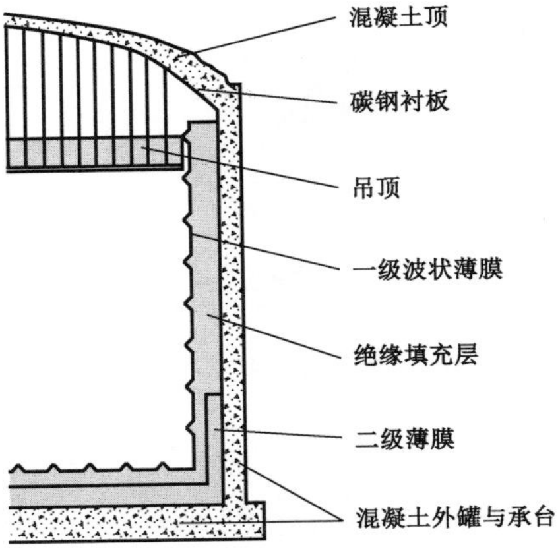

图 2-17　薄膜型储罐罐壁结构示意图

混凝土顶
碳钢衬板
吊顶
一级波状薄膜
绝缘填充层
二级薄膜
混凝土外罐与承台

该类型储罐可设在地上、地下或船内,建在地下时。当投资和工期允许,可选用较大的容积,这种结构可防止液体的溢出,提供了较好的安全设计,且有较大的罐容。该罐型较适宜在地震活动频繁及人口稠密地区使用,但投资比较高,建设周期长。由于膜式罐本身结构特点,它的缺点在于有微量泄漏。

5)全容型罐

全容型罐的结构采用 9% 镍钢内罐、9% 镍钢外罐或混凝土外罐,外罐到内罐大约 1~2m,可在内罐里有一定量的 LNG 和气体向外罐泄漏时避免火灾的发生。其设计最大压力为 30kPa,其允许的最大操作压力为 25kPa,设计温度应低于 -162℃。由于全容型罐的外罐体可以承受内罐泄漏的 LNG 及其气体,不会向外界泄漏,其安全防护距离也要小得多。一旦事故发生,对装置的控制和物料的输送仍然可以继续,这种状况可持续几周,直至设备停车。全容型金属顶储罐结构示意图见图 2-18。全容型混凝土顶储罐(座底式和架空式)结构示意图见图 2-19 和图 2-20。

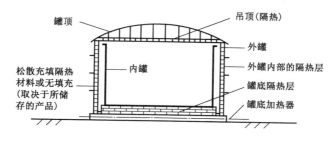

图 2-18　全容型金属顶储罐结构示意图

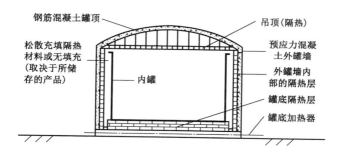

图 2-19　全容型混凝土顶储罐(座底式)

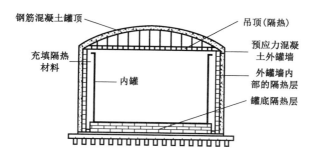

图 2-20　全容型混凝土顶储罐(架空式)

　　当采用金属顶盖时,其最高设计压力与单壁储罐和双壁储罐的设计一样。当采用混凝土顶盖(内悬挂铝顶板)时,安全性能增高,但投资相应的增加。因设计压力相对较高,在卸船时可利用罐内气体自身压力将蒸发气返回LNG 船,省去了蒸发气(BOG)回流鼓风机的投资,并减少了操作费用。混凝土外罐和罐顶,可以承受外来飞行物的攻击和热辐射,对于周围的火情具有良好的耐受性。另外,对于可能的液化天然气溢出,混凝土提供了良好的防护。低温冲击现象即使有也会限制在很小的区域内,通常不会影响储罐的整体密封性。$16 \times 10^4 \mathrm{m}^3$ 全容混凝土顶储罐是目前国内 LNG 接收站主流应用类型,见图 2-21,主要由以下部分组成:桩基础、混凝土承台、混凝土外罐、保温层、9% 镍钢内罐、罐顶平台及电梯等。整个储罐建设周期约为 36个月。

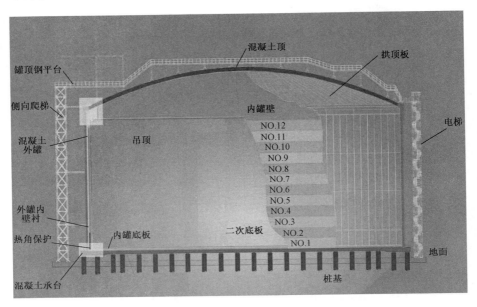

图 2-21　全容型混凝土顶储罐

三、功能

此区域实现的主要功能是 LNG 的储存和低压外输。

储存工艺系统流程示意见图 2-22。

典型的 LNG 储罐为全容混凝土顶储罐(FCCR),内罐采用 9% 镍钢,外罐是预应力混凝土材料建成,常见的储存容积是单座 160000m³。其环隙空间以及吊顶板都设有保冷层,以确保在设计环境下储罐的日最大蒸发量不超过储罐容量的 0.05%。

为防止 LNG 泄漏,罐内所有进出管道以及仪表的接管均从罐体顶部连接。每座储罐设有 2 根进料管,既可以从顶部进料,也可以通过罐内插入立

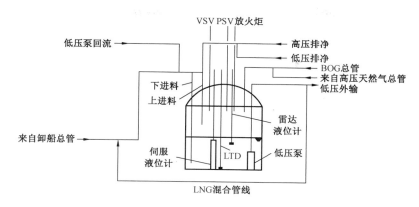

图 2-22　LNG 储存工艺系统流程示意图

式进料管实现底部进料。进料方式取决于 LNG 运输船待卸的 LNG 与储罐内已有 LNG 的密度差。若船载 LNG 比储罐内 LNG 密度大，则船载的 LNG 从储罐顶部进入，反之，船载 LNG 从储罐底部进入。这样可有效防止储罐内 LNG 出现分层、翻滚现象。操作员可以通过操控顶部和底部的进料阀来调节 LNG 顶部和底部进料的比例。在进料总管上设置切断阀，可在紧急情况时隔离 LNG 储罐与进料管线。LNG 储罐通过一根气相管线与蒸发气总管相连，用于输送储罐内产生的蒸发气和卸船期间置换的气体至 BOG 压缩机及火炬系统。每座 LNG 储罐都设有连续的罐内液位、温度和密度监测仪表，以防止罐内 LNG 发生分层和溢流。储罐的压力通过 BOG 压缩机压缩回收储罐内产生的蒸发气进行控制。如遇到大气压降低较快，压缩机不能及时处理大量的蒸发气时，可通过排放至火炬系统来保护储罐，以防止系统超压。排放过量的蒸发气至火炬系统是储罐的第一级超压保护，在 LNG 储罐压力达到排放火炬的压力时，压力控制阀开启，蒸发气将直接排放到火炬总管。每座储罐还配备安全阀，是储罐的第二级超压保护，安全阀的设定压力为储罐的设计压力，超压气体通过安装在罐顶的安全阀直接排入大气。由于大气压快速增加导致储罐压力（表压）较低时，来自外输天然气总管的破真空气输送至蒸发气总管，维持储罐内压力稳定；如果补充的破真空气体不足以维持储罐的压力在操作范围内，空气通过安装在储罐上的真空安全阀进入罐内，维持储罐压力正常，保证储罐安全。

　　低压输送泵和管道的设置允许单座罐内的 LNG 循环混合。在储罐的内部空间和环形空间喷入的氮气，可以干燥、吹扫以及惰化储罐。储罐内顶部设有环状喷嘴,与卸船管线相连,可以在储罐充装 LNG 之前,用少量 LNG 对储罐进行预冷,以避免储罐在充装时温度急剧变化导致过高的应力和 LNG 的大量蒸发汽化。

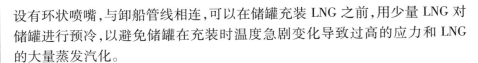

第三节　工　艺　区

一、组成

此区域主要有低压输送系统、高压输送系统、汽化系统、蒸发气处理系统;主要设备有低压泵、高压泵、开架式海水汽化器、浸没燃烧式汽化器、中间介质汽化器、BOG 压缩机、增压压缩机、再冷凝器和火炬等。

二、分类

此区域主要分为增压外输系统、蒸发气处理系统。其中增压外输系统包括低压输送工艺、高压输送工艺、汽化外输工艺、槽车外输工艺和外输计量;蒸发气处理系统包括再冷凝工艺、增压压缩工艺和火炬放空工艺。

三、功能

1. 增压外输系统

1) 低压输送工艺

低压泵工艺系统流程示意图见图 2 - 23。

LNG 通过低压输送泵从储罐内抽出并送到下游装置。LNG 低压输送泵为潜液泵,安装在储罐的泵井中,低压输送泵均为定速运行,其运行流量由天然气外输量及保冷循环量等确定。每台低压输送泵的出口管线上均设有最小流量调节阀,以保护泵的运行安全,在低压 LNG 总管上设有罐内自循环管线以防出现罐内 LNG 分层翻滚等现象。每座储罐的低压出口总管上设有紧急切断阀,既可用于隔离低压输送泵与 LNG 低压外输总管,又可在紧急情况时使储罐与低压 LNG 外输总管隔离,同时可用于低压输送泵或低压 LNG 外输管线的检修操作。

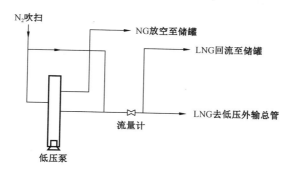

图 2 – 23　低压泵工艺系统流程示意图

2）高压输送工艺

高压泵工艺系统流程示意图见图 2 – 24。

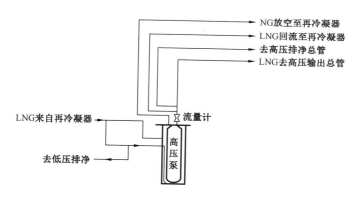

图 2 – 24　高压泵工艺系统流程示意图

　　高压输出泵一般采用立式、电动、恒定转速离心泵,安装在专用的立式泵罐内。每台泵的进、出口管线一般设有切断阀,以便于泵的切换和紧急情况下的切断隔离。高压输出泵的出口设有最小回流以保证泵的安全运行,LNG 可以回流至 LNG 储罐或再冷凝器。在高压输出泵泵罐内设有放空管线,可将产生的蒸发气放空至再冷凝器。再冷凝器检修时,放空气可通过低压排净排回储罐。

　　3）汽化外输工艺

　　汽化外输工艺系统流程示意图见图 2 – 25。

　　增压后的 LNG 经过汽化器汽化后通过计量站然后外输至下游管网。利

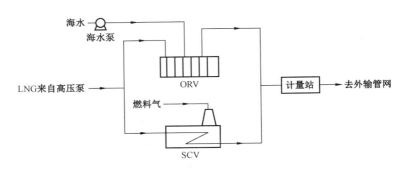

图 2-25　汽化外输工艺系统流程示意图

用 LNG 接收站优异的地理条件,可借用海水将 LNG 进行汽化,所以配备开架式海水汽化器(ORV)。若接收站邻近海域海水含沙量较高时,可采用中间介质换热汽化器(IFV),被 LNG 冷却后的中间介质利用海水热源重新加热,再与 LNG 换热汽化,该中间介质可选择乙二醇等液体。但若进入冬季,海水温度过低不足以汽化 LNG 时,可采用浸没燃烧式汽化器(SCV)。所以,一般 LNG 接收站会配备两种汽化器,根据海水温度分季节配合运行。汽化器的使用应严格按照不同类型汽化器的设计要求。一般海水温度较高时,会采用 ORV 或 IFV;海水温度较低时,使用 SCV。经过汽化的高压天然气经过计量站进行计量。

4)槽车装车外输工艺

为了解决管线运输不能输送到的一些地区及周边小型客户对 LNG 的需求,可采动 LNG 槽车装车系统。利用 LNG 槽车运输至终端用户以满足管线供应范围外的用气需求,作为管输天然气的补充、过渡和延伸。

槽车装车站工艺系统包括装车台位、装车臂、LNG 收集罐和 LNG 泄漏收集池。低温液态 LNG 由 LNG 接收站内 LNG 储罐内的低压输送泵抽出后进入 LNG 总管,大部分 LNG 去再冷凝器、汽化器等送出系统,少部分 LNG 经低温管线输送到槽车装车站,通过装车臂装入 LNG 槽车,同时槽车内的气体经气相臂返回,汇总后接入 BOG 总管,经过压缩后再冷凝成 LNG。为了保持装车管线的低温状态,每条装车线设置了 LNG 保冷循环管线,在不装车时对管线循环保冷;每个车位除装车臂、气相返回臂以外,还配备了氮气吹扫系统,装车前后对装车臂进行置换和吹扫。槽车装车外输工艺系统流程示意图见图 2-26。

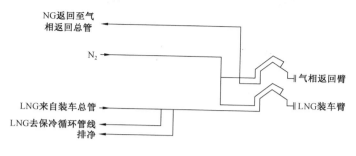

图 2 - 26 槽车装车外输工艺系统流程图

5）外输计量

（1）天然气管道外输计量。

① 管道外输计量概述。

LNG 经过汽化器汽化后通过计量系统计量确定每日的外输量后输送至下游天然气管网,通过计量系统实现天然气贸易交接。国内天然气标准计量参比条件为 20℃,101325Pa。计量系统由流量计和带不同参数变送器的转换装置组成,以确定各输出参数。根据系统的组成,输出量可以是标准参比条件下的体积、质量、能量。

完整的计量系统由流量计、流量计算机、配套二次仪表、气体分析仪等组成。管道外输计量系统流程如图 2 - 27 所示。

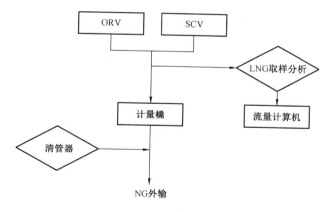

图 2 - 27 管道外输计量系统流程

流量计如采用超声流量计,应符合 GB/T 18604—2014《用气体超声流量计测量天然气流量》的要求,也可使用符合要求的其他流量计,流量计最高流速不超过 30m/s。流量计算机主要由输入输出单元、数据处理及储存单元、显示单元和键盘操作单元等组成。计量系统配套二次仪表主要是压力表、温度表、压力变送器和温度变送器等。天然气外输需进行取样从而进行气质分析,外输的天然气经过采样探头进入分析小屋,小屋内需安装在线色谱仪、露点仪、硫组分测定仪等分析仪,色谱仪的气体组分等相关数据会输送至流量计算机从而进行参数的计算。

② 超声计量系统及工艺参数。

LNG 接收站管道外输流量计量常用气体超声流量计进行计量。超声流量计采用多声道原理测得天然气在管道中的线性流速并将流量信息通过数字信号上传给流量计算机。超声计量工艺流程如图 2-28 所示。

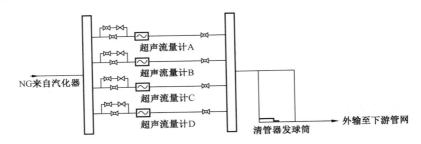

图 2-28　超声计量工艺流程

超声计量系统内流量计信号、压力变送器信号、温度变送器信号均汇总到防爆信号接线箱内并由第三方负责连接到站控室内。通过流量计算机进行温压补偿和流量计算得到标况流量,在流量计算机显示屏上进行显示并且可以远传到站控上位机。在计量管段上,每台超声流量计的安装都应符合 GB/T 18603—2014《天然气计量系统技术要求》的要求并配置整流器。每个计量回路的上游入口处有一个手动全通径球阀,流量计下游出口处有一个电动全通径强制密封球阀。压力变送器从流量计表体取压,温度变送器、压力表、温度计安装在流量计下游的直管段上,用于过程参数的测量。计量管线上游隔离阀的两边跨接有一个充气备压平衡管路。备压平衡管线用于在开启计量管线时建立计量管路备压,以避免流量计在突然增压或减压的过程中发生超速的现象。计量管线上设有排污和放空管线。排污管线采用就地排污的模式并设置有电加热及保温措施,从而保证设备能够长周期运行。

超声流量计由流量计表体、超声流量计探头、电子数据单元三部分组成,结构如图 2 - 29 所示。

气体超声流量计采用绝对数字时间差法检测气体的流量。气体超声流量计采用既能发射又能接收超声波脉冲(频率大于 20000Hz 的声波)的超声波传感器作为检测元件。这种传感器成对地安装在管壁上。一个传感器所发射的超声波脉冲穿过管道,在管道内壁发生反射

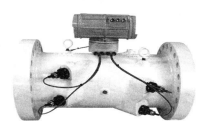

图 2 - 29　超声流量计结构

后,会被另一个传感器所接收。当管道中有气流流过时,在气流中传播的超声波脉冲的传播速度将受到气流的影响。

以 DN400mm 为例的超声流量计为例,工艺参数如下表 2 - 3 所示。

表 2 - 3　超声流量计工艺参数

参数	数值	单位
设计压力	10.0	MPa
设计温度	- 20 ~ 50	℃
最高/最低操作压力	8.4/8.4	MPa
最高/最低环境温度	36.3/ - 20.9	℃
环境湿度	66	%
防爆等级	不低于 Exd II BT4	
防护等级	不低于 IP65	
计量系统选用流量计类型	气体超声流量计	
流量计口径	DN400,SCH80(计量橇内前后直管段)	mm
流量计数量及工作方式	4 台;工作方式:三用一备	
系统流量测量范围	工况流量(单路):100 ~ 12000; 标况流量(单路):根据实际工况换算	m^3/h
流量测量精度	$\leqslant \pm 0.5\%$ ($5\%\ q_{max} \sim q_{max}$); $\leqslant \pm 1\%$ ($q_{min} \sim 5\%\ q_{max}$)	
重复性	$\leqslant \pm 0.05$	%
声道数	5 声道	
流动方向	单向	
设计最大流速	20	m/s
法兰连接或焊接	法兰连接	
接地电阻	不大于 1Ω	

③ 管道外输计量要求。

管道外输计量系统的安装和使用应符合 GB/T 18603—2014《天然气计量系统技术要求》的要求。LNG 接收站与下游接气方应遵守中国石油天然气股份有限公司《油气交接计量管理规定》,根据工作需要签订计量协议,明确各方计量工作内容和计量交接职责。

计量交接人员必须持国家计量技术部门或其授权的计量技术机构颁发的以及中国石油天然气集团公司认可的操作证书(交接计量员证书)才有资格进行计量操作和监护。

天然气量以安装在接收站计量外输区的流量计按体积进行计量,计量设备准确度等级应在交接点正常流量条件下的流量范围的适用准确度等级之列。所适用的准确度等级应为国家标准 GB/T 18603—2014《天然气计量系统技术要求》中 A 级(1%)所规定的准确度等级。

天然气交接计量分析所用计量器具应符合 GB/T 18603—2014《天然气计量系统技术要求》规定,并按《中华人民共和国计量法实施细则》和《中华人民共和国强制检定管理办法》,委托国家授权的计量检定机构对计量器具进行周期检定,检定合格后方能使用。一般需要检定的设备有流量计、配套二次仪表,流量计算机、在线色谱分析仪、离线色谱分析仪、硫含量测定仪、水烃露点测定仪等。

(2)液化天然气槽车装车外输计量。

① 槽车装车外输计量概述。

槽车装车系统用于 LNG 槽车的装载外运。LNG 槽车容量一般为 $40m^3$/辆,单台装车臂的装载速率为 $60 \sim 80m^3$/h。每个装车位设 1 台液体装料臂和 1 台气相返回臂及其配套的就地控制系统,装车时的流量由流量计控制。在槽车装车专用入口和出口分别设置空车和重车地衡,槽车装车量的贸易计量以电子汽车衡为准,计量方式为质量计量,装车前和装车后分别称重,重量差即为装载 LNG 的重量。若还需要槽车装运的 LNG 在标况下(20℃,101325Pa)的体积,则可在装车总管上设置采样分析系统测得装载天然气的组分,或可根据管道外输天然气的组分进行标况体积换算。

② 槽车装车外输计量要求。

LNG 接收站与天然气购买方和槽车装运方应遵守中国石油天然气股份有限公司《油气交接计量管理规定》,根据工作需要签订计量协议和装车合同,明确各方计量工作内容和计量交接职责。

接收站槽车区电子汽车衡应符合 GB/T 7723—2008《固定式电子衡器》的技术要求,按《中华人民共和国计量法实施细则》及有关标准进行周期检定、检测与校准,合格后方能使用。电子汽车衡可按 JJG 539—1997《数字指示秤检定规程》进行法定检定。

计量交接人员必须持国家计量技术部门或其授权的计量技术机构颁发的以及中国石油天然气集团公司认可的操作证书(交接计量员证书)才有资格进行计量操作和监护。

接收站外输量主要由下游用户用气量确定,并通过控制汽化器的进口LNG 流量来实现外输气量的控制。天然气经计量站后输送至外输管网。接收站的外输气量由贸易计量系统进行计量,流量计一般采用气体超声流量计,并配有在线气相色谱分析仪;与流量计配套的流量计算机能够根据流量测量信号和气体组分信号精确地计算出外输气体的体积流量和质量流量。外输天然气的热值、组分、密度等信息可在中央控制室进行连续监测,并能实现在控制室内对计量系统的远程控制。计量系统同时设有手动取样口,可作为对在线分析的检验和备用。

2. 蒸发气处理系统

1)再冷凝工艺

(1)再冷凝工艺流程。

再冷凝工艺系统流程示意图见图 2 – 30。

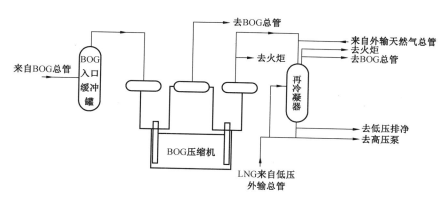

图 2 – 30 再冷凝工艺系统流程示意图

蒸发气(BOG)的产生主要是由于外界能量的输入造成的,如泵运转、外界热量的传入、大气压变化、环境的影响及 LNG 送入储罐时造成罐内蒸发气体积的变化。蒸发气处理系统的目的是为了经济而有效地回收 LNG 接收站产生的蒸发气。LNG 接收站在卸船操作时产生的蒸发气的量远远大于不卸船操作的蒸发气量。卸船时产生大量蒸发气,通过气相返回管线,经气相返回臂返回 LNG 船舱中,以保持卸船系统的压力平衡。另一部分蒸发气经 BOG 压缩机压缩到一定的压力与 LNG 低压输送泵(来自 LNG 储罐)送出的过冷 LNG 在再冷凝器中混合并冷凝。BOG 压缩机可通过逐级调节来实现流量控制。BOG 压缩机的开车/停车由操作员控制。如果蒸发气流量高于压缩机或再冷凝器的处理能力,储罐和蒸发气总管的压力将升高,当压力超过压力控制阀的设定值时,过量的蒸发气将排至火炬燃烧。

接收站在无卸船、正常输出状态下,压缩机一般 1～2 台工作,即可处理产生的蒸发气;卸船时,蒸发气量是不卸船时的数倍,需要多台压缩机同时工作。一旦 BOG 压缩机出现故障,为了确保卸船时产生蒸发气能得到有效处理,可适当降低卸船速率以避免或减少蒸发气排至火炬燃烧。

在压缩机入口管线上安装调温器,通过温度控制阀,定量向蒸发气内喷射冷态 LNG,以限制进入压缩机的蒸发气温度。在该 LNG 喷射点下游,配置 BOG 压缩机入口缓冲罐,防止蒸发气夹带 LNG 液体进入压缩机。

再冷凝器将 BOG 压缩机增压后的蒸发气与 LNG 混合并将蒸发气冷凝为液体。再冷凝器上部为不锈钢拉西环填充床。蒸发气从再冷凝器的顶部进入,LNG 从再冷凝器侧壁进入,二者在填充床中混合换热后蒸发气被冷凝。另有一部分 LNG 通过再冷凝器旁路和再冷凝器出口的液体混合一起送去高压输出泵。再冷凝器出口压力通过出口压力变送器控制其旁路调节阀来保持基本恒定,以确保高压输送泵入口压力稳定。根据再冷凝器出口压力和来自压缩机的 BOG 流量来调节进入再冷凝器的 LNG/BOG 流量比例,以确保蒸发气冷凝为液体。

如果再冷凝器的操作液位过高,该系统将从外输管线上引入天然气(经降压)补充再冷凝器的气相空间,维持正常操作液位。如果再冷凝器压力过高,通过再冷凝器减压阀将气体排向 BOG 总管以维持系统正常操作压力。

(2)再冷凝工艺控制要点。

① BOG 压缩机入口缓冲罐。

来自 LNG 储罐的蒸发气和压缩机的循环蒸发气进入 BOG 压缩机入口缓冲罐。一旦 BOG 夹带液滴,当 BOG 压缩机入口缓冲罐的液位达到高液位报警时,操作人员采用手动操作方式将罐中的 LNG 液体排至低压排净罐,再通过氮气压送回 LNG 储罐。

② BOG 压缩机。

BOG 压缩机采用低温往复式压缩机,可通过逐级(0→25%→50%→75%→100%)调节来实现流量控制。同时,压缩机设置回流旁路,该回路用于第二台/第三台 BOG 压缩机启动时入口的冷却,由于在这种控制模式下能效比较低,所以正常操作时不采用。

BOG 压缩机的流量控制可在自动或手动两种模式下运行。BOG 压缩机处于自动模式时,LNG 储罐通过共用的绝压调节器自动选择 BOG 压缩机的负荷(0,25%,50%,75% 或100%)。如果 LNG 储罐内压力高于其最大操作压力,调节器转换更高一级负荷,提高压缩机的负荷;如果 LNG 储罐内压力低于其最小操作压力,调节器转换较低一级负荷,降低压缩机的负荷。储罐的压力稳定在这两个绝压值之间。

在手动模式时,操作工可以根据 LNG 储罐压力监测的数据,手动选择 BOG 压缩机的负荷。如果再冷凝器的运行工况不稳定时,则压缩机的能力负荷需要修正。再冷凝器旁路流量、再冷凝器液位和高压泵进口总管 LNG 的过冷度通过一个信号低选器和 LNG 储罐压力的信号高选器进行比选,选择较低值来调整 BOG 压缩机的负荷。

③ 再冷凝器。

再冷凝器主要功能是将加压后的蒸发气与低压输送泵泵出的过冷 LNG 混合并冷凝为液体。在正常操作条件下,进入再冷凝器的蒸发气流量等于 BOG 压缩机的出口蒸发气量。在零外输情况下,超压的蒸发气送至火炬系统进行处理。再冷凝器输送至输出单元的液体流量根据接收站的总输出量确定。从 LNG 储罐输出的 LNG 一部分根据冷凝蒸发气所需量进入再冷凝器,剩余部分通过再冷凝器旁路直接送至高压输出泵。

(a)LNG/NG 流量比率。

流量比率调节器按照蒸发气流量调整冷凝用 LNG 液体流量。流量比率根据再冷凝器的操作压力进行计算。

(b)超压控制。

当接收站运行初期天然气外输量很低时,无法冷凝下来的 BOG 排放至火炬燃烧。再冷凝器设两级超压保护,一级为开启压控阀将过量的蒸发气释放至 BOG 总管;二级为压力安全阀起跳将过量蒸发气排至 BOG 总管。如果难以压缩/冷凝的氮气组分在再冷凝器中积聚,那么可能发生压力升高的情况。因此,如果再冷凝器的压力持续升高,操作员应该通过再冷凝器顶部的取样口取样,进行气体分析,当氮气含量超过设定值时,通过压力控制阀将不凝气排至 BOG 系统。

（c）温度超驰控制。

当外输流量降低,再冷凝器不可能冷凝从 BOG 压缩机送来的所有蒸发气时,可检测到再冷凝器出口温度升高、再冷凝器液位降低或者经过旁路的 LNG 流量不足,此时低选器按照温度、液位和流量调节器的较低值输送信号,如果发生此干扰条件,输出信号将超越 LNG 储罐的压力调节器对 BOG 压缩机能力控制。

（d）液位控制。

再冷凝器的液位为高液位时,系统将通过从外输管线上引入降压后的天然气调节气相压力的方式,调节再冷凝器的 LNG 进料量,从而稳定再冷凝器的液位。再冷凝器的液位高高时,联锁关闭再冷凝器入口 LNG 阀并关停压缩机。为保证不中断天然气的外输,此时低压输送泵出口的 LNG 通过再冷凝器旁路进行外输。如果再冷凝器的运行工况不稳定,可通过相应回路调节压缩机负荷。

（3）再冷凝工艺主要参数。

再冷凝系统主要工艺参数见表 2 – 4。

表 2 – 4　再冷凝系统主要工艺参数

序号	控制参数	控制范围	单位
1	BOG 压缩机处理能力	8.83	t/h
2	BOG 压缩机操作压力	0.008（入口）~0.805（出口）	MPaG
3	BOG 压缩机操作温度	– 162 ~ 36.3	℃
4	再冷凝器操作温度	– 160 ~ – 135	℃
5	再冷凝器操作压力	0.775	MPaG
6	再冷凝器冷凝比例（NG∶LNG）	1∶10	—

2）增压压缩工艺

（1）增压压缩工艺流程。

增压压缩工艺系统流程示意图见图 2 – 31。

BOG 的处理方式除了再冷凝工艺,另一种处理方式是采用增压压缩工艺,直接增压外输。它是将 BOG 压缩机后串联 BOG 增压压缩机,BOG 压缩

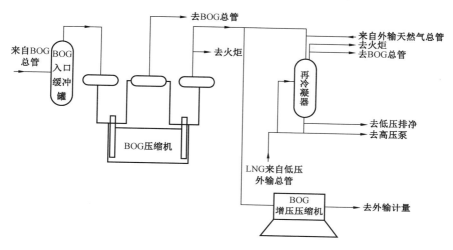

图 2-31   增压压缩系统工艺流程图

机将 BOG 加压到 BOG 增压压缩机入口设计压力后送至 BOG 增压压缩机，再次增压到外输管网压力后输送到站内高压外输管线然后外输。BOG 增压压缩机配有空冷、水冷装置等配套系统。

（2）增压压缩工艺控制要点。

当无 LNG 汽化外输时，BOG 压缩机和 BOG 增压压缩机同时使用，再冷凝器、高压泵和汽化器停运备用，LNG 储罐的压力通过调节 BOG 压缩机和 BOG 增压压缩机负荷进行控制。

BOG 增压压缩机一般为三级往复式压缩机。BOG 增压压缩机的流量控制可在手动模式下运行，操作工可以根据 BOG 增压压缩机的负荷情况，手动选择增压压缩机的负荷。

启动 BOG 增压压缩机、停用再冷凝器前，需先将再冷凝器系统与 BOG 压缩机相关的联锁和流量控制信号屏蔽，在确认再冷凝器相连管线上的切断阀和控制阀处于关闭状态后，才能启动 BOG 压缩机与 BOG 增压压缩机，将再冷凝工艺流程切换为直接外输工艺流程。

BOG 增压压缩机运行时，应关注其振动、响声、各级的进出口压力和温度、润滑油和冷却水的压力和温度等参数。

（3）增压压缩工艺主要参数。

BOG 增压压缩工艺主要参数见表 2-5。

表 2 - 5   BOG 增压压缩工艺主要参数

序号	控制参数	控制范围	单位
1	体积流量	25000（4 座储罐）	Nm³/h
2	吸气压力	0.7/一级、2.186/二级、4.339/三级	MPaG
3	排气压力	2.227/一级、4.405/二级、8.5/三级	MPaG
4	吸气温度	40/一级、45/二级、45/三级	℃
5	排气温度	≤132/一级、≤102/二级、≤101/三级	℃
6	轴功率	3000	kW
7	冷却水消耗量	60	m³/h
8	电动机轴承温度上限	70	℃
9	机身振动上限	18	mm/s

3）火炬放空工艺

（1）火炬放空工艺流程。

火炬放空工艺系统流程示意见图 2 - 32。

火炬系统用于收集 BOG 总管的超压放空、BOG 压缩机中首台启动时进口冷却的气体，界区内天然气外输总管维修时的泄压气体也直接进入火炬系统。LNG 接收站设置火炬用于泄放气体的排放。

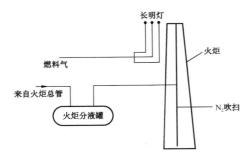

图 2 - 32   火炬工艺系统流程示意图

（2）火炬放空工艺控制要点。

火炬在第一次投用时，由于接收站还未进料，没有燃料气提供给长明灯点火，可采用液化石油气（LPG）点火。接收站正常运行情况下，火炬长明灯应持续提供燃料气，始终处于引燃状态，以便在有 BOG 排放至火炬时能随时燃烧处理。若长明灯故障或被较大风吹灭，应立刻重新点燃。在火炬的上游低点位置设有火炬分液罐、火炬分液罐加热器，其目的是使排放到分液罐的蒸发气可能携带的液体充分分离和汽化。为防止空气进入火炬系统，在火炬总管尾端以及分支总管端部连续通以低流量氮气，以维持火炬系统微正压。

（3）火炬放空主要工艺参数。

火炬放空主要工艺参数见表 2 - 6。

表 2 - 6　火炬放空主要工艺参数

序号	控制参数	控制范围	单位
1	火炬处理能力	90	t/h
2	火炬操作温度	-159 ~ 大气温度	℃
3	火炬操作压力	0.01	MPaG
4	火炬高度	65	M
5	长明灯燃气压力	1 ~ 2	Bar
6	长明灯燃气耗量	7.5	Nm^3/h
7	氮气耗量	25.3	Nm^3/h

第四节　公用工程区

一、组成

此区域主要有 110kV 全封闭组合电器(GIS)室、变电所、氮气储罐及汽化器、空气压缩机、生产水系统、生活水系统和通信、消防设施设备等。

二、分类

此区域可分为给排水系统、供电系统、工业用气系统和消防系统。

三、功能

1. 给排水系统

接收站给水系统主要分为生活给水系统、生产给水系统、消防给水系统、海水给水系统、绿化供水系统 5 个主要系统,其中海水给水系统是接收站为了生产的需要而设立的特殊的系统,海水取自接收站附近海区,经开架式汽化器 ORV 与 LNG 换热后排放入大海。生产/生活水源来自市政水厂;达标排放的生产/生活污水排至接收站附近的市政污水管网。

1）给水系统

（1）生活供水系统。

生活给水系统提供洗眼器用水和办公区、码头控制室的生活用水。生活给水系统单独使用1个生活水罐，生活水泵1用1备。主要构筑物和装置由生活水罐和生活给水泵组成。设计依据为国家标准和生活用水需求情况以及当地的温度气候条件。由于厂区生活用水水量变化较大，管网内压力波动较大，为节约能源，可设置变频器对生活水泵实行变频控制。

（2）生产供水系统。

本系统主要向生产装置、辅助生产装置提供水源，生产用水和消防淡水共用一个生产水罐，主要构筑物和装置由生产水罐、生产给水泵组成。LNG接收站的用水从市政管网主管引入，再送入生产水罐、生活水罐，经生产、生活水泵加压后送到各用水点。市政水供到生产水罐、生活水罐后，经生产水泵提升后作为各生产装置辅助设施生产用水；经消防测试泵提升后作为消防系统的测试、初期火灾消防用水及管网清洗用水。如来水压力明显不足，可在生产水罐前增设一个提升池，保证来水的压力。

（3）消防给水系统。

本系统向站内工艺装置区、罐区、公用工程区及码头提供消防用水。主要设备由消防电泵、消防柴油泵、消防测试泵和消防保压泵组成。消防水源多取自于海水，一般采用海水消防、淡水保压的运行方式；火灾初期用淡水消防，若不能及时扑灭使管网压力下降，则启动海水消防泵的操作方式。淡水水源来自于生产水罐。

（4）海水给水系统。

主要构筑物和装置由海水取水口、海水泵、格栅电动清污机、旋转滤网、海水加氯装置等组成。本系统向开架式汽化器（ORV）提供加热用水。一般在海水温度高于5℃时，启用ORV，尽可能利用海水来汽化LNG；海水温度低时，启用SCV来汽化LNG。

（5）绿化供水系统。

一般多依托市政管网，为厂区提供绿化用水。

2）排水系统

排水管道系统按清污分流的设计原则，分为清净雨水、生产污水、生活污水和工艺排放海水四个系统。

（1）清净雨水。

清净雨水通过明沟或管线，可排放到海域或就近排入市政排水系统。

（2）生产污水。

生产污水排水系统由生产污水管道及其附属设施（检查井，水封井）组成，装置区排出的生产污水经重力排入厂区生产污水排水干管，再提升进入生产污水处理装置进行处理。生产污水经处理达标后排放。在处理中，分离出的废油统一储存在污油罐中，定期外运。

（3）生活污水。

生活污水收集系统由生活污水管道及其附属设施（检查井，化粪池）组成，由各建筑物排出的生活污水经管道埋地敷设重力流排至生活污水处理装置，污水处理达标后，排至市政污水系统。

化验室的废液应单独装桶收集进行处理，不得排入本系统及其他系统中。

（4）工艺排放海水。

工艺排放海水系统主要用于收集经 ORV 被降温后的工艺海水，通过专用排水沟重力流排到排海口。海水排水多采用钢筋混凝土明沟。

（5）生产污水处理系统。

生产污水处理系统主要用于处理厂区内的含油污水。主要构筑物和装置由调节池、含油污水提升泵和油水分离装置组成。装置区排出的含油污水经重力流排入含油污水收集池后，由含油污水提升泵送入油水分离装置处理。油水分离装置包括斜板隔油、过滤处理工序，确保含油污水出水水质符合回用标准。分离出的废油统一在污油罐储存，定期外运。需设置含油污水处理一体化处理装置。

（6）生活污水处理系统。

本系统主要用于收集和排放各装置区建筑物内卫生间、厕所、浴室、餐厅等设施的生活污水。主要构筑物和装置由调节池、生活污水提升泵和生活污水一体化装置组成。各建筑物排放的生活污水经化粪池预处理后，接入市政管网。

（7）LNG 泄漏收集池。

为了收集从各泄漏点排放的 LNG，在工艺区、装车站区、码头区以及每个罐区各设置一个 LNG 泄漏收集池，其为钢筋混凝土结构。LNG 排入泄漏收集池后，由信号联锁启动消防泡沫系统，用泡沫将 LNG 覆盖在泄漏收集池中，防止 LNG 瞬间大量汽化。当 LNG 泄漏收集池内汇积的雨水较多达到一定液位时，启动池边的自吸泵，将雨水排至附近的雨水系统。

2. 供电系统

1）接收站电力系统简介

液化天然气接收站供电系统设计主要是基于对接收站电力系统重要性的评估及地方电力系统实际情况。接收站电力系统既有与一般工厂电力系统设计的相同之处，也有其特殊性。

接收站供电系统同其他工厂供电系统都是由输配电系统、动力系统、照明系统及防雷防静电系统四个大部分组成，完成生产、办公等各种工作条件的用电需求。为了确保生产装置的安全平稳运行，对接收站供电系统提出了比一般工厂供电更高的要求。一般由地方供电公司提供两路高压电源，经过一系列变配电系统，将高压降为合适的不同电压等级，分输到各用电设备。

2）负荷特性及负荷等级

由于液化天然气接收站运行的特殊性，一部分负荷必须长期运行以满足温度、压力等工艺要求，否则会造成重大经济损失，甚至会导致事故的发生。因此，一般将接收站工艺装置负荷设计为一类用电负荷，行政区为二类用电负荷。

部分重要的工艺负荷、仪表负荷及消防负荷为一类特别重要的负荷，所涉及的设备主要有低压输送泵、DCS 电源、SIS 电源、FS 电源、广播系统、应急照明设备、电气操作电源、消防保压泵、空气压缩机、加氯装置风机等。针对上述负荷，需要在电气设计过程中重点关注，配备后备电源保障供电安全。

在接收站设计中 DCS 电源、SIS 电源、FS 电源、广播系统电源由交流 UPS 供电；消防保压泵、低压输送泵、空气压缩机、加氯装置风机等由应急母线供电（应急柴油发电机）；110kV 和 6kV 开关柜的控制电源，由工艺变电所内设置的直流电源供电。

3）对电源的要求

对于一套依托地方电网的 350×10^4 t/a 的接收站来说，供电电源要求分别从地方电网的两处 110kV 变电站引入两路 110kV 电源，在地方电网无法满足上述要求时可由同一个 110kV 变电所分两段引入两路 110kV 电源。接收站一般设立 110kV 配电室一座、工艺变电所一座，并根据供电距离、线路损耗等相关情况确定再分别设立海水取排水口变电所、码头变电所各一座。

为了确保供电系统的可靠性，上述变电所均采用双母线分段运行的方式。

4）总用电负荷

处理能力为 350×10^4 t/a 的接收站总计算负荷为 12367.4kW/13091.34kVA。其中，总应急负荷为 1309.1kW/1636.38kVA（$\cos\varphi = 0.8$）（φ 表示交流电路中电压与电流间的相位差）。

处理能力为 650×10^4 t/a 的接收站总计算负荷为 19675.5kW/20896.1kVA。其中，总应急负荷为 1512.41kW/1890.51kVA（$\cos\varphi = 0.8$）。

处理能力为 1000×10^4 t/a 的接收站总计算负荷为 29771.12kW/31578.571kVA。其中，总应急负荷为 1715.73kW/2144.66kVA（$\cos\varphi = 0.8$）。

按照年工作 8760h 计算，350×10^4 t/a 的接收站总耗电量为 10833.84 × 10^4 kW·h，650×10^4 t/a 的接收站总耗电量为 17235.74 × 10^4 kW·h。

5）主要电气设备参数

（1）变压器。

应选用低损耗节能变压器。110/6.3kV 变压器采用 YNyn0d 结线组别。6.0/0.4kV 有载调压油浸型变压器（分级绝缘带稳定绕组）采用 Dyn11 结线组别。在工艺变电所和海水泵房变电所采用全密封油浸型变压器，在其他分变电所采用树脂浇注干式变压器。变压器应满足安装地点的环境要求。

（2）应急柴油发电机。

应急柴油发电机组应选用适当的备用容量，以确保在最严格的应急负荷启动条件下，启动电压仍能满足国家标准。应急柴油发电机电压等级为 6.3kV。柴油储罐容量应满足应急负荷连续 24h 运行。

表 2-7 ～ 表 2-9 为三种开关柜主要参数。

表 2-7　110kV 开关柜

柜体类型	户内 GIS	额定电压	145kV
防护等级	IP3X	控制电压	DC220V
保护元件	微机综合保护	断路器形式	SF$_6$ 绝缘

表 2-8　6kV 开关柜

柜体类型	金属铠装中置式	额定电压	12kV
防护等级	IP3X	控制电压	DC220V
保护元件	微机综合保护	断路器形式	真空断路器
备用回路	在每段母线，至少留有 2～3 个备用柜位		

表2－9　380V开关柜

柜体类型	抽屉式	额定电压	380V
防护等级	IP3X	控制电压	AC220V
保护元件	配备智能电动机控制单元	断路器形式	空气/塑壳断路器
出线方式	电缆侧出线		
备用回路	在每段母线,对每种回路,至少留有10%的备用抽屉		

6）供配电方案

（1）110kV GIS室及工艺变电所供电方案。

① 电源采用两条110kV架空线至LNG界区边缘经架空线终端杆转为电缆后,沿地下电缆沟引入位于110kV变电所内的全封闭组合电器(GIS)配电装置。110kV采用单母线分段式接线。110kV出线亦采用电缆配线方式引至工艺变电所主变压器。

② 工艺变电所的每台有载调压油浸电力变压器(一般为两台,一用一备)能够承担全厂(含Ⅰ、Ⅱ期)100%的用电负荷。另在工艺变电所内应设置2台应急干式全密闭配电变压器,为装置区照明、插座、公用工程区及工艺区用电负荷供电。6kV高压、380V低压配电装置、直流屏及微机综合保护后台系统均可布置于工艺变电所内。

③ 110kV GIS室内及其下方电缆沟内设置六氟化硫检测报警装置和强排风装置。SF_6报警装置长期用于对GIS室内及其下方电缆沟内的SF_6密封系统的泄漏进行监控。该装置为微处理器型,当测量出空气中SF_6的含量大于规定值,则处理器发出报警信号,并自动启动强排风装置。

④ 6kV和380V配电系统采用母联常开的单母线分段接线。在双进线系统中,每个进线断路器和变压器都要能承受全部正常运行的负荷。

⑤ 在工艺变电所内设置6kV及380V应急负荷开关设备,负责为全厂应急负荷供电,6kV应急母线由两路正常电源和一路柴油发电机组电源供电。两路正常电源分别引自6kV两段母线。正常情况下6kV应急母线由6kV正常段母线供电,当6kV正常段母线失电时,与6kV正常段母线连接的进线开关断开,柴油发电机组自动启动,6kV应急母线与柴油发电机组连接的进线开关闭合,为应急负荷供电。进线开关带有联锁装置以避免并列运行。

⑥ 工艺变电所低压应急母线由1台6/0.4kV、630kVA干式全密闭配电变压器供电。柴油发电机组柴油储罐油量备用时间为24h。

（2）主控制室配电所供电方案。

主控制室内设置配电室,其中应急负荷由工艺变电所应急电源母线供电,非应急负荷由工艺变电所正常母线供电。

（3）码头变电所供电方案。

码头变电所位于码头控制室及配电室内,其电源引自工艺变电所6kVA段及E段母线,采用单母线分段运行。

（4）海水泵房变电所供电方案。

海水泵房变电所位于海水泵房的南侧,其电源引自工艺变电所6kV两段正常母线。在海水泵房变电所内,设置2台6/0.4kV、1000kVA干式全密闭配电变压器,组成低压负荷中心,采用单母线分段的形式为海水泵房用电负荷供电。应急负荷电源引自工艺变电所低压应急母线。

3. 工业用气系统

1）工业用气系统概述

LNG接收站所用到的工业用气主要是工厂空气、仪表空气以及氮气。工厂空气和仪表空气工艺系统流程示意图见图2-33。

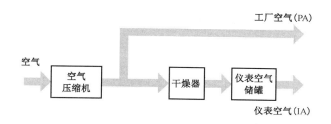

图2-33　工厂空气和仪表空气工艺系统流程示意图

（1）工厂空气和仪表空气系统流程。

工厂空气和仪表空气系统是LNG接收站公用工程系统组成之一。LNG接收站内工厂空气主要供公用工程站使用,仪表空气主要供调节阀和仪表使用。工厂空气和仪表空气系统由空气压缩机、工厂空气缓冲罐、空气干燥器及仪表空气储罐组成。空气由大气吸入,经压缩机压缩,进入工厂空气缓冲罐,分离游离态水,进入干燥器中干燥,达到仪表空气的质量要求,分两路分别进入仪表空气和工厂空气管网。工厂空气和仪表空气规格如表2-10所示。

表2－10　工厂空气和仪表空气规格

参数	数值	单位
温度	环境温度	℃
压力露点(0.6MPaG 下)	－30.9	℃
油含量	≤8	mL/m³
尘含量	≤1	mg/m³
尘粒径	≤3	mm

根据 LNG 接收站工艺设计规模进行工厂空气和仪表空气生产能力的设计。若按 4 座 160000m³ 的 LNG 储罐设计,工厂空气最大设计能力为 200m³/h,仪表空气最大设计能力为 700m³/h,系统年操作时间为 8760h。工厂空气和仪表空气具体用量如表 2－11 所示。

表2－11　工厂空气和仪表空气用量表

序号	装置/设备名称	仪表空气 最大用量 (m³/h)	工厂空气 连续用量 (m³/h)	工厂空气 最大用量 (m³/h)	备注
1	接收站工艺系统	700			
2	公用工程站		180	200	
3	气动葫芦		100		不考虑与公用工程站工作同时发生
	总计	700	180(取大值)	200	
	设计规模	700	200		

(2)氮气系统流程。

LNG 接收站内的氮气主要用于设备和管道的吹扫、置换和保压。氮气的生产可以采用空分装置,也可以外购液氮进行汽化。

① 空分装置制氮。

空分是以空气为主要原料生产氧气、氮气、氩气及其他稀有气体的方法,根据分离原理不同可分为变压吸附法、膜分离法和深冷分离法。

(a)变压吸附法(PSA 制氮)是利用吸附剂对空气中氧气和氮气的吸附容量随着压力变化而呈差异的特点,由选择吸附和解析再生两个过程组成交替切换的循环工艺,从而实现空气的分离。

（b）膜分离法即利用高分子聚合物薄膜的渗透选择性从气体混合物中将某种组分分离出来。该分离方法不发生相态变化，设备简单。

（c）深冷分离法是一种低温分离方法。将空气冷凝为液体，然后再按各组分蒸发温度的不同将它们予以分离（氧气 90.18K，氮气 77.35K，氩气 87.29K）。

② 液氮汽化装置制氮。

液氮汽化装置一般设有液氮储存及汽化单元，根据使用情况外购液氮，将液氮用槽车装入液氮储罐，然后将储罐内的液氮利用汽化器汽化再使用。汽化器加热方式可使用电加热汽化和空气加热汽化。氮气系统生产的氮气规格、氮气用量如表 2－12 所示。

表 2－12　氮气规格

序号	参数	数值	单位
1	温度	环境温度	℃
2	压力	0.7	MPa
3	压力露点	－60	℃
4	氮气纯度	≥98	%

2）工业用气系统组成

（1）工厂空气和仪表空气系统组成。

工厂空气和仪表空气系统由空气压缩机、工厂空气缓冲罐、空气干燥器及仪表空气储罐组成。空气经过滤后，进入空气压缩机，经压缩后空气压力为 1.0MPa，温度约 40℃，压缩空气进入工厂空气缓冲罐冷却，再经油过滤器、空气干燥器和粉尘过滤器过滤净化后，空气压力露点 －30.9℃（0.6MPa），油含量小于 8mL/m³，尘含量小于 1mg/m³，经仪表空气储罐，分别由工厂空气总管和仪表空气总管送至各仪表空气、工厂空气用户使用。事故时，仪表空气储罐中的空气经减压至 0.55MPa，进入全厂仪表空气管网。

当仪表空气压力低低报警时，关闭工厂空气供应。若仪表空气压力降至低低低报警值时，全厂工艺系统停车。在空气压缩机入口设置可燃气体检测器，当检测到可燃气体浓度超高时，停空气压缩机。仪表空气、工厂空气系统由就地联控柜自动控制，主要操作参数及状态信号上传至 DCS，能在中央控制室进行监视。

（2）氮气系统组成。

① 空分装置制氮系统组成。

（a）PSA 制氮系统组成。

PSA 制氮系统主要由冷干机、PSA 吸附塔、氮气罐等组成。空气经空气过滤器清除灰尘和机械杂质后进入空气压缩机，压缩至所需压力，经严格的除油、除水、除尘净化处理，输出洁净的压缩空气，目的是确保吸附塔内分子筛的使用寿命。装有碳分子筛的吸附塔共有两个，一个塔工作时，另一个塔则减压脱附。洁净空气进入工作吸附塔，经过分子筛时氧气、二氧化碳和水被其吸附，流至出口端的气体便是氮气及微量的氩气和氧气。另一塔（脱附塔）使已吸附的氧气、二氧化碳和水从分子筛微孔中脱离排至大气中。这样两塔轮流进行，完成氮氧分离，连续输出氮气。变压吸附制氮机输出的氮气进入氮气净化设备，同时通过一流量计添加适量的氢气，在净化设备的除氧塔中氢气和氮气中的微量氧气进行催化反应，以除去氧气，然后经水冷凝器冷却，气水分离器除水，再通过干燥器深度干燥（两个吸附干燥塔交替使用：一个吸附干燥除水，另一个加热脱附排水），得到高纯氮气。

（b）膜分离法制氮系统组成。

膜分离法制氮系统由空气压缩机预处理装置、膜分离装置、氮气缓冲罐、氮气监控系统组成。

空气压缩机为制氮系统提供足够气源，经过空气预处理，除去压缩空气中的油和水分以及灰尘颗粒，减轻后续膜组件的负担。膜分离装置将压缩空气精过滤后分离成氮气和富氧。氮气达到标准后进入缓冲罐备用，未达标的放空排出。利用氮气监控系统来控制膜分离制氮装置。

（c）深冷分离法制氮系统组成。

深冷分离系统由空气压缩机、空气冷却器、空气干燥净化器、空分塔、液氮储槽、汽化器等组成。

空气经空气过滤器清除灰尘和机械杂质后进入空气压缩机，压缩至所需压力，然后送入空气冷却器，降低空气温度。再进入空气干燥净化器，除去空气中的水分、二氧化碳、乙炔及其他碳氢化合物。净化后的空气进入空分塔中的主换热器，被返流气体（产品氮气、废气）冷却至饱和温度，送入精馏塔底部，在塔顶部得到氮气，液体空气经节流后送入冷凝蒸发器蒸发，同时冷凝由精馏塔送来的部分氮气。冷凝后的液氮一部分作为精馏塔的回流液，另一部分作为液氮产品出空分塔。由冷凝蒸发器出来的废气经主换热器复热到约130K进膨胀机膨胀制冷，为空分塔提供冷量，膨胀后的气体一部分作为分子筛的再生和吹冷用,然后经消音器排入大气。由空分塔出来的液氮进液氮储槽储存,当空分设备检修时,储槽内的液氮进入汽化器被加热后,送入氮气管网。深冷制氮可制取纯度不小于99.999%的氮气。

②液氮汽化装置系统组成。

液氮汽化装置由电加热汽化器、空气加热汽化器、氮气缓冲罐和液氮储罐组成。外购液氮通过低温液体槽车运输到氮气系统,然后卸入液氮储罐。液氮储罐中的液氮进入液氮汽化器进行汽化,汽化压力为0.8MPa,汽化后的氮气经氮气缓冲罐(操作压力为0.8MPa)送出界区,满足各用户对氮气的需求。

当氮气管网压力低报警时,开启液氮储存及汽化系统供给氮气。氮气管网压力达到正常值时,关闭液氮储存及汽化系统。当氮气温度低于0℃时,开启电加热汽化器;当氮气温度高于10℃时,关闭电加热汽化器。液氮储存及汽化系统均采用就地控制盘自动控制,主要操作参数及状态信号能够在中央控制室监视。

3)工业用气系统主要设备参数

工厂空气和仪表空气设备工艺参数见表2-13,液氮汽化系统设备工艺参数见表2-14。

表2-13　工厂空气和仪表空气设备工艺参数

序号	设备名称	参数	数值	单位
1	空气压缩机	排气量(单台)	580	m³/h(干基)
2		出口压力	1.0	MPa
3		出口温度	≤40	℃
4	工厂空气缓冲罐	容积	1.5	m³
5		操作温度	大气温度	℃
6		操作压力	1.0	MPa
7	空气干燥器	处理能力	1320	m³/h
8		露点温度	-40(0.6MPa)	℃
9		操作压力	0.6~1.0	MPa
10	仪表空气储罐	容积	150	m³
11		操作温度	大气温度	℃
12		操作压力	0.9	MPa

表 2-14　液氮汽化系统设备工艺参数

序号	设备名称	参数	数值	单位
1	液氮储罐	容积	20	m^3
2		操作压力	0.8	MPa
3		操作温度	-196	℃
4	空气加热汽化器	流量	1000	m^3/h
5		操作温度	-196	℃
6		操作压力	0.8	MPa
7	氮气电加热器	流量	1000	m^3/h
8		操作温度	大气温度	℃
9		操作压力	0.8	MPa
10	氮气缓冲罐	容积	50	m^3
11		操作温度	大气温度	℃
12		操作压力	0.8	MPa

4. 消防系统

1）消防系统概述

根据国内外相关规范要求,LNG 接收站工程的消防系统通常考虑设置消防水系统、高倍数泡沫灭火系统、干粉灭火系统、气体灭火系统、灭火器、火灾报警系统、可燃气体探测系统等消防设施,结合 LNG 接收站的站址、站内设施配置及周边环境等实际情况,可以统筹考虑是否设置消防站。消防系统各组成部分是以 LNG 接收站工程主要装置的防火间距为前提的,具体要求参见 GB/T 20368—2012《液化天然气(LNG)生产、储存和装运》。

2）消防系统各部分的设备及参数

消防系统在各区域设置情况参考表 2-15。

表 2-15　各区域消防设施设置情况一览表

消防设施	码头区	LNG 罐区	工艺区	辅助区
高架消防水炮	●			
固定式消防水炮			●	
固定式水幕系统	●			
固定式水喷雾系统	●	●（罐顶）		

续表

消防设施	码头区	LNG 罐区	工艺区	辅助区
气体灭火系统	●（控制室）			
高倍数泡沫灭火系统	●（LNG 收集池）	●（LNG 收集池）	●（LNG 收集池）	
干粉灭火系统	●	●（罐顶）	●	
移动式灭火器	●	●	●	●
火灾报警系统	●	●	●	●
可燃气体检测报警系统	●	●	●	●
室外消火栓	●	●	●	●
室内消火栓				

注:图中圆点表示该区域配置相应的消防设备。

（1）室外消防供水系统。

LNG 接收站通常要设置一套稳高压消防供水系统,消防供水系统平时由稳压泵用淡水保压,火灾时可考虑启动海水消防泵,用海水消防。稳高压消防供水系统由消防水泵站和消防水管网组成。

① 接收站内敷设地下环状消防水管网,从消防水泵组出口设置两根进水管线向管网供水(管径结合用水量设计)。LNG 卸船用的码头平台从海上由栈桥与陆上的接收站相接,参考 JTJ 237—1999《装卸油品码头防火设计规范(附条文说明)》的要求,码头和栈桥的消防用水由接收站内的消防水管网引出消防供水管供给。

地下消防水管线环绕在项目各功能区周围,消防水管线上按适合距离布置消火栓、消防水炮及其他消防设施。消防水管线上设置了切断阀,以保证某处消防水管线出现问题,不至于影响整个消防管网的使用。带标示的切断阀设置在每五个消防水栓之间,在任何时间均可切断消防管网。

② 消防水泵站由海水消防电泵、海水消防柴油泵、消防保压泵、消防试水泵、消防淡水罐和控制系统组成。消防淡水罐容积的设置要满足单个最大消防设施 1h 的需水量。上述消防供水系统的保压泵和消防试水泵也布置在公用工程站泵房内,与生产水泵、生活水泵建在一起。

（2）消火栓。

① 室外消火栓。

室外消火栓通常由稳高压消防供水系统管网直接供水。室外消火栓均沿道路布置,其大口径出水口面向道路。在有可能受到车辆等机械损坏的消火栓周围设置 2 面(或 4 面)防护栏。每个室外消火栓均配置一个室外消火栓箱,其安装位置距消火栓不大于 5m。每个室外消火栓箱内放置以下设施:2 根消防水带,1 支直流喷雾水枪,1 个扳手。

② 箱式消火栓。

在工艺装置管廊下和码头平台上设置箱式消火栓,由稳高压消防供水系统管网直接供水。箱式消火栓由 1 个减压稳压型室内消火栓、2 根消防水带(带快速接口)以及 1 支直流喷雾水枪和箱体构成。

(3)消防水炮。

LNG 接收站通常设置 4 种消防水炮,包括固定式手动消防水炮、水力自摆式消防水炮、移动消防水炮和远控消防水炮。

① 远控消防水炮。

电驱动远程启动/控制消防水炮布置在码头平台和外侧靠船墩上的消防炮塔上。远控消防炮的水平竖直射程能够覆盖目标保护区域。转动和入水口控制阀由电动控制,通过码头控制室遥控操作,并能无线遥控控制和手动操作。远控消防水炮为防爆型。远控消防水炮移动范围:水平移动角度为 220°,垂直移动角度为 -50°~90°。炮的底部和连接在设计时应使阻力最小。

② 手动消防水炮。

手动固定消防水炮合理布置于工艺区、装车区,以保护这些区域内的工艺设备等设施。手动固定消防水炮距被保护设备至少 15m 的安全距离,在安全距离 15m 以外布置有困难时,考虑交替保护。手动消防水炮移动范围:水平移动角度为 360°,垂直移动角度为 -50°~90°。

③ 移动消防水炮。

在工艺区和装车站还设置有移动消防水炮,以对工艺区、槽车停车场和装车站提供灵活应急设施。

④ 水力自摆式消防水炮。

装车区、高压泵区域附近设有水力自摆式消防水炮,遥控开启后水炮可以自动按设定的角度进行灭火冷却工作,以防止火灾事故时人员难以接近消防设施进行操作。水力自摆式消防水炮移动范围:水平移动角度大于 180°,垂直移动角度为 -50°~90°。

(4)室内消防系统。

在化验室、BOG 压缩机房、备品备件及维修车间、倒班宿舍、消防站等建筑物内及码头平台上设置室内消火栓,水源接自稳高压消防供水系统管网。

（5）水喷雾（淋）消防系统。

LNG 接收站通常在以下设备或区域设置固定式水喷雾消防系统：LNG储罐罐顶泵平台；码头的紧急疏散通道。固定式水喷雾消防系统由管道、雨淋阀组、过滤器和喷头等组件构成，用于为保护对象提供冷却防护。固定式水喷雾消防系统采用自动、控制室遥控或机械应急手动的控制方式。固定式水喷雾消防系统的水源来自厂区稳高压消防水系统管网。

码头紧急疏散通道的作用是，在紧急情况下，方便码头人员向码头两侧的系船墩、去接收站陆域进行紧急疏散。在码头发生火灾的情况下，紧急疏散通道处的水喷雾系统可为撤离人员提供冷却保护。罐顶每个泵平台的喷淋供水延续时间按 6h 考虑。紧急疏散通道喷淋供水延续时间不小于 2h。

（6）水幕消防系统。

LNG 接收站通常在码头装卸臂前沿设置一套水幕消防系统，该系统由管道、雨淋阀组、过滤器和水幕喷头等组件构成，采用自动、遥控或机械应急手动的控制方式。水幕消防系统的参数通常结合船型进行设计，供水延续时间不小于 2h。

在码头高架消防水炮的炮塔上自带水幕消防系统，对炮塔进行冷却保护。去炮塔冷却水幕消防系统的阀门常开，一旦消防水炮电动阀门开启，流向水炮的水将有一小股分支去水幕消防系统，同时对炮塔进行冷却保护。根据 GB 50338—2003《固定消防炮灭火系统设计规范》要求，每个码头高架消防水炮炮塔的保护水幕的水量不小于 6L/s（约 22m³/h），供水延续时间按 6h 考虑。

（7）高倍数泡沫灭火系统。

LNG 接收站通常在每座 LNG 泄漏收集池处均设置一套高倍数泡沫灭火系统。设置目的是降低 LNG 收集池内的液化天然气的蒸发速率，确保所收集的全部 LNG 在事故收集池内缓慢、安全蒸发。当收集池内发生液池火灾时，高倍泡沫可有效降低火焰热辐射对周围设备、结构的不利影响。所有配备的泡沫液为耐海水型，且满足环保要求。系统采用自动控制方式。每个LNG 收集池至少设置 3 个低温探测器，当有 2 个低温探测器探测到有 LNG泄漏到收集池后，由火灾报警控制盘联锁控制启动雨淋阀，从而启动高倍数泡沫灭火系统，向收集池内喷射泡沫。

（8）气体灭火系统。

在码头控制室的控制室、机柜室、配电室三个房间设置固定式气体灭火系统，灭火剂选用七氟丙烷。当保护区域的两个感烟探测器均报警后，可自动联锁启动该系统,也可遥控或手动启动。采用组合分配系统,其中控制室和机柜间作为一个保护区,配电室作为一个保护区,被保护区域空间应包含吊顶内、地板下等空间。气体灭火系统的设置根据 GB 50370—2005《气体灭火系统设计规范》进行设计。当系统接收到自动或手动开启信号后,启动气瓶开启,启动气体通过控制气管,打开选择阀及灭火剂容器阀,灭火剂通过集流管及管网到喷嘴,作用于保护区域/对象。

(9)干粉灭火系统。

通常在罐顶、装车区和码头设置干粉灭火系统。

① 在每个 LNG 储罐罐顶的释放阀处设置固定式干粉灭火系统,用于扑救释放阀出口处的火灾。系统采用自动控制方式,与火焰探测器的信号进行自动联锁。系统设置 100% 的备用量。该系统也可遥控或手动启动。

② 在装车区设置的干粉灭火装置,每套装置干粉储存量不小于 500kg。每套装置设置一个干粉炮和两个干粉卷盘。系统采用遥控或手动控制方式。

③ LNG 码头设置 2 套干粉灭火装置,每套装置干粉储存量不小于 2000kg。每套装置设置一个干粉炮和两个干粉卷盘。系统采用遥控或手动控制方式。

(10)移动式灭火器。

LNG 接收站通常在码头、LNG 罐区、工艺装置区和各建筑物内配置干粉、二氧化碳等手提式及推车式灭火器,以利于扑灭初起火灾。主要要求如下:

① 每一配置点的灭火器数量不应少于 2 个,多层框架分层配置。

② 在仪表/电气设备房间配置 7kg 手提式二氧化碳、5kg ABC 类手提式干粉灭火器和 30kg 推车式二氧化碳灭火器。

③ 在通常的建筑物及房间内配置 5kg ABC 类手提式干粉灭火器。

④ 在处理可燃或易燃物料的室外场所配置 8kg BC 类手提式干粉灭火器。

(11)火灾报警及可燃气体检测报警系统。

为及早发现火情,有效监控各种泄漏、火灾等紧急事故,LNG 接收站通常要设置火灾报警系统和可燃气体检测报警系统。

① 火灾报警系统。系统应满足 GB 50116—2013《火灾自动报警系统设计规范》等国家现行规范要求并且独立于 DCS 及 SIS。所有现场火焰探测的信号以及检测 LNG 泄漏的低温检测热电阻信号将接入到火灾报警系统,当

现场发生火灾和 LNG 泄漏时,火灾报警系统将发出报警信号。主要功能如下:

(a)探测出现的火灾以及 LNG 泄漏。

(b)提供火灾或 LNG 泄漏报警信息,以便相关人员启动警报及采取相应措施。

(c)打印报表及数据存储。

(d)系统自诊断。

② 可燃气体检测报警系统。所有现场可燃气体探测的信号将接入到可燃气体检测报警系统。可燃气体检测报警系统设置在 DCS 系统中,并与 DCS 系统相对独立。现场可燃气体检测仪由 DCS 系统供电,进入 DCS 系统的过程端子柜以及系统柜。可燃气体检测报警系统采用单独的操作台显示现场可燃气体检测的实时情况并在出现可燃气体泄漏时进行报警显示。

可燃气体检测报警系统的主要功能如下:

(a)探测出现的可燃气体。

(b)提供可燃气体泄漏信息,以便相关人员启动警报及采取相应措施。

(c)自动生成报告、报警记录。

(d)打印报表及数据存储。

第五节　海水取水区

一、组成

此区域主要由海水泵房、取水头、取水管涵、取水池、制氯车间等组成,主要设备包括海水泵、消防泵、钢闸门、拦污栅、旋转滤网等。

二、分类

(1)取水口离陆地取水泵房较远时,采用沉井加顶管的方式取水,如唐山 LNG、江苏 LNG 等。

(2)取水口位于近岸即可满足取水要求时,采用岸壁开凿直接取水方式,如大连 LNG、福建 LNG 等。

三、功能

1. 沉井加顶管方式

接收站的海水取水系统主要由取水头、取水管、取水泵房及取水设备组成，见图2-34。

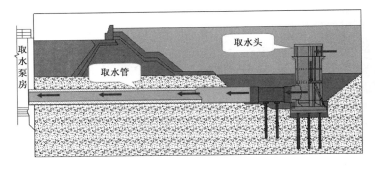

图2-34 海水取水系统结构示意图

（图中标注：取水泵房、取水管、取水头）

1）取水头

（1）取水头用途：作为取水管的最前端设备，主要作用为海水取水及拦截海水中的海草及其他杂物。

（2）取水头一般为钢结构。钢结构取水头采用钢板及型钢在陆上制作，再浮运到海上安装。取水头水下安装完后，在其底部现场浇筑水下混凝土，四周需抛石保护。

2）取水管

（1）取水管用途：取水管是连接取水头与取水泵房的连接管道，包括顶管段和沉管段。

（2）取水管的顶管段一般为钢管，沉管段配套钢管，一端与顶管连接、另一端与取水头连接。顶管段以海水取水泵房的前池作为顶管施工的工作井，将钢管顶出，穿过防浪堤。顶管尾端到取水头一段为沉管段，采用海上沉管法施工。沉管预先在陆地制作，再用船将钢管浮运到沉管施工现场定位沉放，并与顶管段及取水头采用哈夫连接。

3）取水泵房

海水取水泵房一般分为上下两部分，下部为钢筋混凝土结构的储水池。

常采用沉井法或大开挖法施工。

上部为标准结构厂房,安装海水泵、海水消防泵等取水设备及电动双梁桥式起重机等检维修设备。

4)取水流程

海水经取水头粗格栅过滤后,海水进入取水管到达沉井前池,由沉井前池再经过拦污栅、旋转滤网后到达泵的吸入口。

2. 岸壁开凿取水方式

如果取水点处水深、水质满足取水条件,采用岸壁开凿取水方式无疑是一种安全、经济、可控的方式。岸壁开凿取水系统主要包括粗格栅、细格栅、取水管涵及旋转滤网等。

取水流程:海水由粗格栅进入取水管涵后,经由细格栅、旋转滤网到达泵的吸入口。

思　考　题

1. LNG 接收站码头的组成。

2. LNG 接收站工艺系统的组成。

3. 汽化外输工艺描述。

第三章 重点工程施工

本章介绍了 LNG 接收站重点工程——储罐、码头、海水取排设施以及自控系统在工程作业过程中的关键控制点，并对重点工程施工中遇到的问题做案例分析。

第一节 储 罐 施 工

一、储罐施工简介

1. 工作范围

LNG 储罐施工工作范围包括：桩基工程；全容式混凝土顶储罐（FCCR）工程；气顶钢结构、外罐内衬板安装；06Ni9 钢内罐壁板安装；设备及管道安装、仪表安装、罐内绝热保冷施工；罐顶平台及附属设施施工；LNG 储罐水压（气压）试验。

2. 储罐施工工期

储罐施工总工期包括储罐桩基开始至罐区机械竣工，一般为 36 个月（部分工序作业为平行施工），见表 3－1。

表 3－1 储罐施工工期一览表

序号	施工内容	施工工期（月）
1	桩基工程	5
2	外罐（承台、墙体，储顶、储底、预应力及附属土建）	26
3	气顶（拱顶板块预制吊装、支架安装、承压环施工、升顶）	6
4	外罐内衬板	1
5	内罐壁板	6
6	设备安装	7
7	管道安装	7

序号	施工内容	施工工期(月)
8	仪表安装	25
9	罐内绝热保冷施工	2
10	罐顶平台及附属设施	9
11	LNG 储罐水压(气压)试验	3

3. 关键控制点概述

(1)桩基施工及检测:泥浆护壁及旋挖成孔、桩底后注浆压力及注浆量的控制。

(2)承台施工:大体积混凝土浇筑裂纹的控制。

(3)墙体施工:施工缝的处理,低温钢筋的保护,9～11 层内侧钢筋网片的吊装,墙体内衬板的焊接及真空试漏。

(4)低温混凝土的控制:对生产低温混凝土所需的材料、试验、生产和施工的全过程均需严格控制。

(5)穹顶气顶升:预应力混凝土内墙壁凹凸度复测及打磨处理,密封系统的安装、配重计算及测试(预顶升)。

(6)罐顶施工:穹顶支墩定位、穹顶的保压、混凝土坍落度控制、墙顶标高控制。

(7)罐内绝热保冷施工:素混凝土平整度控制,SBS 沥青毡搭接铺设,珍珠岩材料性能、填充技术指标的控制。

(8)内罐施工:内罐壳体与罐底边缘板之间的 T 形焊缝的焊接及试漏,二次底板、底板三块板的搭接焊接及真空试漏。

(9)TCP 护角施工:热角保护壁板、盖板的焊接及检测、真空试漏。

(10)储罐水压(气压)试验:牺牲阳极保护,焊缝的严密性检查,注排水不同阶段的沉降观测。

二、储罐施工关键控制点

1. 外罐施工关键控制点

LNG 储罐外罐主要由桩基础、桩承台、混凝土罐体以及混凝土穹顶组成,在地震烈度较高的地区,桩基础和桩承台之间可能还会设计有橡胶隔震垫。对于典型的 $16 \times 10^4 m^3$ LNG 混凝土外罐,其规格尺寸一般为承台底板直径约 87m,厚度 $0.9 \sim 1.2m$;外罐罐壁约直径 40m,厚度 0.8m,内径 82m;储罐穹顶高度约 10m,穹顶混凝土顶部厚度 0.4m,沿径向向外逐步增厚至约 0.8m。

1)桩基础施工控制要点

桩基础是一种发展迅速的深基础,其具有承载力高、稳定性好、沉降量小而均匀、便于机械化施工、适应性强等突出特点,因而在高层建筑、大型储罐、桥梁及港口工程中被广泛应用。LNG 储罐一般多为高承台桩基,承台底面离地面高度一般为 $1.7 \sim 2.0m$,目的是使空气在桩柱间的空间自然流通,以补偿储罐内低温液体的低温对地基的影响。

LNG 储罐对承载力要求较高,特别是对抗震能力的要求很高,因此设计一般选用柱底后注浆的大直径钻孔灌注桩。施工成孔主要采用旋挖钻机、泥浆护壁旋挖钻进,该工艺具有钻孔速度快、功效高、成孔质量好、所需泥浆少、有利于提高单桩承载力等特点。其主要施工工序包括测量放线、泥浆制备、钻孔施工、钢筋笼制作安装、混凝土浇筑、柱底后注浆、桩基检测、接桩施工等。

(1)钻孔施工控制要点。

钻进成孔是混凝土灌注桩施工中的一个重要部分,受地质情况的影响,特别对于含有流塑状态的软土层,如果成孔质量控制不好,容易发生塌孔、缩颈、桩孔偏斜及桩端达不到设计持力层要求等质量问题,对于桩长大于40m 的超长桩更是如此。在成孔施工质量控制方面应重点做好成孔垂直度、深度控制。成孔垂直精度是混凝土灌注桩顺利施工的一个重要条件,否则会造成钢筋笼和导管无法下放。因此钻机就位时必须平正、稳固,钻进过程中,钻机手应随时注意垂直控制仪表,以控制钻杆垂直度,保证孔垂直度偏差不大于 1%。当钻孔深度接近设计孔深时,用捞砂斗钻进清孔,并对孔深、孔径进行检查。孔深、孔径及清孔后沉渣厚度、泥浆指标应满足表 3-2要求。导管安装完毕后,应再次检查孔内泥浆指标和孔底沉渣厚度,如超过规范规定,应进行二次清孔。成孔验收指标及偏差要求见表 3-2。

表 3-2　成孔验收指标及偏差要求

钻孔偏差 （mm）	孔径 （mm）	孔深 （mm）	倾斜度 （%）	沉渣厚度 （mm）	泥浆指标		
					相对密度	砂率（%）	黏度（s）
按规范	$\pm 0.1d$ 且 $\leq \pm 50$	满足设计深度	<1	≤ 100	≤ 1.20	≤ 4	$18 \sim 28$

（2）钢筋笼制作和吊放控制要点。

钢筋笼制作前,首先要检查钢材的质保资料,资料齐全后再按照设计和规范的要求验收钢筋的规格、尺寸和数量,并按规定进行原材料抽样复试和连接试件检验,合格后方可使用。钢筋笼宜采用长线法在台座胎具上统一制作,钢筋笼分节加工制作,基本节长为钢筋定尺 12m,最后一节为调整节。钢筋连接采用滚轧直螺纹连接技术,主筋采用标准型接头,钢筋笼孔口连接采用锁母型接头。钢筋笼制作完成后必须按照规范要求进行质量验收,验收合格后分节倒运至桩孔旁,由吊机吊装入孔,在孔口进行对接,对接时应在两个相互垂直的方向观察钢筋笼是否垂直,调整好后进行连接。在下设钢筋笼过程中,应分节验收钢筋笼的连接质量,同时要注意钢筋笼沉放过程中尽量保持钢筋笼中心线与桩中心重合,以减少对孔壁的剐蹭。钢筋笼对接时应加快工效,尽可能缩短晾孔时间。

（3）桩基检测控制要点。

LNG 储罐工程桩检测包括低应变测试、钻心测试、超声波透射和竖向静压测试,相关测试应严格按照 JGJ 106—2014《建筑基桩检测技术规范》的要求进行。

① 桩身完整性测试。通过 100% 低应变测试检测桩身缺陷及其位置,判定桩身完整性类别。选择桩总数的 10% 预埋声测管,并随机抽取其中的50% 进行超声波透射检测,检测桩身完整性,判定桩身缺陷的程度及其位置。

② 钻心测试。随机抽取桩总数的 1% 进行钻心测试,通过液压操纵的钻机钻取心样,检测灌注桩桩长、桩身混凝土强度、桩底沉渣厚度,判定或鉴别桩端岩土性状,判定桩身完整性类别。

③ 单桩竖向静压测试。随机抽取桩总数的 1% 进行竖向静压试验,确定单桩竖向抗压极限承载力。

2）承台施工控制要点

考虑到 LNG 储罐的承台厚度及面积较大,如进行整体浇筑,对各项资源需求量非常大,而且工期、质量都无法保证。因此,施工时将储罐承台划分为多个施工段,进行分段施工、流水作业。图 3 – 1 所示为某 LNG 接收站 $16 \times 10^4 m^3$ LNG 储罐承台施工时划分的施工段数和每段混凝土浇筑数量。各段主要工序包括测量放线、钢筋绑扎、测斜仪管固定、预应力管固定、模板支护、混凝土浇筑等。

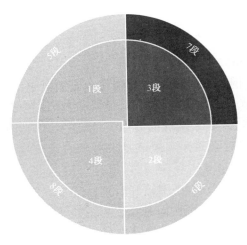

图 3 – 1　LNG 储罐承台施工段划分

（1）预应力管安装要点。

预应力管采用 ϕ95mm 的镀锌波纹管，安装时采用铅丝将波纹管临时固定在钢筋支架或拉筋上，待承台上下层钢筋绑扎完成后，精确调整波纹管的位置，将其固定在上下层钢筋网片上，确保波纹管在混凝土浇筑过程中不会移位。

波纹管安装完成后，应进行通球测试。采用直径小于波纹管直径 15mm 或 25mm 的自制木球或橡皮球对各预应力管道进行通球，以检查预应力管道贯通性。

在混凝土浇筑中和浇筑后应再次进行通球试验，以防混凝土堵塞管道。

（2）混凝土浇筑要点。

根据 GB 50496—2009《大体积混凝土施工规范》相关规定，LNG 储罐承台混凝土浇筑属于大体积混凝土施工。在混凝土施工过程中，应重点加强对温度裂缝的控制。可采取的主要技术措施如下：

① 采用 60d 或 90d 龄期强度的设计配合比，调整配合比中水泥的用量，增加矿物掺合料用量，以降低混凝土水化热。

② 采用斜面分层浇筑法，每层浇筑厚度控制在 400 ~ 500mm，浇筑时间控制在混凝土初凝时间之前。

③ 在混凝土浇筑前预埋测温点，每个测温点放置 5 个传感器，分别测混凝土底部、中心、上部、表面和大气温度。

3）罐壁施工控制要点

在储罐罐壁施工中，根据设计高度将罐壁分成多个施工层。每个施工层主要做好测量放线、罐壁钢筋绑扎、预应力波纹管安装、预埋件安装、模板安装和混凝土浇筑等工序，主要控制要点如下：

（1）预应力波纹管安装控制要点。

预应力波纹管的连接和锚座的安装方式同承台一样，在安装过程中，应重点控制水平预应力波纹管和竖向预应力波纹管的水平度、垂直度、安装的位置、标高及牢固程度，并应注意预应力波纹管的热缩胶套的接口是否粘接紧固。同样,在混凝土浇筑前后应对所有的预应力波纹管进行通球试验,检查管道的贯通性,以免阻塞管道,影响后面预应力钢绞线穿束。

（2）模板安装控制要点。

模板系统的质量对结构成型后的效果有着非常重要的影响。LNG 储罐罐壁施工时,在综合考虑施工进度、结构特点及其他相关因素后,一般选择定型的多卡（DOKA）爬升模板系统。该系统由罐壁模板系统、支撑系统、操作平台系统和锚固系统四个部分组成。该模板具有承载力强、水平方向可调节、模板可随挂架逐层提升、组成部件多为标准构件、组装及拆除速度快等优点。在世界各地 DOKA 模板被广泛应用于大坝、核电站、桥梁、隧道、机场、港口及LNG 大型储罐。DOKA 模板在组装和安装时,应做好如下技术保证措施:

① 在 DOKA 模板组装前,首先应对模板材料的质量进行检查,以保证组装的精确性和打出混凝土面的效果。

② 必须确保模板的垂直度,当出现倾斜现象时,应通过支撑杆或现场其他措施进行调整。

③ 密封模板,特别是模板下端口必须紧贴混凝土面以免漏浆。

（3）罐壁混凝土浇筑控制要点。

罐壁混凝土浇筑同样属于大体积混凝土施工,在混凝土施工过程中,应重点加强对温度裂缝的控制。采用集中搅拌混凝土,每一施工层沿圆周均匀划分 3 个施工浇筑段,用 3 台布料机进行对称浇筑。同时要求每个施工浇筑段采用斜坡连续分层浇筑,确保第二层混凝土的浇筑时间控制在第一层混凝土初凝时间 6h 之前进行,防止产生冷缝。混凝土振捣严格按照规范要求进行,严防漏振或过振,保证混凝土振捣密实又不产生离析。在进行上层混凝土浇筑过程中,应加强下层混凝土的二次振捣,以提高混凝土的密实度。

4）罐顶施工控制要点

储罐穹顶混凝土浇筑也属于大体积混凝土施工,在混凝土施工过程中,同样要重点加强对温度裂缝的控制。混凝土穹顶施工时由钢结构穹顶作为穹顶混凝土底模,施工时需对储罐内进行充气保压,使钢结构穹顶获得足够的支撑。罐顶施工主要工序包括于穹顶钢筋绑扎、预埋件安装和混凝土浇筑。施工时,沿径向划分几个施工环,在每一个环上划分 4 个施工段,自下而上进行对称、均衡施工,以避免穹顶上的荷载不均匀。钢筋制作、安装应严格按照设计和施工规范要求进行,钢筋保护层厚度必须满足设计要求,预埋件的位置、标高应准确并固定牢固,严禁钢筋与预埋件的穹顶管口、喷嘴和

附着于管口和喷嘴的预埋钢板接触。

5）预应力施工控制要点

LNG储罐外罐设计一般为后张预应力混凝土结构，预应力钢束布置在底板和罐壁内，由底板环向水平钢束、罐壁环向水平钢束和罐壁竖向钢束组成。在预应力施工过程中，必须严格按照设计的顺序进行。预应力施工的主要工序包括预应力钢绞线穿束、张拉和灌浆等工序。

（1）预应力钢绞线穿束控制要点。

在预应力钢绞线穿束之前应对钢绞线的外观和各项性能指标进行检查确认，同时检查施工平台的稳定性和穿束机的良好性。拆除锚座上的保护模板，用高压空气进行通管，清除波纹管内的水、灰尘及沙子等杂物，并对锚座口用红油漆做好标记。穿束完成后安装锚环和夹片，并对露出来的钢绞线进行保护，做好穿束记录。

（2）预应力钢绞线张拉控制要点。

在预应力钢绞线正式张拉之前，需要在两个预应力束上进行足尺摩擦试验，以验证孔道与钢绞束的摩擦系数是否与设计取值一致，如果偏差较大，应采取措施。预应力钢绞线张拉时，混凝土强度应不低于30MPa，环梁部分混凝土强度不低于35MPa。钢绞线张拉采用应力控制、伸长值校核，并测量锚固过程中钢绞线的内缩量，各项指标应符合设计要求。

（3）预应力灌浆控制要点。

预应力灌浆前应对孔道进行气密性试验，对灌浆管路和阀门进行水压试验，合格后方可灌浆。钢绞线穿入孔道后应尽快进行张拉和灌浆，灌浆前应检查储存池内的灌浆料体积，确保其可以足够注满一根波纹管孔道。灌浆过程中，要求环境温度大于5℃，严密监控灌浆口处水泥浆的流动性、灌注压力和出浆口水泥浆的流动性和排放量，做好灌浆记录并按规定留好浆液的标养试块。

2. 内罐施工关键控制点

1）简介

（1）内罐组成。储罐的内罐与低温LNG直接接触，是整座储罐的核心部分，材质多为06Ni9低温钢板，其功能是接收、储存LNG。考虑内罐承受外压的稳定性，需要设置加强圈。使用06Ni9钢的结构包括二次底板、护角壁板、盖板、内罐底板、罐壁板、加强圈（顶梁）以及罐内不锈钢接管、附件等部分。壁板由壁厚不等的带板组成,最大厚度27.5mm,最小厚度12mm,共3组加强圈,设置顶梁1组。

（2）钢板加工。内罐底板、壁板完成轧制后做正火处理。然后母板转机加工,包括四周坡口。用卷板机将平板制成相应弧度,喷丸除锈,涂装防腐漆、贴镁纹纸,装车运到施工现场。焊接前只需要打磨处理坡口锈迹,不再需要进行其他处理。

（3）可焊性。06Ni9钢的焊接是LNG低温储罐建造的关键环节之一,焊接接头性能的好坏直接关系到储罐的密封性与安全可靠性。06Ni9钢的焊接技术含量极高,焊接难度大。此种钢在焊接冶金反应和热循环的作用下,可能出现冷裂纹、热裂纹、低温韧性降低以及母材磁化引起的磁偏吹等缺陷。电弧磁偏吹会导致产生未融合、夹渣、飞溅及气孔等缺陷。

2）施工工艺流程

内罐建造施工流程见图3-2。

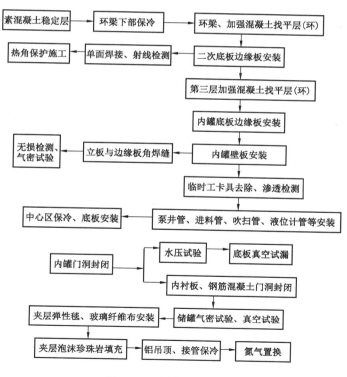

图3-2　内罐建造流程

3）施工控制要点

（1）第一带内罐壁板安装后，需政府质量监督人员对罐体垂直度、直径、上口水平度、椭圆度，尺寸和安装记录等检查验收。

（2）大门洞内罐壁板须在第三带壁板安装焊接完成。内罐壁板预留门洞口支撑加固完成后，方可拆除1、2圈中大施工门壁板。

4）储罐水压试验、气密试验

（1）注水、排水阶段，罐顶的管口与外界直接相通，防止产生负压。

（2）充水阶段，添加次氯酸钠海水灭菌。罐内注水速度不大于0.9m/h，测量水位，防止充水过量，在5.215m、10.43m、15.645m、20.860m时停止进水。在环形空间均布的观测点观测内罐沉降，在各阶段观测储罐承台倾斜和沉降并记录。充水达到预定最高液位时，保持此水位48h，用吊篮对内罐壁板外表面的焊缝、T形缝进行目测检查，查看是否存在泄漏、机械划伤等现象。

（3）排水阶段同样要沉降观测。罐底设置专用装置供应淡水，利用橡皮艇用水枪清洗内壁，水位每下降1.5m清洗一次。用pH试纸检测壁板的pH值，直到合格为止。

（4）当水压试验进行完毕，且在水位降至设计液压头之下时，开始对储罐外罐进行气压试验、气密试验及真空试验。主要检查储罐外罐罐顶所有法兰与接管的焊缝缺陷，外罐大小门洞封闭混凝土的密封情况以及储罐失稳情况。

3. 气顶升关键控制点

1）简介

气顶升是将在罐底部组装完毕的钢制拱顶、铝吊顶、不锈钢吊杆、罐顶接管及单轨吊车梁等附属设施组装为一个整体，在拱顶最外周安装密封装置，形成拱顶、外墙及混凝土承台之间的密闭空间。用鼓风设备强制向储罐密闭空间内送入大量低压力空气，当空气总浮升力大于拱顶及附件总重量及密封装置与外墙之间的摩阻后，储罐拱顶和铝吊顶等一起沿着外墙浮升至罐顶抗压环位置。在达到预定的部位后，作业人员将卡具与拱顶及抗压环靠紧，并与抗压环及预埋件等组件组焊形成罐顶主体。气顶升作业流程见图3-3。

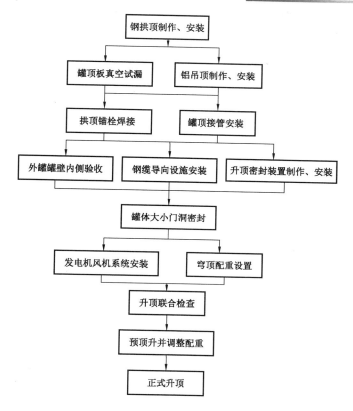

图 3 - 3 储罐气顶升作业流程

2）气顶升前检测关键点

（1）混凝土外罐顶部的混凝土试块强度须达到80%~85%及以上。

（2）罐壁内表面圆度必须满足规范要求，以防罐顶升顶途中受阻。

3）罐顶钢结构

（1）简介。

LNG储罐拱顶钢结构主要由焊制H型钢罐顶和H型钢吊车梁组成。罐顶梁分为径向和纬向两个方向。钢制拱顶分为罐顶框架、拱顶板及螺柱、轨道梁及密封板、罐顶接管及人孔4部分。罐顶钢结构由3种规格类型不同的拱顶块组成，罐顶框架由两种规格的型钢及连接板焊接拼接而成。

（2）关键控制点。

① 全部拱顶板焊接好之后，对所有搭接焊缝进行100%真空箱漏点测

试。此过程异常关键,施工单位要精心操作、严格自查自检。最后由监理确认,直至100%合格。

② 拱顶块进罐前,需在罐内进行临时支架的预制安装。关键控制点是临时支架焊接在罐底衬板上,去除时要严格打磨,进行PT检测。

4)铝吊顶

(1)简介。

LNG储罐铝吊顶板设计温度为-165℃,主要材质为铝合金板。LNG储罐铝吊顶由不锈钢吊杆及X支撑、铝吊顶板、铝板加强环三部分组成。其中铝吊顶板由异形板、中幅板以及位于内罐顶梁上的密封板构成。

为确保吊顶的平整度及吊顶能承载吊顶上面的保冷载荷,在铝吊顶板上设置加强环。在铝吊顶边缘设置密封板,阻止珍珠岩进入内罐。设置X支撑安装挡板,防止过量的膨胀珍珠岩粉进入铝吊顶。

(2)关键控制点。

① 吊装铝板时,在夹具位置使用橡胶保护,以免划伤铝材表面。

② 所有拱顶接管开口后立即与顶板焊接,避免雨水留到铝板上。

③ 铝吊顶套管安装时,应对套管偏心距实测并确认偏心距是否满足盛装LNG后铝吊顶板收缩的需要。

5)升顶设备设施准备

储罐升顶是LNG储罐建造的关键节点之一,事前要做好人员、设备材料准备,罐体打磨,密封,配重安装及预升顶等一系列准备工作,确保万无一失。

(1)储罐内罐壁打磨。储罐土建施工单位要认真组织对外罐壁内侧实施打磨,做到表面光滑无任何凸起。确保拱顶上升过程中,拱顶外周顶板与外墙存在允许的间隙,无阻挡顺利顶升。欧标限定,各浇筑层半径差最大偏差为±40mm。

(2)拱顶边缘密封。在拱顶下部外圆周边缘上安装密封固定圈,将密封板用螺栓锁紧在固定圈上。密封板要做成外鼓形,使其紧贴在外墙上增加密封性。密封材料之间使用胶带粘接牢靠,防止气体泄漏影响升顶。

(3)大小门洞(施工时预留的进出门洞)封闭。采用槽钢加固钢板(厚度6mm),钢板四周与储罐内衬板焊接封闭,焊缝经真空箱试验合格。临时门要求与外墙贴紧,防止向罐内倾斜,并确保焊缝打磨光滑。

（4）配重放置固定。为保持钢拱顶稳定平衡上升，必须事先在拱顶沿圆周方向均衡安置配重物体（成捆钢筋），做好平衡试验。

（5）U 形压力计。为便于协调指挥风机操作和监控罐内压力，设置 3 套 U 形压力计，位置分别在风机附近、地面观察室以及罐顶指挥台。压力计一端连通罐内，另一端通大气。

关键控制点：控制风机出口开关的开度，调节进风量，以控制罐顶上升速度和罐内压力。在罐顶即将升至顶部指定部位时，需要特别注意，观察 U 形压力计的压力。罐顶到达时要调节风量，使压力保持在平衡压力以上 30 ~ 50mm 水柱。

5）拱顶气顶升

（1）确认天气状况。

根据可靠的天气预报，搜集天气状况的信息。早上无雨及无下雨的趋势，平均风速低于 10m/s，最大瞬间风速低于 15m/s，天气满足焊接作业条件。

（2）预顶升。

① 慢慢打开节气阀，风机正常供气，确认拱顶离开边缘支架，做好测量记录，以便进行数据分析。

② 至少组织 2 次预升顶，对作业人员进行 3 次技术交底，并召开预升顶总结会，核实数据。

（3）气顶升。

① 对预顶升配重超差的部分微调，检查顶升密封系统。

② 观察张力计读数，始终保持罐顶倾斜不超过限定值。用花篮螺栓调节钢丝绳的预张力。

③ 当距罐壁顶部约 2m 时，监控风量以控制上升速度。在最后 1m 时，速度控制在 100mm/min 之内，密切关注 U 形压力计读数。

④ 当罐顶升至与承压环底部接触时，将 72 个顶板限位板焊接在顶板径向梁上，然后打紧园尖，焊接限位块，与承压圈牢固固定。在顶板限位件安装时，储罐内压力应保持在罐顶气顶升所要求平衡压力以上 30 ~ 60mm 水柱。

⑤ 当沿着罐顶四周焊接完成所有承压环与拱顶之间的焊缝之后，进行 100% 真空试漏，合格并经指挥同意后，罐内压力才能泄掉。

三、案例分析

1. 问题起因

某接收站 LNG 储罐施工过程中,正在浇筑外罐板墙第六层混凝土,天气发生突变,刮起八级以上大风,如继续施工会造成巨大的安全隐患。因此,全体作业人员按要求撤离作业面,中断现场混凝土浇筑施工,由此形成特殊施工缝。

2. 处理过程

(1)对已经完成混凝土浇筑的立面、斜坡面进行人工凿毛处理,清理表面浮浆,混凝土表面露出石子。

(2)环向波纹管边至内侧钢筋网片的环向钢筋净距只有约40cm,需拆除拉钩到达凿毛作业面,将斜坡面上的浮浆及碎块全部凿除干净。

(3)在施工缝凿毛过程中不得用手持工具碰撞波纹管、钢筋、预埋件等,由专业施工工程师在现场监督。墙体内环向、竖向波纹管附近2cm以内的混凝土须人工小心处理,不可采用工器具凿毛,并在整个施工作业面中,用模板隔离波纹管。施工完成后,对波纹管全数检查,确保质量。对浇筑过程中的通球试验全程监控,确保波纹管的畅通无阻。

3. 相关建议

对于此类不可抗力造成的停工,要组织相关行业专家做好后续因停工对工程质量造成的不利影响分析,高度重视,认真对待,不造成任何隐患。

第二节　码头工程施工

一、码头工程简介

码头工程属于水工建筑物,以中国石油某接收站为例,码头工程包括码头、栈桥、火炬平台、工作船码头和导助航工程。其中,码头泊位处设置工作平台、靠船墩、系缆墩、控制平台。码头基础结构多采用钢管桩,靠船墩和系缆墩、工作平台多采用高桩高承台结构。各墩之间由简支钢箱梁人行桥连接。栈桥采用大跨径简支桥结构。每隔一跨设管线变形补偿平台一座。桥墩及补偿平台均采用钢管桩基础、高桩承台结构。

一般 LNG 码头工期约 12～15 个月。施工中管理的关键点有灌注桩的施工、海上沉桩、中间墩台施工、后张箱梁预制施工、箱梁运输与吊装、方块制作运输与吊装。

二、码头工程施工关键控制点

1. 码头施工关键控制点

1）钢管桩施工关键控制点

钢管桩施工包括钢管桩制作、钢管桩运输和沉桩。

（1）钢管桩制作关键控制点。

钢管桩制作流程如图 3－4 所示。

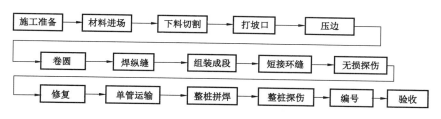

图 3－4　钢管桩制作流程图

① 预弯（压边）。钢板预弯应在液压机上进行，压弯胎具应为整体式，胎具宽度大于所用卷板机下轴中心距的一半，钢桩压边胎具的曲率半径 R 考虑压边后钢板反弹量。

② 卷圆。卷圆应在工作范围≥20mm 的卷板机上进行，单节长度为 2m 或 2.5m，卷圆后找正，保证开口间隙为 0～1.5mm，然后点焊。每节一般应点焊 4～6 点，每点长度 40～60mm，点焊高度应小于设计焊缝高度的 2/3。

③ 钢管桩焊接工艺是钢管桩制作中的重中之重，关系到码头的使用年限及安全。焊缝质量标准为 2 级，焊缝高度不小于被焊件的最小厚度。凡可施焊处均应施满焊。焊接检验：每道焊接工序完成后，操作人员和专职检验人员都要对其焊件进行外观检查和无损探伤抽检。检测有疑问，应增加拍片数量。

（2）沉桩施工关键控制点。

沉桩就是按照设计要求的角度、方向、标高，将钢管桩精确定位，沉到海里,然后用柴油锤施打至符合设计要求和规范要求。

沉桩前要测量沉桩区的泥面标高,探摸并清除水下障碍物,编制打桩顺序图。调查沉桩区附近的建筑物和地下障碍物情况,分析沉桩施工是否受影响。沉桩流程见图 3-5。

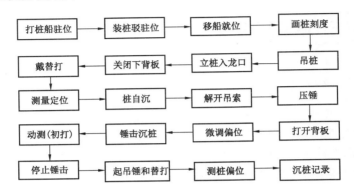

图 3-5 沉桩流程图

开工前监理工程师对基线控制点进行验收,在使用过程中要定期复查校正;在具备条件的情况下测量定位采用 GPS 测量定位技术与常规测量方法(极坐标法)相结合的方法;桩位计算要有复核,防止出差错;合理编排打桩顺序,经常调整打桩船锚缆,防止相互干扰,保证船舶稳定性;掌握地质和水下地形情况,根据当时的水流、潮汐情况,准确判断沉桩过程中桩位可能产生的偏移,确定下桩的提前量,以保证最终桩位的正位。关键控制点如下:

① 起吊桩后再移船就位,并将桩竖立进入桩架龙口内,桩顶戴上替打及桩锤后,收紧锚缆,在测量定位的控制下移船至桩位处于允许偏差的范围内,再开始压锤沉桩。压锤时应仔细观测桩身变化,及时进行调整,确保下桩正位率。

② 锤击沉桩应确保桩锤、替打和桩处于同一直线,替打应保持平整,避免产生偏心锤击,锤击应连续,锤心冲程控制在3m范围内。沉桩过程应加强观察,并严格按技术规范要求控制停锤标准。

③ 按照交通部 JTJ 254—1998《港口工程桩基规范》和 JTJ 255—2002《港口工程基桩静荷载试验规程(附条文说明)》的要求进行试桩。桩位偏差控制要求桩顶偏位不许超过 ±10cm,桩身垂直度允许偏差 1/200。沉桩控制标准要求钢管桩采用 DN160mm 柴油锤施打,以标高控制为主,贯入度控制

作为校核,当桩尖达到设计标高时,最后 10 击平均贯入度不大于 3mm/击。如打桩出现异常,要及时通知设计单位及相关单位协商解决。

2)LNG 码头墩台施工关键控制点

墩台均为大体积现浇混凝土墩台,如此大体积墩台在吊底、支模、浇注混凝土等工序上均存在相当大的难度,特别是在夏季进行大体积墩台混凝土施工,必须采取措施杜绝温度裂缝,施工时必须严格控制,确保混凝土质量。底模铺设采用扁担梁悬吊双拼(四拼)工字钢主梁的吊底工艺,以充分利用钢材的性能,减少材料浪费。吊底螺栓采用重量小、强度高的精轧螺纹钢,主梁悬挂完毕后,其上按等间距铺设次梁。为确保墩台底面光滑平整的外观质量,木板上再铺设一层表面粗糙度较好的多层板。墩台施工流程见图 3 - 6。

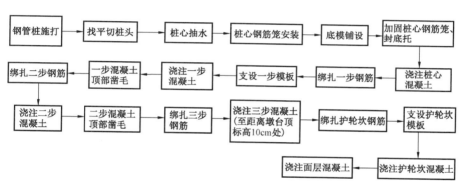

图 3 - 6　墩台施工流程图

3)墩台混凝土施工关键控制点

大体积混凝土施工时必须采取相应的技术措施妥善处理水化热引起的混凝土内外温度差,合理解决温度应力并控制裂纹。码头墩台截面积比较大,必须采用分层浇筑的办法。

(1)采取墩台分层浇筑,保证底模有足够的支撑强度,进一步减少水化热,保证混凝土浇筑质量。

(2)为防止混凝土在养护期间产生表面和贯穿性裂纹,需要体温养护,控制混凝土内外温差,延缓混凝土表面的降温速度,减少收缩。在墩台内部埋设测温探头,实时检测混凝土内外温差。混凝土浇筑块体的里表温差不宜大于 25℃;混凝土浇筑体的降温速率不宜大于 2.0℃/d;混凝土浇筑体表面与大气温差不宜大于 20℃。

（3）分层浇筑时,混凝土的初凝时间控制在9h,确保大面积的浇筑过程中,新旧混凝土有足够的时间进行有效结合,最大限度地避免冷缝出现。

4）箱梁制作、运输及吊装关键控制点

栈桥墩台之间以大型后张预应力箱梁连接。箱梁制作流程见图3-7。

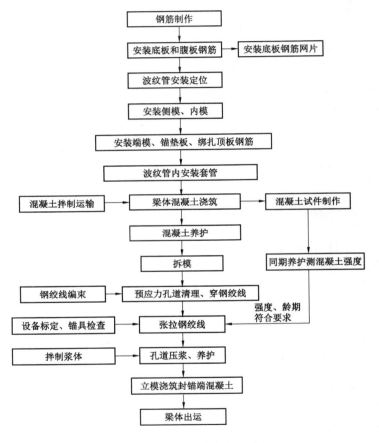

图3-7 箱梁制作流程图

（1）箱梁制作关键控制点。

① 钢绞线的加工:钢绞线采用砂轮锯下料,切割时在每端离切口3~5cm处用铁丝绑扎。人工转运和堆放时,手携、肩抬的间距不超过3m,端部悬出长度不大于1.5m,并严禁在地上拖动或与其他构件直接接触,以避免其表面的损伤。

② 波纹管安装以底模为基准,按预应力包络曲线坐标定出相应位置,将其固定在定位钢筋上。波纹管安装时要求位置准确,采用"井"字形钢筋卡与支撑筋固定牢固,避免在浇筑混凝土过程中产生移位,从而保证预力筋位置准确。端头锚垫板与波纹管孔道中心保持垂直。为使孔道定位准确可靠,防止波纹管上浮,采用 $\phi 8mm$ 钢筋进行定位,直线段平均 $1m$,弯道部分每 $0.5m$ 设置定位钢筋一道,确保管道坐标精确。定位钢筋与箱梁纵横向钢筋点焊连接。确保安装的波纹管表面无损坏,接头要顺畅、牢固、不漏浆。安装过程中防止尖物锐器和重物碰撞,防止电弧焊和割刀火焰等伤害波纹管。

③ 纵向预应力管道采用真空压浆工艺进行压浆。灌浆前用压力水冲洗孔道,并用高压气排出积存在波纹管里的少量水。一方面润湿管壁,保证水泥浆流动正常,另一方面检查灌浆孔、排气孔是否正常。接着采用真空泵抽吸预应力管道中的空气,使管道内的真空度达到 80% 以上,在管道的另一端再用压浆机以大于 0.7MPa 的正压力将水泥浆压入预应力孔道,由于孔道内只有极少的空气,极难形成气泡。同时由于孔道与压浆机的正负压力差,大大提高孔道压浆的密实度、饱满度。在水泥浆中,降低水灰比,添加了专用的添加剂,提高水泥浆的流动性,减少水泥浆的收缩。

(2)箱梁吊装关键控制点。

① 在墩台施工过程中就要严格控制箱梁搁置面墩台上预埋钢板的标高和平整度,严禁倾斜,标高误差控制在 5mm 以内。安装前要逐一进行复测,对标高和平整度超出要求的要提前进行处理,确保安装质量和安装施工的顺利进行。

② 安装箱梁时,起重船固定调锚旋转 90° 后 700t 钩头对准要起吊的箱梁的中心,垫钩至箱梁顶附近。操作人员将四个点的索具索好,检查销子的牢固程度,起重班长指挥起重船缓慢起钩,缓慢起吊,速度不超过 100mm/min。起吊高度超过 500mm 时,暂停起钩,观察无碍后继续起吊至要求高度。

③ 经检查无误后,及时将箱梁两侧横梁位置使用 100mm × 100mm 木方封层垫牢,防止箱梁倾覆或位移。如果箱梁定位有偏差,用千斤顶进行微调。

5)灌注桩施工关键控制点

灌注桩施工流程如图 3 - 8 所示。

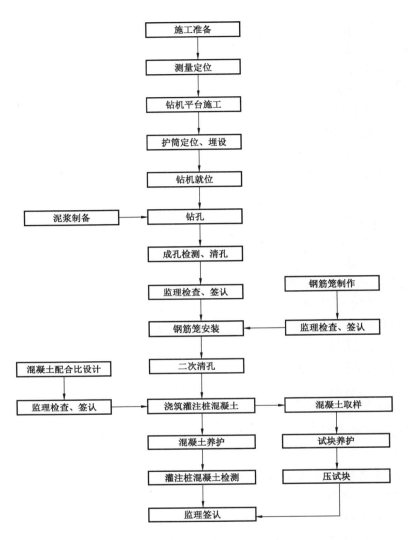

图 3 - 8　灌注桩施工流程图

（1）灌注桩成孔施工关键控制点。

① 对孔位中心点定位，下护筒复测，偏心不大于 50mm。立钻机，观测调整钻机的水平度和垂直度。

② 施工过程中，受潮水涨落、菱形巨石缝隙较大影响，泥浆护壁效果不佳，成孔过程中经常塌孔。采用黏土、水玻璃混凝土、水泥砂浆进行护壁，穿过抛石层后，用泥浆护壁。

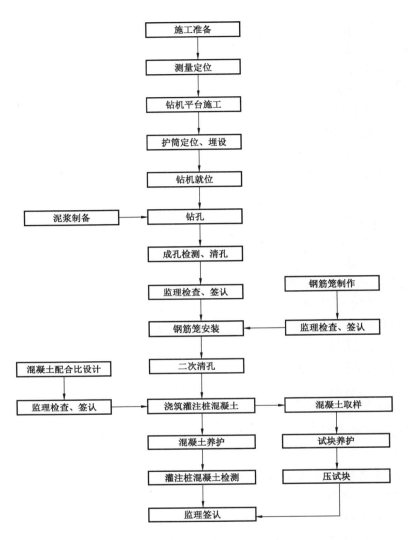

（2）灌注桩混凝土灌注施工关键控制点。

① 浇筑混凝土前进行清孔，桩孔内泥浆相对密度为 1.10 ~ 1.20，含沙率为 4% ~ 6%。

② 下放钢筋笼，随时调整笼子的位置，使笼子中心与桩中心保持一致。钢筋笼顶标高通过与笼子顶部吊筋连接的插杠与两端的枕木进行控制，保证允许偏差值为 ±50mm。钢筋笼保护层厚度 100mm，每隔 2m 沿钢筋笼周边均匀布置 4 个圆柱形混凝土垫块（外径为 ϕ200mm），厚度 100mm（垫块强度不小于 C35），确保钢筋笼保护层厚度不大于 100mm。钢筋笼主筋接头按 35d 且不大于 500mm 长度错开布置，同一断面上接头数量不得超过 50%。吊放钢筋笼时防止碰撞孔壁。

③ 控制好导管的入孔顺序及长度，接头不得漏水，长度满足桩孔内水下混凝土的灌注要求。首节导管长度不小于 4m，并在其下口处设置钢丝，以备意外故障时做拔管预备选项。导管下口距离孔底悬高 25 ~ 40mm 为宜。

④ 首批混凝土数量应能满足导管初次埋深大于 1m，因此应准确计量导管上口漏斗的斗容量，容量不够应及时调整，保证首批混凝土的冲击力和排淤能力。另外，也要检查漏斗底口的隔水设施是否完好可靠，不要因人为疏忽而导致事故。混凝土的坍落度控制在 18 ~ 20cm 的范围内。

⑤ 浇筑过程中，最重要控制的是导管的埋深，在 2 ~ 6m 范围内。埋深过小会使管外混凝土面上的泥浆卷入混凝土形成夹泥；过大则使混凝土不易流出顶升，还可造成桩外周的混凝土出现骨料离析和空洞，减少桩的有效直径；也可造成近导管处混凝土面高，远离导管处混凝土面底，从而混凝土先顶升再水平扩散，出现死角区，使泥浆和混凝土混合物填实在死角区，造成钢筋的握裹力不足。墩台混凝土浇筑见图 3 - 9。

2. 工作船码头关键控制点

工作船码头分为引堤与码头两部分。码头为方块重力式结构；引堤为抛石斜坡堤结构。引堤两侧采用现浇钢筋混凝土挡墙结构，纵向全线搭设给水管线。

工作船码头施工流程见图 3 - 10。

1）碎石桩施工关键控制点

（1）水上碎石桩垂直码头岸线方向，应从陆侧向海侧方向推进，并采用围打法。桩位偏差不大于 50mm，调整桩机保证其垂直度，其偏差不大于 1.5°，并随时对打桩过程遇到的问题进行处理。

图 3-9 墩台混凝土浇筑

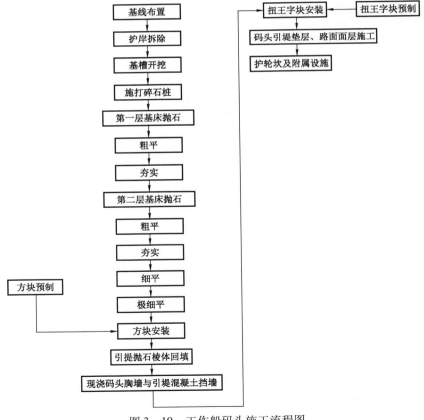

图 3-10 工作船码头施工流程图

（2）沉桩过程中，GPS系统要实时监控，随时提供桩尖高程、入土深度及桩顶高程。成桩前在桩管身上，用明显的涂料标记刻度，以控制成桩标高。

（3）振动沉管至设计深度之后，填加石料至料斗口，振动拔管，桩底留振时间不少于10s，留振电流为55～60A。拔管速度不宜大于1m/min，并按规范及设计要求进行反插，尤其对距顶标高4m范围应进行多次反插，每次反插深度以0.5～1m为宜，保证桩体的均匀性及密实度。振动成桩至泥面时应向下复振1m，确保地表不产生缺碎石的凹桩。自下而上逐段进行，中间不得漏振。

2）方块吊装施工关键控制点

（1）起重船在安装过程中尽可能使起重船轴线与码头前沿线垂直。

（2）安放水下定位墩：起重船驻位垂直于码头前沿线，在船头吊一个重锤球，陆上用经纬仪控制重锤球位置，潜水员在水下依据重锤球尖确定定位墩的位置，在此位置钉一铁钉，以便系铅丝用。此项工作赶平潮进行，以避免潮流带来的误差。定位墩在第一层方块前底脚30cm处，相邻定位墩之间用铅丝连接以作为第一层方块安装的基线。定位墩间距为一个结构段的长度。

碎石桩及方块安装质量标准见表3－3。碎石桩施工和方块吊装见图3－11。

表3－3　碎石桩及方块安装质量标准

名称		工程量	质量标准
工作船码头	碎石桩安装	2646 根	（1）碎石桩桩距±100mm； （2）桩顶标高±100mm； （3）桩垂直度15mm/m
	方块安装	50 块	（1）临水面与施工准线偏差50mm； （2）相邻方块临水面错台30mm； （3）相邻方块顶面高差30mm； （4）砌缝宽度15mm

图3－11　碎石桩施工和方块吊装

3. 人行桥施工关键控制点

码头系缆墩之间、火炬栈桥人行桥为钢桁架桥,采用方钢管桁架和方钢管下联体系。

1) 人行桥制作关键控制点

(1) 为减少切割时因钢板受热不均而变形和移位致使零件产生的尺寸偏差,采用间断切割法,即每切割 1~2m,停切并间隔 10~20mm,再点火切割,最后将停切点位置切断。

(2) 在平台上装焊拼板夹具,用楔子和码子调整拼板间的位置,注意清除坡口表面铁锈、油污等异物。拼缝板采用定位点焊,点焊间距为 100~200mm,焊缝长度不小于 50mm,点焊与正式焊接用同一牌号的焊条或焊丝。接缝两端应加引、熄弧板,其材质、坡口形式与拼接件完全相同,厚度相当,与焊件对接部位要保持齐平,引、熄弧板距板边至少 40mm。拼接时不允许用铁锤直接锤击板面。

(3) 虽然焊前和焊接过程中都采取了减少焊接变形的措施,但最终的焊接变形仍然难以避免,比如旁弯、翼缘板和腹板平直度、拱度、扭曲度等都可能超标,所以需要进行矫正。矫正一般有外力矫正和火工矫正两种,或两种方法结合。由于构件的材质为 Q345d,所以进行火工矫正时不允许用水冷却,且为保证火工矫正对原材质晶体结构的影响从而影响材质强度,矫正时最高温度不得超过 650℃(暗红色),同一个区域火工矫正次数不允许超过三次。

(4) 防腐。所有结构件表面的涂装主要使用高压无气喷涂(注意喷涂时采用的枪距为 450~400mm,避免干喷、流挂针孔等),配合使用刷涂或滚涂。喷涂前一些难以喷涂到的地方应采用手工预做涂装。在施工过程中焊缝、破损部位应及时补涂。需要无损检测的焊缝应在焊缝检测合格之后完成油漆的补涂。在现场运输过程中所造成的损伤部位应用动力工具清理,达到表面处理要求后,根据各部位的涂装要求进行修补。修补的涂层与未受损的涂层充分重叠,重叠范围不小于 25mm,并要有过渡面。

2) 人行桥吊装关键控制点

所有人行桥和火炬栈桥均采用四点吊,两端各设置两个吊点,在桥体顶板下侧使用平板和劲板进行吊点补强,以保证吊装过程中桥体安全。吊装前开始接收未来几天的天气和海浪预报,确保在风力小于 4 级、波高小于

0.6m时进行吊装作业。人行桥施工流程见图 3 – 12,安装质量标准见表 3 – 4。

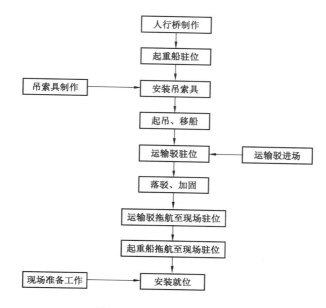

图 3 – 12　行桥施工流程图

表 3 – 4　人工桥安装质量标准

项目			单元测点(个)	允许偏差(mm)
1	支座安装	平面中心线位置	2	10
2		标高　与设计偏差	4	±10
3		同端相对偏差	2	15
4	桥安装	主梁中心线对设计中心线	2	10
5		搁置长度	2	±20

4. 导助航施工关键控制点

1)激光靠泊监控系统施工关键控制点

该系统主要通过两个传感器测得的实时距离,计算出监控船舶在靠泊过程中的速度、角度及靠泊距离。该系统防止船舶在靠泊过程中由于速度过快或靠泊角度过大,造成船舶冲撞码头的严重过事故发生。主要设备包括:激光传感器、大型显示屏、腕式显示器等。施工关键控制点如下:

（1）激光传感器安装高度需要高于历史最高潮位一定距离，且要低于满载船舶的干舷高度。水平位置主要安装于平台左右两侧。

（2）大型显示屏安装位置要避免卸料臂遮挡领航员的直线可视距离。

2）环境监控系统施工关键控制点

环境监控系统主要是通过各个传感器来监控船舶在码头作业过程中的海洋环境参数，通常包括风力风向监控、波浪潮汐监控、海流监控、能见度监控、温湿度监控等。施工关键控制点如下：

（1）风力风向、能见度、温湿度传感器均需要安装在开阔无阻挡的空间。在码头上要防止卸料臂对风速的影响，一般该类传感器安装在码头控制室楼顶。

（2）波浪、海流传感器主要安装在码头的两侧，防止安装在桥墩或靠泊区域，由于桥墩或船舶引起的回流会造成测量不准确，例如流向动量变小等。

3）船岸连接系统施工关键控制点

船岸连接系统主要是船方的中控室和码头的控制室通过船岸连接系统的硬件系统建立物理硬连接（光纤、通信电缆），并且双方共享 ESD（紧急切断系统）信号。码头控制室将缆绳监控系统通过光纤、通信电缆或登船计算机的无线系统共享给船方使用，船方也能实时了解现场缆绳情况，防止断缆事故的发生。船方和码头控制室也通过 Hotphone 专用电话做到实时优先通信。船岸连接系统施工关键控制点如下：

一般光纤盘或通信电缆盘都安装在卸料臂平台二层。因为需要从码头拖光纤或通信电缆到 LNG 船舶的接口处，光纤盘或通信电缆有固定长度，防止光纤盘或电缆盘安装的位置过远，导致光缆或通信电缆无法连接到船方或没有足够的余量。另外，船舶在卸料过程中也会不断升高。

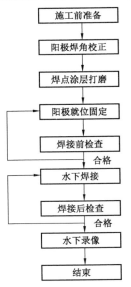

图 3 - 13　钢管桩阴极保护施工流程图

5. 钢管桩阴极保护施工关键控制点

为了减少钢管桩的腐蚀，多采用阴极保护法，阳极材料为铝—锌—铟—镁—钛，设计使用年限为 30 年，采用水下湿法焊条焊接工艺。施工流程如下：

钢管桩阴极保护施工关键控制点如下：

（1）阳极块到场后，进行外观、化学成分等项目检查，质量检查结果符合有关标准要求后，在陆地上对阳极焊腿的精度进行检查校正。检查校正的方法为：用与码头钢桩直径相同的钢管桩将阳极两个焊腿放在钢管弧形表面贴合，检查两焊腿的贴合间隙，间隙应不大于2mm，超过2mm必须进行校正。

（2）钢管桩牺牲阳极保护效果的好坏可以通过电位测量数值进行直观有效的评定，国内外相关标准规范规定钢在海水中的保护电位为 - 0.85 ~ - 1.10V，当钢管桩保护电位达到上述规定后，其保护度可达90%以上。

（3）潜水焊接员焊接结束，对焊接结果进行检查，要求每个焊脚四面施焊，焊缝饱满，焊脚高度应不小于5mm。当每块阳极焊接完毕后，派一名有检测资质的潜水员对焊接结果进行检测。焊接一定数量后，对焊接后的阳极进行部分水下录像，做好质量跟踪。对钢管桩的电位使用电位仪进行测量。

三、案例分析

1. 问题描述

沉桩锤击数过多：沉桩过程中发现个别桩锤击数过多。

2. 对策措施

召开了多方专家专题研讨会，通过分析原因，最后确定用180锤重锤轻击穿过粉细砂层，提高了效率，确保了工期节点。

3. 建议

对关键节点做好充分的事前准备，通过专家审查会等方式，做好防护措施和预案。

第三节　海水取排工程施工

一、海水取排工程简介

海水取排工程为接收站的配套项目，以中国石油某接收站为例，海水取排工程包括海水取水泵房、引水管、取水头、排水管、排水口、海水制氯车间及电控间等建构筑物。施工工期约 10~16 个月。

海水取排工程的关键点主要包括以下内容:沉井施工关键控制点包括沉井制作、沉井下沉、沉井封底等;顶管施工关键控制点包括顶管机头形式选择、顶进前的准备、顶管顶进、顶管切除及哈夫连接等;取水口施工关键控制点包括取水头安装、哈夫连接、水下紧固作业、水下混凝土浇筑等;排水口施工关键控制点包括排水管制作、钢闸门安装、大堤开挖、取水管水下安装、水下混凝土浇筑等。

二、施工关键控制点

1. 取水系统施工关键控制点

由于施工方法选择、施工设备选型受到当地不同的水文、地质、气象等多方面条件制约,因此针对不同的现场情况选择最佳的施工方法及合适的设备是取水系统施工的关键。下面简要阐述海水取水系统沉井法施工的关键控制点,以期在类似项目中起到启示作用。

1)沉井施工关键控制点

海水取水泵房下部沉井为钢筋混凝土结构,内设地梁、纵横隔墙,采用沉井法施工,进行压密注浆地基加固处理。

沉井浇筑方式为四次制作一次下沉。沉井下沉采用井点降水干挖下沉和水冲抽砂两种形式结合的方式下沉,下沉到设计标高后进行干混凝土封底施工,然后浇注底板。内外防腐采用浸渍硅烷防腐处理。

(1)沉井制作方式选择。沉井制作可以采用五次制作二次下沉,也可采用四次制作一次下沉。采用何种下沉方式主要依据当地的地质条件。如果地质条件为地质均匀、地基承载力较好的土体,可以采用一次下沉方式。如果地质条件复杂,土质不均匀,地基承载力较差,不能承受全部沉井的重量,此时应该选择二次下沉或者多次下沉的方式。

(2)沉井下沉方式选择。沉井下沉方式可分为"干法下沉"和"湿法下沉",两种下沉方式的选择主要依据当地的水文条件、地质条件等多种因素。在施工前建设单位要组织专家对沉井井点降水干挖下沉法与沉井抽砂不排水下沉法进行对比,主要考虑因素如下:

① 沉井抽砂不排水下沉法是采用水下冲吸泥进行下沉,由于水下情况复杂,下沉过程中不可预见的因素多,如果下沉过程中遇到障碍物,每次需

要潜水员下水摸查井底情况,耗费时间长,清除障碍物困难。沉井井点降水干挖法是把水位降到刃脚以下,采取基坑干挖,干挖下沉沉稳可控,开挖过程中可以随时观察刃脚的变化,出现问题或者障碍物也能及时解决。

②抽砂不排水下沉法采用水下混凝土封底,潜水员水中基底清理效率低、效果差,封底质量不好保证。而且抽砂不排水下沉法在下沉困难时,需要降低井内水位,容易造成井内外水压力失衡而引起涌水翻砂现象。沉井井点降水干挖法开挖到设计标高后清理基底方便,采取干封底,混凝土质量好控制。另外,井点降水干挖法将沉井周围水位降至刃脚底以下,可以避免井内外水压失衡而造成的涌水翻砂现象。

（3）沉井下沉过程需重点关注的质量问题及对策见表3-5。

表3-5　沉井质量问题及对策表

质量问题	原因分析	预防措施及处理方法
沉井倾斜	（1）沉井刃脚下的土软硬不均匀。 （2）没有对称凿除垫层或没有及时回填,夯实不均匀。 （3）没有均匀挖土,使井内土面高差悬殊。 （4）刃脚下掏空过多,沉井突然下沉,易产生倾斜。 （5）刃脚一侧被障碍物搁住,未及时发现和处理。 （6）井外弃土或堆物造成井上附加负荷重,分布不均匀,造成对井壁的偏压	（1）加强下沉过程中的观测和资料分析,发现倾斜及时纠正。 （2）对称、均匀凿除垫层,及时用砂或砂砾填夯实。 （3）在刃脚高的一侧加强取土,低的一侧少挖或不挖土,待正位后再均匀分层取土。 （4）在刃脚较低的一侧适当回填砂,延缓下沉速度。 （5）井外弃土或者堆物及时清理出沉井周围
沉井偏移	（1）大多由于倾斜引起,当发生倾斜和纠正倾斜时,井身常对倾斜一侧下部产生一个较大压力,因而伴随产生一定的位移,位移大小随土质情况及向一边倾斜的次数而定。 （2）测量定位发生差错	（1）控制沉井不再向偏移方向倾斜。 （2）有意使沉井向偏位的相反方向倾斜,当几次倾斜纠正后,即可恢复到正确位置。或有意使沉井向偏位的一方倾斜,然后沿倾斜方向下沉,直至刃脚处中心线与设计中线位置相吻合或接近时,再将倾斜纠正。 （3）加强测量的检查复核工作
沉井下沉过快	（1）遇软弱土层,土的耐压强度小,使下沉速度超过挖土速度。 （2）沉井外部土体液化。 （3）长期抽水或因砂的流动,使井壁与土间摩阻力减小	（1）调整挖土,在刃脚下不挖或部分不挖土。 （2）在沉井外壁与土壁间填粗糙材料,或将井筒外的土夯实,增加摩阻力;如沉井外部的土液化发生虚坑时,可填碎石进行处理

液化天然气接收站建设与运行

质量问题	原因分析	预防措施及处理方法
沉井下沉极慢或停沉	(1)井壁与土壁间的摩阻力过大。 (2)沉井自重不够,下沉系数过小。 (3)遇有障碍物	(1)继续浇灌混凝土增加自重或在井顶均匀加负荷。 (2)在井外壁采用加水或注膨胀土助沉措施。 (3)清除障碍物。 (4)在井壁与土间灌入触变泥浆或黄土,降低摩阻力
发生流砂	井内"锅底"开挖过深,井外松散土涌入井内	(1)挖土避免在刃脚下掏挖,以防流砂大量涌入,中间挖土也不宜挖成"锅底"形。 (2)穿过流砂层应快速,最好加负荷,使沉井刃脚切入土层
沉井制作过程中突沉	(1)地基承载力及刃脚摩擦力小于沉井的重量。 (2)地层底部有空洞	(1)下一节沉井制作前检查外侧地面,如有裂痕,采取填土和夯实措施后再制作下一节。 (2)如发现在制作中沉井有下沉现象,停止施工,查明原因。可在刃脚回填砂,在井壁外侧注浆加固土层,减小每节沉井制作高度
遇障碍物	沉井下沉局部遇孤石、大块卵石等造成沉井搁置、悬挂	遇较小孤石,可将四周土掏空后取出;遇较大孤石或大块石等,可用风动工具破碎成小块取出
超沉与欠沉	(1)沉井封底时下沉尚未稳定。 (2)测量有差错	(1)当沉井下沉至距设计标高以上 1.5～2.0m 的终沉阶段时,应加强下沉观测,等 8h 的累计下沉量不大于 8mm 时,沉井趋于稳定,方可进行封底。 (2)加强测量工作,对测量标志应加固校核,测量数据准确无误

2)取水管顶管施工关键控制点

取水管分为顶管段和沉管段。从泵房到堤脚外侧采用顶管法施工,顶管尾端到取水头采用海上围堰内施工。

(1)机头的选择:根据地勘资料,选择好顶管掘进机对顶管施工是至关重要的。

(2)施工过程中需重点关注的风险因素及相应的应对措施见表 3-6。

表 3 – 6　取水管顶管施工风险因素及对策表

风险因素	应对措施
机头前土体塌方	（1）严格控制顶管姿态,选择正确合适的推进参数。 （2）根据不同的地质条件配置优质泥浆,在很短时间内形成一层泥膜,从而使泥水仓泥浆对整个开挖面发挥有效的支护作用。 （3）控制推进速度和泥渣排土量,确保泥渣切削及排放量与新鲜泥浆补给量保持一致。 （4）发生塌方,保护好现场,对塌方区域人员进行疏散。 （5）就发生塌方产生的后果进行综合评估,对可能造成的影响进行分析和得出结论,如有问题立即进行补救。 （6）顶管机必须连续推进,在短时间内通过塌方区域,在顶管机尾部通过塌方区时必须超量注浆,以补充塌方造成的土体空隙。 （7）加强监测,观察变化,如发生二次沉降,应回填或注浆,直至地表稳定后,撤销警报
顶力剧增	（1）对井外土体进行加固时,要严格控制水灰比及注浆流量、压力、提升速度等参数,根据地质情况和灌注情况及时调整参数。 （2）在打开闷板时,全体工作人员就位,一旦闷板打开,清理完毕后,顶管机马上推进,刀盘迅速切入土体,出洞过程结束。 （3）施工期间若发生塌方或大量涌水,必须对洞门暂时封堵,并进行补加固。当出现小规模漏水时,可不做封堵,顶管机快速前进,以期在短时间内推出洞门。 （4）若发生洞门喷水,全体人员立刻抢险,用泥袋堵住水源,或用钢板封住顶管外壳与洞门间隙,以减少涌水量,顶管机快速推进,脱离洞门。 （5）一旦顶管机脱离洞门,马上进行洞门封堵,用预先加工好的洞门钢板将四周空隙全部焊接封住,再进行注浆
管道渗漏	（1）要特别重视管材的加工精度,从钢模制作、样品管的验收到橡胶止水带的质量检验,都要从严把关,确保压缩性盈量符合要求。 （2）机头主轴密封采用多道聚氨脂密封,并采用油嘴泵加压以平衡开挖面泥水压力
地表沉降大	（1）顶进速度应满足开挖面泥水平衡条件。 （2）机头姿态控制精度好。 （3）机头壳体比管外径大 20mm 为宜。 （4）认真做好注浆工艺。 （5）采用信息反馈技术,在初始推进阶段对推进参数进行优化,以指导施工

2. 排水系统施工关键控制点

接收站的海水排水系统主要由排水沟、排水管及排水头组成,主体结构见图 3 – 14。

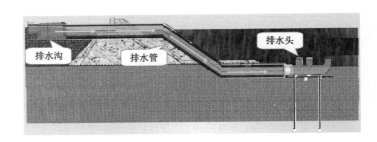

图 3 - 14　海水排水系统主体结构示意图

1）排水管

（1）排水管的用途。

排水管主要用于将来自 ORV 的海水及站区雨水排入海中。

（2）排水管材质。

排水管一般为钢管,根据排水量大小一般需安装 2～3 根,分为地面直埋、大堤直埋及坡面排水、水上沉管三部分。

2）海水排水系统施工关键控制点

（1）排水管的制作。

① 钢板厚度须按设计要求选用,钢板厚度负偏差应小于 0.25mm。

② 钢板及焊接坡口的切割可用机械加工而成,切完后应清除边缘,应使坡口内及边缘 20mm 内母材无裂纹、重皮、坡口破损及毛刺等缺陷。

③ 管壁所有焊缝应采用对口焊,所有焊缝均做封底焊,反面封底焊必须在正面焊缝全部焊完后进行。

④ 对接管节的纵向焊缝应错开布置,相互错开的距离沿管壁弧长不应小于 500mm,同时纵向焊缝不得设在管子的水平直径和垂直直径的端点。

（2）排水管施工。

① 卷制好的钢管均应妥善存放,管道下部设管座,管座上包防磨布,起吊应采用扁尼龙绳。钢管组成管节后,应考虑钢管在运输安装过程中的变形,在管内加临时支撑,待管道安装完毕后拆除。

② 管道的安装地点应埋设有专为安装使用的基准轴线和高程的基准点。此基准点应有测定记录。

③ 始装节管口中心的极限偏差应小于 5mm;管道安装后轴线及中心标高偏差值应小于 15mm,水平管道弯曲度误差不超过 0.1% 且 ≤20mm。

④ 管道安装后,管口圆度的偏差 ≤0.005DN,每端管口至少测两对直径。

⑤ 排水管水下安装部分需根据海流及天气变化及时调整施工节奏。

三、案例分析

取水口顶管顶进过程中,在穿越海堤下方时,顶力突然增加 2 倍,后采取各项控制措施,顶进得以缓慢进行,在穿过海堤后,顶力恢复正常。顶力剧增原因及应对措施见表 3 – 7。

表 3 – 7　顶力剧增原因及应对措施

遇到问题	原因分析及应对措施
顶力剧增	(1)核实该土层地质剖面图,对该部分土体情况进行进一步分析后,认为该部分土体系海堤基础的一部分,海堤施工时对该部分土体有挤压、夯实作用,因此土体比周围土体密实。 (2)顶力虽然突然加倍,但顶进还可以缓慢推进,证明该现象并不是刀盘遇到大的抛石所致。 (3)调整水灰比及注浆流量、压力、提升速度等参数,加大注浆量,调稀浆液浓度,缓慢穿过该土层密实区。 (4)随时调整机头顶进方向,防止机头受力不均产生偏斜。 (5)加大顶力

第四节　自动控制系统安装与调试

一、系统介绍

LNG 接收站自动控制系统可以连续监视并控制站内各工艺单元生产过程,在接收站启动、正常运行、减量运行、工艺失效以及紧急停车期间均对整个站场进行控制及保护。自动控制系统是 LNG 接收站建设项目中的重要组成部分,对自动控制系统设计、建设、运行维护各个阶段的有效管控不仅能保证整个接收站工艺、设备正常工作、安全运行,同时还能对生产运行过程进行优化创新和完善,提升接收站生产运营管理水平。

1. 概述

LNG 接收站自动控制系统是一套综合控制系统(Integrated Control System,ICS),工作范围主要包括分散控制系统(Distribution Control System,

DCS）、安全仪表系统（Safety Instrumented System，SIS）、火气系统、可燃气体检测报警系统、成套设备控制子系统、现场仪表管理系统等。成套设备控制子系统与 DCS 之间采用 MODBUS 协议进行通信，工艺、设备及各子系统通过 DCS 操作界面对 LNG 接收站运行工况进行监视和控制，各系统将根据工艺流程、安全保护、生产管理等需要，完成各自的监视、控制、联锁保护以及信息管理等任务。大多数 LNG 接收站还设置一套操作培训系统（Operator Training simulator，OTS），以便于提高操作人员的操作水平，掌握工厂开停车操作和处理异常情况的能力。

接收站自动控制系统一般采用分布式控制和集中管理的结构，通常 LNG 接收站设置一个中央控制室、一个码头控制室、一个装车站控制室，并分别设有独立的 DCS、SIS 和火气系统。码头和装车站控制室设置操作员站，可实现对本区域生产运行过程的监控和操作。码头和装车站控制室通过光缆连接到中央控制室的控制柜，操作人员在中控室可实现对全厂生产运行、安全情况的全方位连续监控和操作。

1）分散控制系统（DCS）

分散控制系统为站场提供数据采集、监视、连续控制、顺序控制、与非安全相关的联锁和逻辑功能。

2）安全仪表系统（SIS）

安全仪表系统提供将所有设施置于安全状态的检测和控制功能。SIS 用于人员、环境和设备的保护，SIS 必须经安全等级（SIL）分析并确定其安全仪表功能，至少为 SIL1 和更高的等级。

3）火灾报警系统

火灾报警系统提供火灾检测及报警。火灾报警系统负责向现场、控制室和调控中心值班人员报警，以便相关人员确认启动相关消防设施。

4）可燃气体检测报警系统

可燃气体检测报警系统提供可燃气体检测及报警。现场设置的可燃气体检测报警器通过 DCS 系统向控制室和调控中心值班人员报警，以便值班人员处理检测到的事件。

5）成套设备控制系统

成套设备控制系统随各设备成套提供，完成对各自设备的运行数据采集、控制和操作任务，如卸料臂监视控制系统、压缩机控制系统、汽化器控制系统、空气压缩机控制系统等。这些成套设备控制系统将作为 DCS 的子系统,通过数据通信系统和硬线与 DCS 交换信息,并由 DCS 统一进行监视与管理。

6）储罐仪表管理系统

仪表管理系统采用专用的软件主要对 LNG 储罐内的液位、压力、温度、密度等信息进行实时监视、分析与管理,防止储罐内发生超压、负压、LNG 翻滚等危险事故。

2. 主要功能及配置

自动控制系统在接收站生产运行过程中主要实现以下三方面的功能。

生产过程监视功能:提供清晰、友善的人机界面,在图形界面上显示的内容除表格、图形、曲线外,还有工艺流程、主要设备运行工况,使生产管理人员很方便地掌握当前全厂生产运行情况。工控机系统还可在线诊断各类故障,帮助查找故障部位并报警,并且工控机可实现对生产过程进行数据的冗余采集。

控制功能:在基于图形和中文人机界面的基础上,进行工艺参数的设定。操作人员在控制中心通过键盘或鼠标下达控制命令,实现相关阀门的开启与关闭、工艺流程的切换等操作。控制器可实现生产过程中对温度、压力、流量、液位等工艺参数的自动控制、报警,对接收站及设备运行进行联锁保护等。

管理功能:设置不同的操作权限,记录操作员的操作时间、操作内容,防止非法操作,确保设备安全运行。完成控制事件、故障报警、历史数据、生产指标、历史趋势线的生成、储存、显示和查询。可生成、打印生产运行报表。

1）分散控制系统（DCS）

DCS 系统主要完成接收站生产数据采集、监视、连续控制、顺序控制、与非安全相关的联锁和逻辑控制等,同时可与 SIS 系统及设备成套等控制系统进行通信,根据设计要求交换数据信息。DCS 作为接收站控制系统的核心,其主要监控设备设置在接收站的中央控制室（CCR）内,可以对各子控制系统的重要运行参数进行集中监视并发布控制命令。操作人员可以在中央控制室内通过 DCS 操作站对 LNG 接收站（包括卸船码头、槽车站）的生产运行过程进行监视和控制。为便于操作、控制和管理,在码头和槽车站设置控制室,并分别配置 DCS 监控设备,用于各区域生产运行过程的监视和控制。

DCS 可以采集工艺过程变量和工艺/公用工程设备运行状态信息,完成计算、连续过程控制、自动顺序控制、逻辑控制、工艺过程停车(非紧急停车)、跳闸以及连锁功能。操作员可以在控制室设置控制回路、调整参数、监控逻辑/顺序操作。

(1)DCS 主要功能。

接收站 DCS 系统主要完成以下功能:

① 对接收站、码头和槽车站的连续生产过程进行实时监视和控制。

② 对外输气体流量进行测量和计算。

③ 与音响报警系统连接,用干接点输出信号来启动音响报警系统。

④ 与 SIS、火灾报警系统和可燃气体检测报警系统进行通信,采集各系统的运行信息。

⑤ 所有重要的信号,采用硬线方式连接。

⑥ 与 LNG 储罐管理系统通信,对 LNG 储罐工作状态进行实时监控。

⑦ 与机械状态监视及分析系统通信,对旋转机械设备的运行情况进行监视和分析。

⑧ 与其他成套设备的控制系统通信,控制回路或启/停电动机的信号采用硬线连接。

⑨ 监视和显示电力系统信息。

⑩ 自动生成报告、报警记录和趋势。

⑪ DCS 内部网络通信以及与其他系统通信管理和相关的协议转换。

⑫ 提供主时钟,并与所有其他的系统进行时钟同步。

⑬ 为管道 SCADA 系统以及生产管理系统预留通信接口。

(2)DCS 系统配置。

DCS 系统主要由操作员站、工程师站、DCS 控制器、专用控制通信网络、电源、I/O 模块等组成,为保证系统的可靠性,处理器(CPU)、专用控制通信网络、电源、重要的 I/O 模块等按照冗余热备配置。DCS 系统采用的硬件、软件应是技术先进、性能可靠、经过工业生产实践考验的标准产品,具有很强的安全性和可靠性。

操作员站:基于 windows 系统,采用 DCS 系统专用的应用软件,为操作和管理人员提供良好的人机界面,操作站直接接入专用的控制通信网络,可显示 DCS 系统、SIS 系统及成套设备控制系统的数据信息,便于对接收站生产工艺和安全状态进行全面实时监控和管理。通常 LNG 接收站设置多个操作员站,既相互独立,又可以互为备用。

工程师站:基于 windows 系统,采用专用软件,用于系统工程编程、组态、调试、管理和维护,如控制回路组态、编程、画面生成,BATCH 组态、顺控组态、顺控调试、报表生成,运行维护以及过程趋势和参数整定等,同时工程师站必须具有操作员站的所有功能。

DCS 控制器:是基于微处理器的模块化设备,配置专用工业控制软件,可以进行逻辑运算、数学运算、字符串运算等,采用组态的方式即可完成对输入输出信号的配置,具有组态多个复杂控制系统的能力,并且具有多个 PID 运算模块和其他常用的功能模块。I/O 模块能够接收模拟量、数字量及 HART 信号,并输出模拟量、数字量等控制信号。DCS 系统具有自诊断能力,可防止插拔 I/O 卡时引起信号扫描错误。I/O 点分配根据工艺区的划分来设计,即每一个工艺区的设备由相同的 CPU 来控制。

(3)DCS 通信系统。

DCS 内部通信系统应基于开放的客户机/服务器网络结构,采用 TCP/IP 通信协议。通信系统网络为冗余型,为每个连接的设备提供双网络线和双系统接口。当主通信网或任何其他设备发生故障,系统将自动转换到备用网络或设备,此过程不应中断正常运行且不需要操作员的干预。中央控制室和码头、槽车站控制室之间的控制及监视信息通过冗余光缆进行传输。

DCS 将通过合适的接口模块与所有子系统、第三方控制系统、管理计算机等进行通信,由 DCS 统一对接收站内其他系统进行集成和管理。以保证安全为前提,DCS 和其他系统间的最主要的通信方式是开放的网络体系结构,如 IEEE8802 – 3 以太网 LAN、TCP/IP 协议或采用串行通信方式。

2)安全仪表系统(SIS)

安全仪表系统 SIS,提供将站场置于安全状态的检测和联锁控制功能。重要的安全联锁保护、紧急停车及关键设备联锁保护由安全仪表系统实现。SIS 是专门用于防止或减轻危险事件、保护人员安全和环境以及预防对工艺设备造成灾难性损害的系统。SIS 应对可能存在危险或如果不采取措施可能最终产生危险的工艺及设备状况做出快速响应。

(1)系统功能。

SIS 系统功能的执行需具备极高的可靠性,具备紧急停车逻辑处理功能,能够对关键工艺系统实施监测和激活报警,自动执行指定的安全动作和阀门的操作,以最大程度降低生产过程中的危险状态并阻止潜在的危险情况扩大。在需紧急关断的条件发生时,启动必要的紧急关断动作,使工艺系统恢复到安全状态。SIS系统所完成的主要功能如下：

SIS系统有强大的逻辑处理能力，能够对离散的过程信号进行实时判断，快速执行逻辑运算，正确发出控制指令，以保证人员和生产装置、大型设备的安全。

SIS系统的联锁停车必须按照停车顺控表和紧急停车逻辑图来执行。对重要的控制参数，根据要求，输入部分采用表决系统。

① 监视被保护的设备和辅助设施。

② 启动适当的设备保护程序。

③ 通知和警报操作人员所发生的事件。

④ 将SIS的发生情况通知DCS系统。

⑤ 自动生成报告、报警记录和趋势。

⑥ 打印报表及数据存储。

⑦ 系统自诊断。

（2）系统配置。

SIS应为基于"可编程逻辑控制器（Programmable Logic Controller，PLC）"的冗余容错系统，独立于DCS或子系统单独设置。SIS系统须经TUV认证，符合IEC 61508（SIL 3）的风险分析。SIS系统的主要部分设置在现场机柜室，各装置独立设置控制器，以确保人员及生产装置、重要机组和关键设备的安全。

SIS由输入传感器（过程检测传感器和手动操作开关）、可编程电子逻辑运算器（Programmable Electronic Logic Solver，PES）以及最终执行元件（电磁阀驱动的开/关阀，电动机控制继电器等）组成。SIS的PES部分采用可编程序逻辑控制器（PLC）或其他符合该要求的控制设备。SIS系统按照故障安全型设计。除配置有二重冗余带自诊断或三重冗余结构的控制设备及其附件之外，还设置独立的控制台、工程师站、打印机、机柜等设备。

SIS由二重冗余带自诊断或三重冗余模块、2选1带自诊断表决系统或3选2表决系统组成，也就是说执行任何关闭操作必须采用2选1带自诊断表决系统或3选2表决系统，关闭任何一个控制装置，需要产生两个或者更多的报警。

SIS系统内还包含事件顺序记录（Sequences of Event Recording，SOE）系统。用双重冗余的光纤电缆连接构成独立的SIS系统SOE网络。每一个SIS系统配置一台工程师站和一台SOE工作站，安装在相应的现场机柜间的工程师室。工程师站用于SIS系统的组态、下装、调试和日常维护，SOE工作站用于报警顺序事件的记录,工程师站和 SOE 工作站可互为备用。工程师站、顺序事件记录(SOE)站的相应报警及操作通过辅助操作台上的开关、按钮及 DCS 系统的操作员站来完成。

3)火灾报警系统

火灾报警系统采用的硬件、软件应是技术先进、性能可靠、经过工业生产实践考验的标准产品。火灾报警系统将采用满足 GB 50116—2013《火灾自动报警系统设计规范》等国家现行规范要求的控制设备。火灾报警系统是独立于 DCS 及 SIS 的系统。

接收站内各工艺装置区、LNG 储罐顶部、装车区等有可能发生可燃气体泄漏的地方设置火焰探测器以及低温检测热电阻。

根据相关规范,在中央控制室、码头控制室、变配电间、重要的办公场所设置感温、感烟探测器,所有信号传至火灾报警系统进行报警。

在各工艺装置区、LNG 储罐区、码头区、主要建筑物出口等有工艺操作或人员巡检的区域设置手动报警按钮,一旦相关区域出现危险情况,由操作人员触发报警按钮进行报警,以便火灾报警系统或值班人员采取紧急保护措施。

在重要工艺装置区附近、控制室内还设置声、光报警设备,当有相关区域出现火灾或启动消防设施时,则同时启动相应区域以及控制室内的声光报警设备进行报警。

4)可燃气体检测报警系统

在接收站内各工艺装置区、LNG 储罐顶部、槽车区等有可能发生可燃气体泄漏的地方设置可燃气体检测仪。在各工艺区旁设置的集液池内安装低温探测器,用于检测 LNG 的泄漏。

5)成套设备控制系统

部分成套设备设有就地控制盘(LCP),通过就地控制盘可以完成控制和显示单元的操作,成套设备控制系统的重要运行参数以及报警、控制、显示等信息将传输到 DCS 系统中进行集中监控管理。成套设备可通过其配套提供的控制系统实现远程控制或就地控制,当选择就地控制时,设备按照就地控制盘或开关指令运行,但设备主要运行状态仍要受 DCS 系统的监视和管理。

成套设备控制系统一般包括(不限于此):LNG 卸料臂控制系统;BOG 压缩机控制系统;SCV 控制系统;火炬仪表系统;外输计量系统;在线采样及

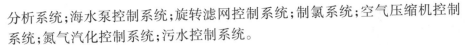

分析系统;海水泵控制系统;旋转滤网控制系统;制氯系统;空气压缩机控制系统;氮气汽化控制系统;污水控制系统。

6) LNG 储罐管理系统

在接收站中央控制室内设置一套 LNG 储罐管理系统,该系统将利用 LNG 储罐现场检测仪表的测量数据,并采用专用软件对 LNG 储罐内介质的液位、温度、压力、密度等参数进行实时监测,避免储罐内发生液体分层、翻滚以及气体超压、负压等危险情况。此外,还可根据测量参数计算出储罐内 LNG 的体积、重量以及库存管理所需的其他信息,便于生产管理和实际运行操作。每个 LNG 储罐的 LTD 罐表系统是由一台 LTD(液位、温度、密度)、两台伺服液位计、一台雷达液位计和一套多点电阻测温系统(RTD)组成。

伺服液位计主要用来跟踪测量储罐的液位,由于其准确度较高,可以作为计量参考。LTD 可以监测整个罐的液位、温度和密度,提供各个指定位置的温度和密度分布,及时发现分层现象,防止翻滚的发生。雷达液位计主要用于监测储罐的高液位,与 2 台伺服液位计的高高液位报警构成三取二进入 SIS 系统,联锁保护储罐。RTD 系统主要监测罐壁温度数据,用于冷却和泄漏检测的温度分布。另外每台罐的地面还有一台罐旁指示仪,便于现场操作人员的监视和操作。

7) 现场仪表

现场仪表是组成自动控制系统的最基本单元,工艺参数变化、设备运行状态、设备启停、阀门开关及安全联锁等都通过现场仪表来检测和执行,现场仪表包括检测仪表和仪表阀门。

现场检测仪表主要包括温度仪表、压力仪表、液位仪表、流量仪表、分析仪表及可燃气体探测仪表、火焰监测仪表等,可对接收站生产工艺参数、设备运行参数、生产安全信息等进行连续检测,并将数据传送至控制系统。

仪表调节阀、开关阀等通过执行控制系统发出的控制指令,实现工艺参数的连续调节、工艺流程的切换、设备的启停及联锁关断等。

二、系统搭建关键控制点

自动控制系统集成过程技术含量高、专业性强,在搭建自动控制系统过程中与工艺、设备、电气、通信及土建等多个专业存在工作衔接界面,各专业相关条件发生变更都会影响自动控制系统的实施。同时,现场施工、调试进度等也受相关专业诸多因素制约。因此,自动控制系统建设在整体工程建设中属于难度大、工期最紧的专业之一,自动控制系统的顺利投运在 LNG 接收站投产及后期运行中起着非常关键的作用。

为确保实现 LNG 接收站项目按期投产的目标,按照 LNG 接收站项目整体投产时间目标和相关专业施工进度计划,结合本专业自身特点,强化对进度、质量、风险的有效控制,统筹管控自动控制系统的组态、安装、调试、投运的过程,抓住开工启动会议、工厂集成、现场安装调试等是自动控制系统工程施工管理中的关键点,也是工程建设成败的关键。

1. 开工启动会议

开工启动会议的召开标志着自动控制系统进入实质性的实施阶段,该会议将对自动控制系统工作内容、详细技术要求、接口及界面进行技术对接和交底,对工厂测试(FAT)、现场测试(SAT)等关键时间节点提出了要求和安排,确认实施阶段的各种活动,确定项目计划,并提供所需的资料。有关工艺管道仪表流程图(PI&D)、输入输出要求、控制方案、逻辑图、接口条件等要求将在该开工会议上落实。

2. 工厂集成

在自动控制系统工厂集成阶段,业主方专业人员和总承包商专业设计人员应深度参与工厂集成全过程,利于全面掌控实施进度和质量,推进设计、组态、集成、FAT 测试、SAT 测试各个环节的工作。与集成商共同讨论确定人机界面、卸船系统、高/低压泵、再冷凝器、BOG 压缩机、SCV/ORV、燃料气等控制方案及复杂控制和联锁逻辑等,组织总承包商、项目管理公司(PMC)、关键成套设备厂商参加控制方案讨论和中间成果审查,确认阶段成果是否满足要求,与相关成套设备厂家进行对接,及时解决实施过程中遇到的难点和问题,对存在的偏差进行纠正。出厂前认真做好工厂验收(FAT)工作,对系统的硬件和软件功能进行测试,包括所有控制单元、I/O 通道、通信接口等检测,软件运行环境、控制程序、联锁逻辑等功能及系统无故障运行测试,验证系统硬件和软件的性能。

3. 现场安装调试

自动控制系统运抵现场施工过程中,由于作业区域覆盖全厂所有工艺设备单元,与工艺、设备、电气、土建、消防等专业作业界面多,专业之间相互交叉作业多,与设备厂商配合作业多,点多面广,同时又要面临工期紧、任务重的严峻形势。由于上游专业的施工进度滞后直接影响自控专业的施工和调试作业的展开和推进,造成自控仪表可作业的有效工期缩短,现场施工组织协调、进度和质量控制是管理的难点和重点。要确保施工进度和质量主要从以下三方面入手:一是加强总承包商、监理、PMC 的组织协调及与各专业沟通,高效有序管理施工方,为现场安装和调试创造各种有利条件。二是紧紧跟踪现场相关专业施工进度,落实关键点的施工,及时安排开展仪表电缆线槽安装和仪表电缆敷设,现场仪表和接线箱的安装,仪表管管路的连接,仪表、接线箱及机柜端子接线,储罐管理系统安装调试,在线分析系统、计量外输系统、BOG 压缩机 PLC 系统等安装调试,DCS/SIS 现场调试,阀门测试,第三方设备成套系统安装和通信系统调试等工作,每天核对、统计自控仪表完成情况和梳理存在问题,并积极协调、组织和落实。三是由业主专业工程师组织并以操作人员为主、厂商配合的方式完成自控仪表现场的各种功能调试、测试工作,包括 DCS/SIS 系统 SAT 测试、阀门测试、控制逻辑测试、启停联锁功能测试、通信测试等工作,严格做好现场验收(SAT)、启动前安全检查(PSSR)和投产前的检查工作。

三、案例分析

　　LNG 接收站自动控制系统工期通常不少于 11 个月较为合理,包括自控设备采购、工厂集成测试、现场安装、调试、投运等过程。但由于设备供货周期和现场施工条件等因素制约,往往不能保证合理的有效工期,使自控专业成为 LNG 工程建设中施工难度大、工期最紧的专业之一。做好进度控制和质量保证是在自动控制系统施工过程中的难点,也是顺利投产的保证。

　　唐山 LNG 接收站自控系统 DCS"5 合 1"采购包括 DCS、SIS、闭路电视监控系统(CCTV)、大屏幕系统、在线采样分析系统,有效工期仅为 8 个多月,使组织和协调工作面临挑战。2013 年 3 月初,在召开 DCS"5 合 1"开工会期间,国外专家认为唐山 LNG 工程自控专业实施工期太紧。结合唐山 LNG 工程的实际情况,通过强化对进度、质量、风险的有效控制,经过多方共同努力,于 2013 年 11 月 15 日按计划完成相关现场测试工作,具备投产条件。唐山 LNG 项目在确保施工进度和质量的管理方面主要采取以下措施。

　　1. 进度控制和质量保障

　　(1)充分发挥承包商综合实力、技术能力和集成能力强的优势,按节点倒排进度计划,确保关键节点,跟踪落实所有设备的订货工作,系统解决方案制订及组态编程等工作同步开展。

（2）业主全过程参与自控集成商关于自控系统方案设计、集成、测试等工作,全程参与 DCS"5 合 1"FAT 测试。

（3）多次组织协调总承包商、主要设备厂商派技术人员前往 DCS 集成工厂进行设备控制方案讨论和审查,及时地解决了 DCS"5 合 1"实施过程中遇到的难点和问题,加快了集成的进度,保证了集成质量,于 2013 年 6 月 20 日按计划完成全部集成工作和工厂测试工作,完成 DCS/SIS 的所有卡件及 I/O 点 100% 测试。

（4）加强现场过程管理,保证进度,以 PSSR 和"三查四定"为抓手,严把质量关。做到每天核对、统计自控仪表完成情况和梳理存在问题,全面及时掌控现场施工进展情况。加强与各专业的协调和沟通,为现场安装和调试创造各种有利条件,积极组织和指导操作人员完成 SAT 测试、阀门测试、控制逻辑测试、启停联锁功能测试、通信测试等工作,确保于 2013 年 11 月 15 日前完成所有测试工作。

2. DCS 系统与成套设备子系统的通信

LNG 接收站工艺相对复杂,对自动化集成度要求高,通过 DCS 操作站实现对全厂设备统一操作监控。唐山 LNG 接收站 DCS 系统需要完成与 21 家成套设备厂商的 38 套 PLC 系统的通信整合,厂商多、接口多,协调难度大。采取措施如下:

（1）确定自控系统集成商后,及时协调各设备厂商采用统一的 Modbus RTU 通信协议,要求厂商提供统一模板格式的通信点表。

（2）及时跟踪协调各厂商的进厂时间,有序组织协调通信调试工作。

思 考 题

1. LNG 储罐施工工期一般需要多少个月?

2. LNG 接收站码头工程主要包括哪些部分?

第四章　关键设备安装

本章介绍 LNG 接收站关键设备的结构、工作原理，以及设备安装过程中的关键控制点等内容。

第一节　卸　料　臂

一、卸料臂简介

LNG 卸料臂是用于装卸 LNG 的特殊专用设备，是储存设备之间转移 LNG 的过渡连接装置。LNG 船停泊在码头进行装/卸 LNG 时，由于风浪、水流、涨潮或落潮等原因，LNG 船和码头之间会有相对的起伏或移动，卸料臂就是为了适应这种工作条件的特殊连接装置，能自动跟踪 LNG 船的飘逸做出相应的位移补偿，允许 LNG 船和码头之间在一定的幅度范围内有相对运动。

卸料臂的操作通过控制台操纵，控制台通常固定安装在码头上，由于操作台比 LNG 船的甲板低许多，观测不便，所以通常由无线遥控器进行遥控。无线遥控器可以移动和携带，并能带到 LNG 船的甲班上操控卸料臂。

LNG 船卸料前，应停泊稳定并固定，尽量避免船舶有大幅度的漂移超出卸料臂的可移动范围。卸船臂上每个旋转接头的弯头，可以像关节一样活动，因此关节组件周围至少要有 300mm 的活动空间。按照 OCIF 标准，卸料臂还配有位置检测系统，它能全面检测卸料臂所在位置，对位置偏移能进行预报警，包括第一级报警、第二级报警、停泵、关阀、脱离等保护措施。

二、卸料臂结构及工作原理

卸料臂主要由快速连接装置、紧急脱离装置、组合式旋转接头、内外臂、配重机构、液压驱动单元及支撑立柱组成。旋转接头使卸料臂能准确、快速地补偿 LNG 船的起伏、摇晃的装置。当旋转接头接好以后，即使 LNG 船舶

122

在装卸过程中产生摇晃或上下起伏,卸料臂也可以随着船舶的运动在三个方向进行调整。

通过电气和液压设备来实现对卸料臂的控制,该电气及液压设备包括:液压动力装置、本地控制面板、无线电远程控制单元、位置监控系统(PMS)。

液压动力装置递送液压动力,用以操作控制阀和卸料臂液压缸。电源出现故障时,ERS 蓄能器递送液压动力以断开卸料臂。操作者可以通过本地控制面板充分控制卸料臂的运动,并对任何信号做出响应。也可以由无线电远程控制单元控制卸料臂的移动。液压驱动主要提供以下三种移动方式:整套卸料臂组件水平回转、舷内侧臂的提升及降低、舷外侧臂的提升及降低。

1. 快速连接装置

快速连接装置是卸料臂与船上装卸法兰口对准以后,对连接法兰实施压紧的装置,通过液压驱动,结构示意图见图4-1。

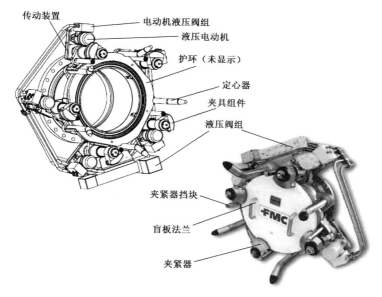

图4-1 快速连接装置

液压快速连接器(QCDC)是卸料臂系统中的集成部件,可以将多个装卸臂在几秒的时间内完成液压定位和连接。独立的双向液压马达驱动螺杆,通过夹具把法兰平面夹紧,夹具可有手动开启或夹紧。如果出现停电情况,夹具可手动开启或夹紧。

2. 紧急脱离装置

紧急脱离装置(ERS)如图4-2所示,是为了在紧急状态下使船舶和卸料臂快速分离的安全装置。在进行LNG装卸操作的过程中,如果船舶上或者码头上万一发生火灾或其他紧急情况影响安全时,需要将船舶和卸料臂快速脱离,使船舶能尽快驶离码头。紧急脱离装置由阀门和动力驱动单元组成,典型的紧急脱离装置有双球阀紧急脱离系统(DBV + PERC)或双蝶阀紧急脱离系统(DBFV + PERC),它们连接快速、密封性好,紧急状态下能迅速分离让LNG船舶离开码头。

3. 旋转接头

卸料臂工作时,LNG船会有一定幅度的漂移晃动,卸料臂能随着船体的移动和摇摆做出相应的移动,就像人的手臂一样能够移动自如。这种旋转接头在低温状态下不仅能自由旋转,而且仍有良好的密封性,见图4-3。旋转接头应具备以下功能:氮气吹扫通道、密封性检测接口、转动平稳、嵌入式滚珠轨道、可靠的密封性和及时复位能力。

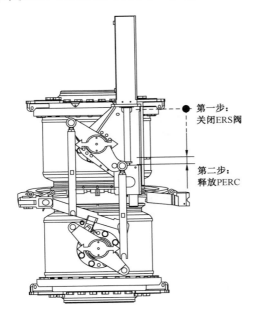

第一步:
关闭ERS阀

第二步:
释放PERC

图4-2　紧急脱离装置

图4-3　旋转接头

三、卸料臂选型

根据使用环境,卸料臂可以分为两种类型:陆用型,有防浪堤保护、面对海水(无防浪堤保护);海上型,船对船、船对海浮式设施。

根据配置的方式,卸料臂主要有三种:完全平衡式(Fully Balanced),转动配重型(Rotary Counterweighted),双配重型(Double Counterweighted),见图4-4至图4-6。

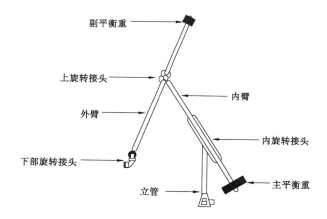

图4-4 完全平衡式(Fully Balanced)

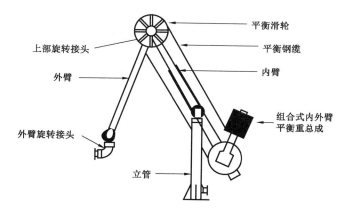

图4-5 转动配重型(Rotary Counterweighted)

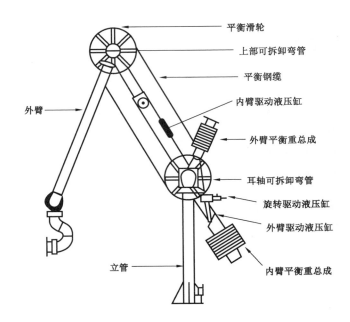

图 4 – 6 双配重型（Double Counterweighted）

平衡滑轮

上部可拆卸弯管

平衡钢缆

内臂驱动液压缸

外臂平衡重总成

耳轴可拆卸弯管

旋转驱动液压缸

外臂驱动液压缸

内臂平衡重总成

外臂

立管

四、现场安装关键控制点

1. 基座立管和卸臂总成吊装

将基座立管摆放到海边临时码头便于吊装的位置，复验检查螺栓孔与预埋螺栓的直径和间距是否达到安装要求。立柱安装前应在基础的地脚螺栓附近摆放垫铁，间距保持在 500~1000mm。

2. 卸臂总成安装

基座立管吊装就位后，在四周搭设脚手架，为卸臂总成的安装操作平台。内外臂等为一个整体进行吊装并使内臂呈水平姿态吊装。经检查合格后，使用链动滑轮或钢丝绳张紧器，将配重梁与外置臂紧固在一起，再用吊索将内置臂与外置臂紧固在一起。将卸扣和吊索穿过内置臂上的两个吊耳，以分割重心。将卸扣和吊索穿过两个吊孔，以达到侧向稳定。

3. 液压系统安装

卸料臂液压动力单元输送液压动力，驱动控制阀和卸料臂液压筒。卸料臂的内置驱动包括两个单作用液压筒、一根钢索和一个驱动滑轮。卸料臂的外置驱动包括一个双作用液压筒,它直接连接到 50 型滑轮上。用仪表空气吹扫、清洁油管。把液压管管件安装入位后,插接和标记各液压管线。

　　将速度调节装置调节阀开到最大,以保证最大流量。液压缸的每个驱动器做全行程动作,每个方向 2～3min。检查堵塞指示器,如果过滤器堵塞,必须进行清理,确保其运行。调整压力,使其高于主要压力约 10%。移动卸料臂至驱动器冲程的末端,保持压力 3min,最终确认是否泄漏。采用同样方法来确认液压缸的反向回路。卸料臂所有驱动液压缸上都要进行此项操作。

第二节　低温输送泵

一、低温输送泵简介(高/低压泵)

　　低温输送泵,简称低温泵,是液化天然气接收站 LNG 的动力输出设备,一般包括低压泵和高压泵。低压泵通常安装在 LNG 储罐内,把 LNG 储罐内的 LNG 输送到罐外输送管网,用于槽车装车、装船或为高压泵提供输送介质。高压泵用于把低压泵输送的 LNG 增压到外输管网压力,通过汽化器汽化、流量计计量后外输至管网。

　　由于液态加压比气态增压容易且节省大量能耗,所以 LNG 一般采用低温泵液态加压而不是汽化后再加压工艺。低温泵是 LNG 产业链中的重要设备,应用非常广泛。

二、低温输送泵结构及工作原理

1. 低温泵的工作原理

　　低温泵属于低温潜液泵,是一种在低温环境下使用的高速离心式液体泵,它的叶轮工作在液面以下。当电动机带动叶轮旋转时,叶轮对低温介质做功,介质从叶轮中获得了压力能和速度能。当介质流经导流器时,部分速度能将转变为静压力能。介质自叶轮抛出时,叶轮中心成为低压区,与吸入液面的压力形成压力差,于是液体不断地被吸入,并以一定的压力排出。

2. 低温泵的结构及特点

低温泵的结构如图 4-7 所示,为多级离心泵,属于全浸润型泵。低温泵主要由导流器、扩散器、叶轮、电动机、主轴、轴承、推力自平衡机构(Thrust Equalist Mechanism,TEM)、振动监测器、低温电缆等组成。低温泵的安全保护系统要求非常高,常用的有振动监测系统、电流过载保护系统、低电流保护系统、氮气密封保护系统、低流量报警系统、低压力报警系统等。LNG 储罐用低压泵还有吊缆和底阀等,增压用高压泵没有吊缆和底阀,但级数较多。

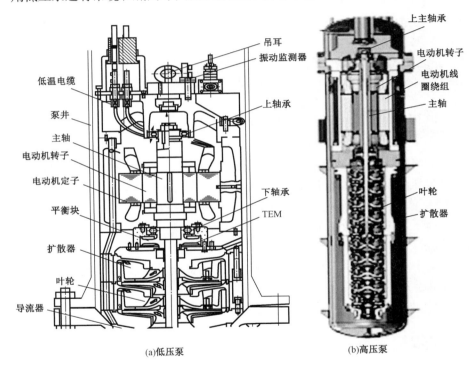

(a)低压泵 (b)高压泵

图 4-7 低温泵结构示意图

1)电动机与电缆

潜液式 LNG 低温泵与传统泵不同,其动力电缆需要特殊设计并采用可靠的材料,使其耐低温,不易老化变形,柔韧性好,且还要求具有良好的绝缘性,在 -200℃ 条件下仍保持弹性。电缆采用聚酯带与聚乙烯复合纸作为绝缘层。

由于电动机浸没在 LNG 中,被其所输送的低温流体直接冷却,因此冷却效果好,电动机效率高,也没有潮湿和腐蚀的影响,其绝缘不会因温度升高而恶化。潜液式 LNG 低温泵的电动机转矩与普通泵的电动机有所不同,在低温状态下,其转矩会有较大降低。同样功率的电动机从启动到加速至全速运转,由于电阻和磁力特性的变化使得低温下电动机的电力特性发生改变,因而在低温环境下转矩有较大的降低。若电压降低,启动转矩也会随之大幅降低。

2)电气连接处的密封

电气连接处的密封装置是影响潜液式 LNG 低温泵安全性的关键之一。使用陶瓷体密封端子和双头密封结构可以使电气连接端耐高压和低温,保证其可靠性。泵的所有密封装置采用特殊焊接技术。气体密封两端接线柱采用串联方式,串联部分中间空腔内充有氮气,两边密封,气体无法通过。密封空腔内的氮气压力低于泵内压力,高于环境压力,这样,任何一侧泄漏都可以探测到。

3)潜液式 LNG 低温泵的平衡

潜液式 LNG 低温泵的平衡非常重要,直接影响轴承的使用寿命和泵的大修周期。泵的平衡主要受到径向载荷和轴向载荷的影响。

(1)径向力平衡。

径向力的不平衡会缩短轴承的寿命,因此,在设计潜液式 LNG 低温泵时要考虑流体和机械方面由于力的不平衡所产生的负面影响,尽可能地消除非平衡力。低温下的 LNG 从叶轮中流出后进入轴向的扩散器,扩散器在其流量范围下具有良好的水力对称性。传统泵依靠一个涡形扩散器,不同流量下其径向载荷是变化的。相对于传统涡轮泵,潜液式 LNG 低温泵作用于叶轮上的径向力理论上为零。

(2)轴向推力自平衡。

为使轴向力达到平衡,减少轴向推力载荷,部分潜液式 LNG 低温泵(如日本 Nikkiso 泵)设计了一套推力自平衡机构,使轴向推力为零。Nikkiso 低温泵的推力自平衡机构可以自动调节压力,从而使推力为零。这是通过一个可变的轴向节流装置来实现的,改变可变节流间隙的开度可以调节平衡鼓上的压力。当出口压力增大至与平衡鼓下方的反作用力相等时,达到平衡状态。

4)导流器

潜液式 LNG 低温泵的入口处通常设有导流管,允许液体可以在较低的压力和液位下运转,并可以消除"死穴",减少吸入口的流体阻力,保持其运转的稳定性。同时也可以改善水力特性,降低泵对净吸入压头的要求,防止在泵的吸入口产生气蚀。

三、低温输送泵选型

低温输送泵的选型,主要考虑低温介质的特性和参数,泵的机械特性,泵的类型,泵的安装要求、操作要求、维护要求、环境要求以及经济性等。

1. 低温介质的特性和参数

(1)流量是选泵的重要性能数据之一,它直接关系到整个装置的生产能力和输送能力。如工艺设计中能算出泵正常、最小、最大三种流量。选择泵时,以最大流量为依据,兼顾正常流量,在没有最大流量时,通常可取正常流量的 $1.1 \sim 1.2$ 倍作为最大流量。

(2)装置系统所需的扬程是选泵的又一重要性能数据,一般要用放大 $5\% \sim 10\%$ 余量后的扬程来选型。

2. 机械特性

机械特性方面,要求可靠性高、噪声低、振动小。

3. 泵的类型

低温泵一般选用离心泵,离心泵具有转速高、体积小、重量轻、效率高、流量大、结构简单、输液无脉动、性能平稳、容易操作和维修方便等特点。

4. 操作上考虑

操作上考虑是频繁启停还是以连续长周期运转为主,维护工作量小、维护成本低为首选。

5. 经济上考虑

经济上要综合考虑设备采购费、运转安装费、维修费和管理费的总成本最低。

四、低温输送泵现场安装关键控制点

低压泵通常安装在储罐底部,每台泵设置一根竖向泵井,泵井与储罐底部设置底阀。当泵通过泵井上部吊装到泵井底部时,在重力作用下,将底阀打开,储罐空间与泵井连通。需要维修时,泵在泵井内被提起的过程中将失去在底阀上的重力,底阀在弹簧和储罐内静压力共同作用下将自动关闭,泵井被封住,LNG 无法进入泵井内部。泵井在泵安装时可起到导向作用,在检修时可将泵从泵井中取出,同时泵井也是泵的排出管,与储罐顶部排液管连通。

高压泵通常安装在单独的泵罐中,泵罐有地下安装和地上安装两种方式。地下安装占用整体空间小,再冷凝器安装高度低,但泵罐保冷复杂,漏冷处理成本高。地上安装泵罐保冷简单,漏冷易于处理,但整体占用空间大,再冷凝器安装位置高。高压泵有两种结构形式,一种是电动机和低温泵分体设计,通过长轴和联轴器连接,电动机为防爆电动机,安装在泵罐外面,低温泵在泵罐内,这种高压泵制造相对简单,但故障率较高;一种为一体式潜液泵,整体安装在泵罐内。后者较为常见。泵罐设置一条预冷管线从泵罐上部沿内壁插入底部,用于泵投用前的预冷和维护前的排净。

低温输送泵的现场安装,特别是低压输送泵的安装,安装过程复杂,技术难度大,同时要求记录下几个关键点的重量和位置数据。

1. 低温泵安装步骤

1)低压泵的安装

(1)假泵的试安装。

假泵是安装真泵前使用的替身,其外形尺寸和重量与真泵一样,试安装假泵的目的是,在低压泵首次安装时检验一下泵井是否垂直,是否有障碍物,防止真泵安装时被卡在泵井内。检查无误后提出假泵。

(2)底阀的安装。

底阀开箱后应检查内外表面,特别是底阀主密封面和泵座锥形密封面应无损坏。底阀安装时应注意底阀与泵井的同心度检查、紧固螺栓的上紧顺序和扭矩要求。

(3)泵体的安装。

泵体的安装示意图见图 4-8。

低压泵安装时准确检测泵到达位置与底阀开度的关系,才能在不损坏底阀

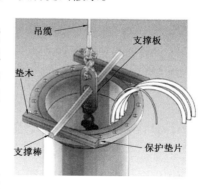

图 4-8　低压泵安装图

的同时有效地隔离 LNG。同时要做好记录,以便在以后的检修中参考。

2)高压泵的安装

高压泵的安装相对简单一些,高压泵安装在泵罐内,没有底阀,不需要假泵的试安装,但开箱检查内容与低压泵一样。泵体的安装时下放过程要缓慢、平稳,不要与管壁碰撞,电缆的连接和螺栓的紧固与低压泵一样。

2. 关键控制点

1)低压泵

(1)底阀打开前后的吊装操作要缓慢进行,实时观察秤盘示数的变化,准确记录重量和位置数据。

(2)泵安装完成后要进入储罐底部对泵井及底阀的打开情况进行核查,防止底阀因卡死而没有打开。

(3)在底阀刚刚开始打开,继续下放泵的同时,要通过 B 缆小幅度地旋转泵体,以此来避免泵的支腿抓住底阀的限位块而不能继续下放。

2)高压泵

(1)安装前对泵罐进行彻底的清洁和干燥。

(2)高压泵入口管线的清洁特别是焊渣的清除非常重要,防止焊渣等大、硬颗粒物进入泵罐对泵体部件造成伤害。

第三节 汽 化 器

汽化器是 LNG 接收站中的关键设备,是将 LNG 转换成天然气(NG)的热交换器,选择合适的汽化器将对接收站的成本及性能有着重要的影响。目前 LNG 接收站主要采用四种类型的汽化器,即开架式海水汽化器(ORV)、浸没燃烧式汽化器(SCV)、中间介质汽化器(IFV)、环境空气汽化器(AAF),以下重点介绍开架式海水汽化器、浸没燃烧式汽化器及中间介质汽化器。

一、开架式海水汽化器(ORV)

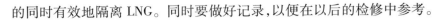

ORV 利用海水热量来汽化 LNG,海水通过海水分配管线从 ORV 水槽中部下端进入,经过环状除泡器等内部构件从管板两侧流下。LNG 经过高压

泵加压后,进入 ORV 的每一根换热管束中,LNG 从在换热管中由下向上流动,管束内装有螺旋核心,用来增加 LNG 的换热路径,使之得到充分汽化。

1. ORV 结构

ORV 组件示意图见图 4 – 9。

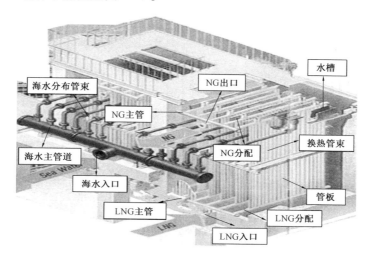

图 4 – 9　ORV 组件示意图

1）基础

ORV 基础是承载 ORV 的混凝土结构,一般包括 3 层:一层用于观察管板下端;二层用于查看海水分配管线和分配蝶阀;三层用于观察水槽的工作情况。相邻两台 ORV 的基础之间有一个海水池,从管板流下的海水汇集于此,然后从海水排水口排向大海。

2）LNG 分配管

分配管连接外部 LNG 管线并分配到每根主管。分配管上有 1 个过渡接头,由于外部 LNG 管线材质为 9% 镍钢,而 ORV 管线材质为铝材,所以将二者连接的过渡接头同时具备这两种特征。LNG 分配管示意图见图 4 – 10。

LNG 主管:主管是连接管板的管件,主管内有套管,套管上有喷水孔和排水孔,使 LNG 平均分配到每一根管束中的压力稳定,并稳定流量和流速,使 LNG 进行更好的汽化。LNG 主管示意图见图 4 – 11。

3）LNG 管板

管板是汽化 LNG 的部件,每一个模块包括 5 ~ 7 个管板,每个管板包括

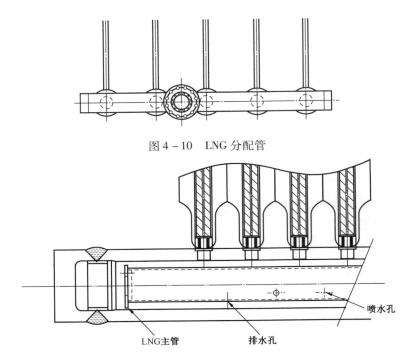

图 4-10　LNG 分配管

图 4-11　LNG 主管

约 80 根管束,每一根管束外表面有翅片,用以增大换热面积。为增大 LNG 的换热路径,在管束内部安装有螺旋核心。

4)海水水槽

每个模块根据管板数量配置海水水槽,水槽用来将海水均匀地分配到每块管板上。每个水槽的底部有 2 个排污孔,1 个进水孔。进水孔连接海水管线,进水孔上面有环形除泡器,有效防止海水产生泡沫。除泡器上安装有挡水板,防止海水喷溅,造成管板上海水的不均匀分布。

2. ORV 工作原理

ORV 一般采用铝合金支架固定安装。汽化器的基本单元是传热管,由若干传热管组成板状排列,两端与集气管或集液管焊接形成一个管板,再由若干个管板组成汽化器。LNG 从下部总管进入,在管束板内由下向上垂直流动,海水将热量传递给液化天然气,使其加热并汽化;汽化器顶部有海水喷淋装置,海水从管束板外自上而下喷淋,从上部进入后经分布器分配,成薄膜状均匀沿管束下降,使管内 LNG 受热汽化。工作原理示意图见图 4-12。

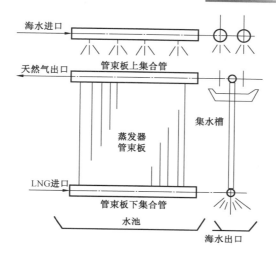

图 4 - 12　ORV 工作原理示意图

3. 安装关键控制点

1）安装面板歧管和水槽

面板歧管和水槽需要仔细地安装到混凝土结构中。它们之间的间隙为20mm。吊装结构的底板应该正确地固定在锚上。因为面板歧管与天然气输送管道钢结构之间的间隙非常小，提升时要特别注意。面板歧管和水槽安装示意图见图 4 - 13。

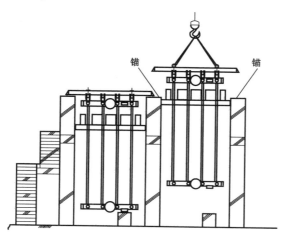

图 4 - 13　面板歧管和水槽安装示意图

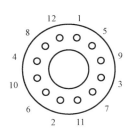

图 4 – 14　法兰紧固顺序

2）面板歧管和水槽最后调整

面板歧管安装好之后，需要通过紧固 U 形螺栓调整水平。调整完毕后应对应锚栓进行紧固，垫圈需要焊接到吊装结构上。

3）连接 LNG/NG 处理管道

LNG/NG 不锈钢法兰应该连接到铝法兰上。LNG/NG 歧管的处理管道在连接完毕后，应该进行绝热处理。法兰紧固顺序见图 4 – 14。

二、浸没燃烧式汽化器（SCV）

SCV 利用燃料气燃烧放热来加热水浴，LNG 吸收水浴热量汽化为 NG。

1. SCV 结构

SCV 主要由热交换器、燃烧器、下气管和喷气管、溢流堰、燃烧器控制管、下气管冷却水循环泵、助燃鼓风机、加碱系统等结构组成。

1）热交换器

热交换器是此系统的主要组件，由多根内径不锈钢管构成。热交换管弯成 U 形，焊接到集管出入口，见图 4 – 15。由于两个集管都位于管束的同一侧，管束的另一端是自由的，而且热交换管由滑动电木支撑，因此管束不会出现热延长和收缩现象。

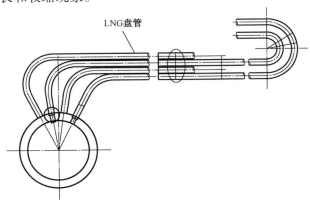

LNG盘管

图 4 – 15　U 形盘管

2）燃烧器

完全由金属组件构成,一般为预混合型燃烧器,在燃烧器的入口处带有空气分配阀,可以把助燃气分成主助燃气和辅助助燃气,以便实现具有最少一氧化碳和氮氧化物含量的稳定燃烧。

3）下气管和喷气管

燃料气体在流经下气管时会与助燃气充分完全燃烧,通过喷气管顶部的许多孔,燃气会注入热交换器下方的加热水中。燃烧气会加热水,并搅动加热水浴,使热交换器达到最高效率。

4）溢流堰

加热水池中水的体积逐渐增大。数量过剩一些可保持水池的水位高度。在汽化器工作时,水量过剩应为正常状态,为了保持水池中水位高度,多余的水会排放到水池溢流堰上方的排水坑里。

5）燃烧器控制管

燃料气的压力为 0.7MPa 左右,它的流速通过主燃料气管线上的温度控制阀控制在必要速度,以便保持水温恒定。在主燃料气管线上配备双截止阀、泄压阀,一般通过紫外线火焰探测器对点火燃烧器和主燃烧器里是否有火苗进行监视,配备有报警灯和警铃,指示火焰熄灭或者火焰检测器功能故障,并使汽化器跳车。

6）下气管冷却水循环泵

下气管的冷却水通过电动机泵在水池中进行循环,使用配备在下气管水冷套上的温度传感器测量下气管冷却水温度,水冷套输出水温超过"高"等级时,报警,如果出现"高高"等级,汽化器将跳车。

7）助燃鼓风机

鼓风机为燃烧、搅动水浴和冷却燃烧室提供空气。鼓风机的进气端设置网格状的过滤系统,过滤进入鼓风机的空气。过滤后的空气通过一个进气流量控制阀门到达叶轮,在叶轮的带动下给空气加压并送至燃烧器。

8）加碱系统

燃料气在燃烧过程中生成大量的 CO_2,CO_2 溶于水后形成碳酸,从而使水浴呈酸性。加之空气中还存在氮气和少量硫化物,在加热反应后会生成硝酸、亚硝酸和硫酸等酸性物质。水浴长时间处于酸性状态会导致管道的腐蚀,所以需要对水浴的 pH 值进行监控并将检测到的 pH 值作为控制依据来调节水浴的 pH 值,使其酸碱度稳定在中性范围。

2. SCV 工作原理

天然气管束置于水浴液位以下,燃烧器将燃烧后的烟气直接排入水浴中,引起水浴的剧烈扰动,燃气的放热量基本相当于 LNG 汽化所需的热量,水浴的温保持不变。由于燃气与水直接接触,燃气激烈地搅动水,使传热效率非常高。运用气提升的原理,可以在传热管外部获得激烈的循环水流。工作原理示意图见图 4-16。

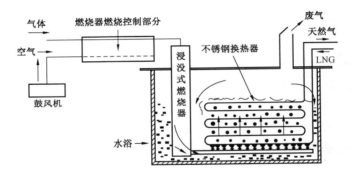

图 4-16　SCV 工作原理示意图

3. SCV 安装关键控制点

(1)临时安装水平下气管:为了进行后面的操作,临时把水平下气管安装到水池上。

(2)安装盖板:根据需要提高装配体调整吊线,以便把盖板调整水平,盖板安装到垫板上之后,检查水平并进行定位。

(3)灌浆作业:应用防缩砂浆进行灌浆,防缩砂浆应采用非铁屑型产品,其四周压缩强度应大于 $300kg/cm^2$。

三、中间介质汽化器(IFV)

中间介质汽化器实际上是将三组管壳式换热器叠加在一起,利用沸点很低的丙烷(沸点 -40℃)或者乙二醇—水溶液作为中间介质来汽化 LNG。

1. IFV 工作原理

IFV 工作时主要是利用海水加热丙烷,使丙烷汽化;汽化后的丙烷与低温 LNG 进行换热,丙烷被冷凝的同时 LNG 吸收热量汽化为 NG;NG 再与海水进行热交换,进一步被加热到需要的输出温度。

2. 流程描述

海水经海水泵升压后进入海水总管,然后通过海水入口管线的蝶阀进入 IFV。用海水流量调节阀开度控制进入 IFV 内海水的量,海水进入 IFV 后,流经 LNG 调温区后进入丙烷加热汽化区,与管程中的丙烷(通过丙烷泵将丙烷从丙烷储罐抽送至 IFV 内)进行热交换,丙烷被海水汽化成气体后进入 LNG 蒸发汽化区,海水温度降低;然后从蒸发汽化区出来的 NG 与调温区的海水进一步换热达到外输温度后,经计量系统计量外输。

来自低压泵和再冷凝器的 LNG 经高压泵升压后,经入口切断阀、紧急切断阀和流量调节阀后进入 LNG 蒸发汽化区,与来自丙烷加热汽化区管程的丙烷换热。丙烷气体在管道外凝结后流回丙烷加热汽化区管程。天然气被加热至约 −28℃ 后排至 LNG 调温区的管程,并由管程的海水加热至约 1℃,然后通过紧急切断阀、出口切断阀外输,海水则排至海水明渠后流入大海。同时,要求进出 IFV 的海水温差不超过 5℃。

四、汽化器的选型

用空气作热源的汽化器能力较小、占地面积较大,常用于小型卫星汽化站,不适合 LNG 接收站。中间介质汽化器、管壳式汽化器由于设备、流程较为复杂,投资和操作费用都比开架式汽化器高出很多,一般用于海水质量不能满足开架式汽化器要求及 LNG 冷能利用的场合。由于各种条件的制约,利用废热以及 LNG 冷能利用项目实现的 LNG 汽化量占接收站汽化量比例也很小,不适用 LNG 接收站。以海水作为热源的开架式汽化器是 LNG 接收站最常用的汽化器,开架式汽化器设备体积较大,但其优势在于设计简单、可靠性高、操作费用低、维修非常方便、运行中无废气产生。以燃料气作为热源的浸没燃烧式汽化器优点是操作灵活,可快速启动,并且能对负荷的突然变化作出反应,可以在 10% ~100% 的负荷范围内运行,因此非常适合于紧急情况或调峰时使用。

通常,在配置汽化器时,一般需要1~2种汽化器的组合,目前LNG接收站选择汽化器首先考虑开架式汽化器+浸没燃烧式汽化器的配置,因为开架式汽化器适合大处理量的接收站,且其运行成本较低;浸没燃烧式汽化器的运行成本虽相对较高,但其初期投资少、运行可靠。

五、国产化开架式汽化器的应用

近年来,LNG接收站在中国发展势头迅猛,但针对LNG接收站关键设备设计、制造的国内生产厂商少,有些设备的制造还是国内的空白点,这一现象造成设备采购费用高、订货周期长、售后服务无法保证等风险。为改变这一现状,京唐液化天然气有限公司根据国家能源局、中国石油天然气集团公司对于LNG项目国产化工作的统一要求,在国家能源局、机械工业联合会、中国石油天然气集团公司的支持和指导下,将LNG接收站的关键设备开架式汽化器作为国产化工作的重点突破口,共同开展ORV国产化工作。

从2011年11月双方签订技术协议书起,京唐液化天然气有限公司研发人员在研发的每个阶段就换热计算、换热管的设计制造成型、海水分布、强度分析、海水防腐等内容进行交流讨论。在国家能源局和中机联的组织下,邀请国内业界专家对换热计算、试验方案、整体技术方案进行深入探讨,为产品的最终制造打下坚实的理论基础。

历经三年多的时间,经过研发团队共同的努力,国产化开架式汽化器于2014年4月全部运至现场,2014年5月开始安装,2014年9月完成了现场安装,并由京唐液化天然气有限公司组织完成了现场工业性能试验。通过现场工业性能测试表明,国产ORV运行安全平稳,海水进出口温降小于5℃,LNG进出口压降小于0.2MPa,满足使用要求(图4−17、图4−18)。

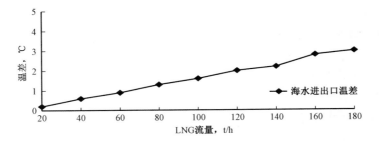

图4−17 国产化ORV海水进出口温差测试

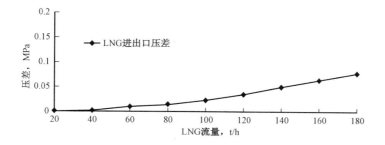

图 4-18　国产化 ORV 海水进出口压差测试

从 2014 年 10 月 18 日起至今,国产化开架式汽化器的海水进出口温降不超过 5℃,LNG 进出口压降未超过 0.2MPa,满足使用要求。在国产化 ORV 外观检查过程中,未发现翅片管扭曲、变形、涂层脱落等现象,运行状况良好,国内"首台套"国产 ORV 运行安全平稳,主要技术指标与进口产品不相上下,部分指标甚至优于进口产品,基本达到了国际一流水平。

第四节　蒸发气压缩机

一、BOG 压缩机简介

BOG 压缩机是 LNG 接收站 BOG 处理的关键设备,其作用是处理过量的 BOG(蒸发气),维持 LNG 储罐内压力的恒定。BOG 压缩机与普通压缩机直接的区别关键在于其压缩的介质不同。BOG 压缩机的介质主要特点:一是 BOG 压缩机处理的介质为天然气,其气体组成依气体的来源和开采方式不同而不同,主要成分甲烷为易燃易爆的危险气体,所以 BOG 压缩机的密封性尤为重要。二是 BOG 压缩机处理介质是液化天然气的挥发气,挥发气的温度很低,理论温度在 -163℃,实际可能会在 -140℃ 左右,由于介质的超低温,所以对压缩机的结构设计和材料选择提出较高的要求。

二、BOG 压缩机选型

BOG 压缩机在 LNG 接收站中主要使用的有离心式和往复式两种形式。由于液化天然气的挥发气的产生量随环境温度及装卸条件而有较大变化,而离心式压缩机对变工况条件适应性差,且价格昂贵;往复式压缩机有卸荷器等多种手段进行负荷调节,并且价格便宜,可采取多台并联操作,所以大多选用往复式压缩机作为 BOG 压缩机。

在实际的 LNG 工程运用中,低温往复无油压缩机主要有立式迷宫密封式和卧式对置平衡式两种。

立式迷宫密封活塞无油压缩机的迷宫密封属于非接触密封,它利用活塞与气缸间迷宫槽的流阻来实现密封。由于迷宫密封的采用,没有了摩阻,气缸与活塞等关键部件的材料选择更加灵活,压缩机在环境温度下可以直接启动而不需要预冷。气缸与活塞不直接接触,工作表面也就没有磨损,压缩机可以选择在较高的速度下运行。

卧式对置平衡式无油压缩机为活塞式,利用特殊材料的活塞环(如特氟龙活塞环)实现密封和无油润滑。卧式对置平衡式无油压缩机气缸与活塞支撑环和活塞环直接接触,为尽量减少磨损,压缩机一般在较低的运转速度下运行,但其动力平衡性能较好。

实际选型时,除满足工艺参数要求(进气压力、排气压力、进气温度、排气温度、排气量和介质等)外,还需要综合考虑效率、可靠性、价格等因素,运行成本也是需要考虑的因素之一。

三、BOG 压缩机结构及工作原理

现以立式迷宫密封活塞无油压缩机为例介绍其结构及工作原理。

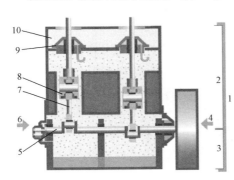

图 4 - 19　曲柄机构
1—曲轴箱;2—机架;3—底板;4—驱动端;
5—曲轴;6—非驱动端;7—连杆;8—十字头;
9—导向轴承;10—隔离段

1. BOG 压缩机结构

BOG 压缩机主要由曲柄机构、气缸组成。曲柄机构包括驱动端、非驱动端、曲轴箱、连杆、十字头、导向轴承、隔离段等。气缸是由活塞杆压盖、活塞杆、活塞和气阀等组成。其结构示意图见图 4 - 19和图 4 - 20。

2. BOG 压缩机工作原理

压缩机由电动机通过联轴器驱动,电动机转子直接带动压缩机

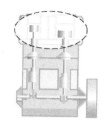
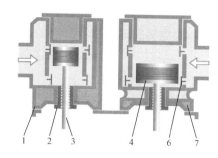

图 4 - 20　气缸

1—气缸;2—活塞杆压盖;3—活塞杆;5—迷宫活塞;6—气阀;7—热障

的曲轴旋转,然后由连杆和十字头将曲轴的旋转运动变成活塞的往复直线运动。压缩机气缸的上方和下方都有相应的工作腔。以活塞上方工作腔为例,当活塞由上方起点位置向下方运动时,上方容积变大,腔内残留气体膨胀,压力下降,与进气腔内压力产生压力差,当压力差大于吸气阀弹簧力时,吸气阀打开。随着活塞继续向下运动,将气体吸入缸内,活塞到达内止点时吸气完成。随后活塞由下向上运动,此时吸气阀关闭,随着活塞继续移动,缸内容积不断变小,已吸入的气体受到压缩,压力逐步增高。当压力高于排气腔内压力且压力差大于排气阀的弹簧力时,排气阀打开,缸内已被压缩的气体开始排出。当活塞返回到起始位置时,排气完毕。完成一个工作循环。活塞下方工作腔的工作原理与此相同,但不同点在于当上侧吸气时下侧排气,下侧排气时上侧吸气。由于不断往复运动,使气缸连续膨胀压缩,从而获得连续的气源。

四、BOG 压缩机现场安装关键控制点

现场安装 BOG 压缩机的控制点如下。

1. 安装前的清洁

保障零部件的清洁,特别如活塞、气缸等密封处。不洁净的零件很有可能会影响压缩机的密封,从而影响压缩效率,运行时对零件本身会造成磨损,导致振动异常。

2. 安装前的保护

安装前零件需要有专门的防护措施,防止受到环境的影响。

3. 安装调平

曲柄机构与地基固定时,要注意调平,水平仪精度必须精确至0.2mm/m,压缩机偏差不准超过0.1mm/m,并确保所有调整螺钉载重均匀。

4. 酸洗

相关未经过初步清洗的管道部件需要进行酸洗,酸洗时要注意管线的放置,不要使气体在管线内部聚集。

第五节 再冷凝器

LNG 由于特殊的储存条件,在 LNG 接收站运行过程中会不可避免地产生蒸发气。再冷凝器用于冷凝 LNG 接收站在运行过程中产生的蒸发气,其是 LNG 接收站运行控制的核心,关系到整个接收站的平稳运行。

LNG 在常压、-160℃的温度下储存,不可避免的环境漏热使得 LNG 接收站的储罐、设备、管线内产生大量 BOG(蒸发气)。目前 LNG 接收站 BOG 的处理工艺大致可分为直接加压至高压输气管网和 BOG 再冷凝两种。由于气体比液体阶段加压需要更多能量,因此大部分接收站采用的是 BOG 再冷凝工艺。再冷凝工艺的主要设备是 BOG 压缩机和再冷凝器。

再冷凝器主要有两个功能:(1)提供足够的 BOG 与 LNG 接触空间,并保证足够的接触时间,利用过冷的 LNG 将 BOG 再冷凝。(2)作为 LNG 高压泵的入口缓冲罐,保证高压泵的入口压力。再冷凝器的液位和压力的稳定是 BOG 处理系统操作稳定的关键。

一、结构形式

1. 单壳单罐

单壳单罐内部构件主要有破涡器、拉西环填料层、液体分布器、气体分布盘、液体折流板、气体折流板、填料支撑板、闪蒸盘,见图4-21。其中液体分布器、气体分布盘主要是为了增大 BOG 和 LNG 的接触面积,提高冷凝效果。液体分布器共有两组,一组有 4 个喷嘴。

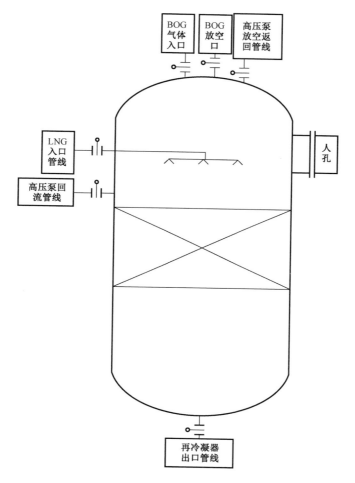

图 4-21　单壳单罐结构简图

2. 双壳双罐

双壳双罐内部构造主要为填料层、气升管、密封盘、液体分布器、环隙空间等。再冷凝器内罐与外罐的顶部隔离,底部相通,内部约有直径为 38mm 的小孔 237 个,直径为 7.6cm 的气升管 40 个。为了增大 BOG 和 LNG 的接触面积和接触时间,其填料采用了鲍尔环、拉西环和规整填料,结构简图见图 4-22。

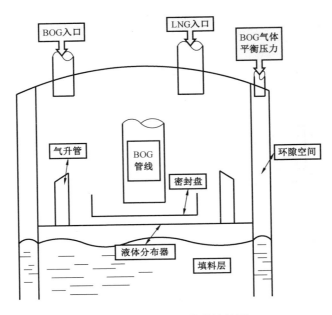

图 4-22　双壳双罐结构简图

二、工作原理

1. 单壳单罐再冷凝器工作原理

BOG 从再冷凝器的顶部与从再冷凝器上部进入的 LNG 同时进入再冷凝器的填料层进行直接接触冷凝液化,进入再冷凝器的 LNG 流量则基于 BOG 的流量、压力、温度和再冷凝器的出口压力,根据计算公式进行计算调节控制。在实际操作过程中,进入再冷凝器的 BOG 量以维持定量为原则,用于液化 BOG 的 LNG 流量则按一定比例与 BOG 混合,以控制再冷凝器的液位和保持高压泵入口压力的稳定。在正常操作工况下,再冷凝器的操作压力由再冷凝器出口管线的压力控制器的设定值决定,主要通过再冷凝器旁路的压力控制阀控制再冷凝器的压力,调节进入高压泵的 LNG 流量,确保高压泵入口的压力,避免高压泵的气蚀现象发生。同时 BOG 压缩机的负荷控制、再冷凝器的补气阀和放空阀辅助控制再冷凝器的压力及液位。

2. 双壳双罐再冷凝器工作原理

从 BOG 压缩机来的 BOG 一部分进入内罐被冷凝,另一部分进入环隙空间来控制再冷凝器的压力。再冷凝器内罐的液位、压力、温度通过低选得到的值来控制去内罐被冷凝这一路的控制阀的开度,进而控制去冷凝的 BOG 量。去环隙空间的 BOG 量由该路的一个控制阀控制,根据在环隙空间测得的压力控制阀门的开度。当从 BOG 压缩机来的 BOG 压力太低时,高压补气阀会打开补充气体;当环隙空间内压力太高时,去 BOG 总管的放空阀会打开。进入再冷凝器的 LNG 量直接由再冷凝器的液位控制,根据再冷凝器液位的高低调节该路上的控制阀的开度。

三、安装关键控制点

1. 安装流程

再冷凝器安装流程见图 4-23。

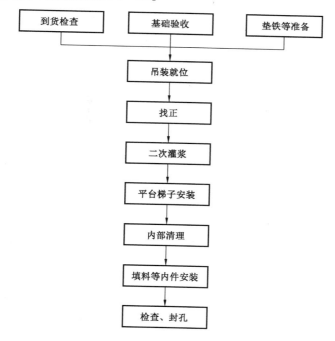

图 4-23　再冷凝器安装流程图

2. 安装质量控制点

（1）设备的找正用调整垫铁来进行，且在同一平面内互成直角的两个方向进行，设备找正的测点在下列部位选择：主法兰口；水平或铅垂的轮廓面；指定的基准面或加工面。

（2）由于再冷凝器高度为 14.15m，在进行铅垂度的调整和测量工作时，要避免在一侧受阳光照射及风力大于 4 级的条件下进行。

再冷凝器安装质量标准应符合表 4-1 的要求。

表 4-1　再冷凝器安装质量标准

检查项目	允许偏差（mm）	检验方法
中心线位置	$5(D \leqslant 2000)$；$10(D > 2000)$	用吊线坠、经纬仪、钢尺检查
标高	± 5	
铅垂度	$H/1000$ 但不超过 30	
方位	沿底座环圆周测量：$10(D \leqslant 2000)$；$15(D > 2000)$	

第六节　装　车　橇

一、装车橇简介

由于 LNG 接收站建设的周期原因，通常留给供货厂家很短的现场安装施工时间，为了在短时间内完成现场安装任务，现在通行的办法是橇装模式，即将工艺管线、鹤管、阀门、仪表、附属设备以及装车控制系统等集成在一个整体的钢结构平台上，只预留现场对接工艺管线接口、通信接口和电源电缆接口。在工厂进行内部详细设计和生产，并在工厂进行低温测试和调试，可与现场的基建施工同时进行，可减少天气、环境等其他因素干扰。这个整体集成的部分即为装车橇。

二、装车橇结构及工作原理

槽车装车站工艺系统包括装车台位、卸料臂、LNG 收集罐和 LNG 泄漏收集池。低温液态 LNG 由 LNG 接收站内 LNG 储罐内的低压输送泵抽出后进入 LNG 总管,大部分 LNG 去再冷凝器、汽化器等送出系统,少部分 LNG 经低温管线输送到槽车装车站,通过卸料臂装入 LNG 槽车,同时槽车内的气体经气相臂返回,汇总后接入 BOG 总管,经过压缩后再冷凝成 LNG。为了保持装车管线的低温状态,每条装车线设置了 LNG 保冷循环管线,在不装车时对管线循环保冷;每个车位除卸料臂、气相返回臂以外,还配备了氮气吹扫系统,装车前后对卸料臂进行置换和吹扫。装车橇配套管线示意图见图 4 - 24。

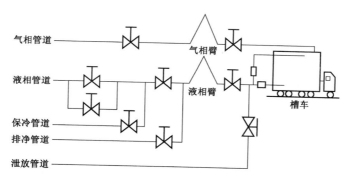

图 4 - 24　装车橇配套管线示意图

　　控制室/地衡室通常要设置两台管理计算机,一台是装车管理机,一台是装车控制机,装车控制机通过通信与橇装站上的批量控制仪连接,对控制仪进行集中控制和管理,主要实现监控装车过程,记录装车数据,进行统计、汇总,并设置控制仪的参数等功能。装车管理机和地衡连接,主要用于客户信息的录入,过皮重和毛重,设定预装车量,并把以上信息在管理计算机形成一条客户记录,自动分配客户记录序号,把客户记录写入数据库,打印提货单等。

　　LNG 卸料臂由立柱、LNG 管线(液相臂)、NG 管线(气相臂)、旋转接头氮气润滑系统、氮气置换系统及静电接地系统等构成。LNG 卸料臂的气相臂、液相臂安装在同一个立柱上。气相臂、液相臂结构类似,可独立操作。立柱用于支撑气相臂和液相臂,可以使卸料臂接口处所受的载荷减到最小,并可以最大限度地减少卸料臂对工艺管线产生的扭矩和载荷。卸料臂和工艺管线的连接部分采用法兰连接。内臂可在水平面上进行回转运动,外臂可在水平及垂直面上进行回转运动并使用压缩弹簧组来平衡外臂和垂管等产生的力矩,从而减轻外臂上、下俯仰运动时所需的人力。其中液相管线连接液相臂,气相管线连接气相臂,而液相臂、气相臂则通过法兰及螺栓与槽车上的液相接口、气相接口连接,从而实现液相进液、气相返气相的装车工艺流程。

三、装车橇选型

目前,国际上的装车橇供应商主要有两家。其中法国多年从事 LNG 相关设备的制造,其生产的 LNG 装车橇具有结构紧凑、轻便、使用方便等特点,旋转接头采用双重密封系统设计,可避免滚珠与旋转接头间的磨损。日本产品与法国产品相比机械结构基本相同,但在配重模式和逻辑控制上有自己的特色。目前中国有两家以上的公司通过国产化技术攻关,基本掌握了此项技术。

四、装车橇现场安装控制点

LNG 槽车装车橇设备的安装过程具有技术要求高、综合性强、风险因素多等特点,因此,必须加强设备整个安装过程的施工管理。

1. 设备安装施工程序

卸料臂施工流程见图 4-25。

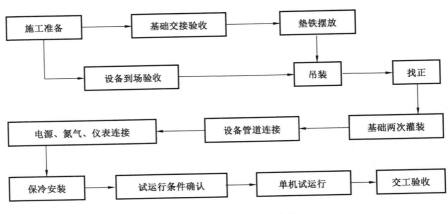

图 4-25　卸料臂施工流程

2. 装车橇安装施工控制点

（1）垫铁直接放置在基础上，与基础接触应均匀，其接触面积应不小于50%；斜垫铁需配对使用。与平垫铁组成垫铁组时，一般不超过四层。垫铁组高度一般为 30~70mm。

（2）装车橇安装找正、找平时，整体安装的装车橇，应以进出口法兰面或其他水平加工基准面为基准进行找平。水平度允许偏差：纵向为 0.05mm/m；横向为 0.10mm/m。

（3）地脚螺栓安装应垂直无歪斜。地脚螺栓上的任一部位与孔壁的距离不得小于 15mm。螺母与垫圈、垫圈与底座的接触均应良好。螺母拧紧后，螺栓必需露出螺母 2~3 个螺距。

第七节 海 水 泵

一、海水泵简介

海水泵在 LNG 接收站工艺中的作用是输送海水至开架式汽化器（Open Rack Vaporizer，ORV），汽化器利用海水中的热量将液态天然气汽化为常温状态，供下游客户使用。海水泵房通常布置在海水取水泵房内；泵的进口要低于最低海水水位 3~4m。

二、海水泵结构及工作原理

海水泵的结构形式为立式长轴泵，采用耐海水腐蚀的材料，属于 API610 标准中 VS1 基本泵型，叶轮级数为单级或多级。泵的进口滤网位置通常低于正常海平面 5m 左右。

海水泵是竖轴驱动，壳体是扩散碗形。泵轴之间通过联轴器连接。可更换的耐磨环分别配备在叶轮和壳体上。水力轴向推力和转子重量由泵轴承支撑。该轴密封形式是无石棉的压盖填料密封。电动机是安装在独立的钢结构电动机座上的，通过油脂润滑的齿轮式联轴器连接在泵上。海水通过海水泵入口后，经过叶轮加压，经过排出口进入海水总管，供 ORV 使用。同时海水泵有一套冷却系统，对泵填料函和推力轴承部件进行冷却。海水泵结构及工作原理见图 4-26，冷却水工艺流程见图 4-27。

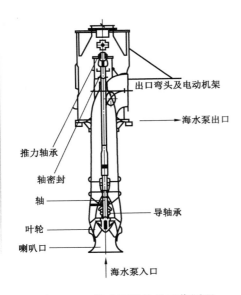

图 4-26　海水泵结构及工作原理

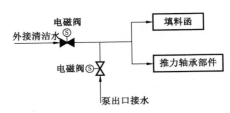

图 4-27　冷却水工艺流程

三、海水泵选型

海水泵在 LNG 系统中承担重要的功能,其安全可靠性是首要考虑因素。目前油气领域的离心泵产品普遍遵循的设计、生产制造标准为美国石油学会 API610 及其衍生的各个国家/行业标准。在我国石化离心泵产品中,企业能够参考的标准有 GB/T 3215—2007《石油、重化学和天然气工业用离心泵》、SH/T 3139—2011《石油化工重载荷离心泵工程技术规范》、SH/T 3140—2011《石油化工中、轻载荷离心泵工程技术规范》、GB/T 16907—2014《离心泵技术条件(Ⅰ类)》、GB/T 5656—2008《离心泵技术条件(Ⅱ类)》和 GB/T 3216—2016《回转动力泵　水力性能验收试验　1 级、2 级和 3 级》等标准。对于 LNG 项目的海水泵,我国应选择 GB/T 3215—2007 作为执行标准,精心组织产品设计、质量管理体系以及生产制造、检测试验等系统性工作;同时可以参考国外产品的技术资料或产品进行逆向工程分析,消化吸收先进的技术。海水泵的另一项关键技术为材质选择,除了电动机架结构为碳素结构钢外,其他部件的金属材料均采用双相不锈钢或超级双相不锈钢。滤网、进水口、叶轮、导叶体、泵轴以及扬水管等大型部件的材质化学成分虽相同,但由于制造工艺差异,各部件所对应的双相不锈钢材质类别也不相同,如双相不锈钢 2205 即 CD4MCu,对应于美国材料试验协会的牌号有 ASTMA240、A276、A283、A479 和 A890 等。海水泵的滤网可采用线材 A240 焊接而成,泵轴采用棒材 A479 制成,扬水管采用板材 A276 焊接而成,叶轮、导叶体等采用 A890 铸造而成。对于小部件,如螺栓、螺母和垫片也都采用双相不锈钢材质。克服材料的因素外,海水泵的工艺也是关键技术之一。例如,叶轮的工艺环节包括化学成分分析、热处理、力学测试、射线检测、着色渗透以及动平衡等,每个环节要保留详细的技术资料。对于滤网、扬水管和出水弯管等部件,主要考虑焊接工艺,如预热温度控制、焊缝处理、焊后热应力消退以及加工过程中消除残余应力等。

制约海水泵质量的主要因素有水力模型、过流材质、铸造技术、加工技术、装配技术、检验/测试精度等。

一般海水泵的转速均较低。理论上讲,功率等于力与速度的乘积,转速越低,需要的提升力越大,需要更大的叶轮来实现,意味着需要的钢材多、加工难度大,换句话说,泵的成本会增加,泵的稳定性会增强;反过来讲,高的泵转速意味着材料成本的降低,然而高转速需要高的加工精度、高的装配精度,泵的稳定性也面临挑战。中国已建的 LNG 项目中,海水泵主要由意大利、日本等国公司所垄断。2013 年,首台国产海水泵在唐山 LNG 项目中进行调试运行,开创了海水泵的国产化实践之路。国内一些泵业公司开始重视 LNG 项目中海水泵产品的研发和国产化研究,取得了较好的效果。

四、海水泵现场安装关键控制点

1. 海水泵安装

海水泵安装步骤如图 4 - 28 所示。

2. 安装控制点

(1)当起吊重件时,请在钢丝绳与部件之间加放软垫,以保证油漆涂层与机械加工表面不被钢丝绳破坏,并注意不要用吊机过快地起吊和降落零部件。

(2)移除每个泵零部件上的布罩并清洗掉在运输过程中为了防锈而涂的防锈层,在组装前用油洗净。用压缩空气将螺孔部位的杂质吹扫干净。

(3)在安装期间直到泵开始运行前,要注意保护每个部件,防止其生锈。

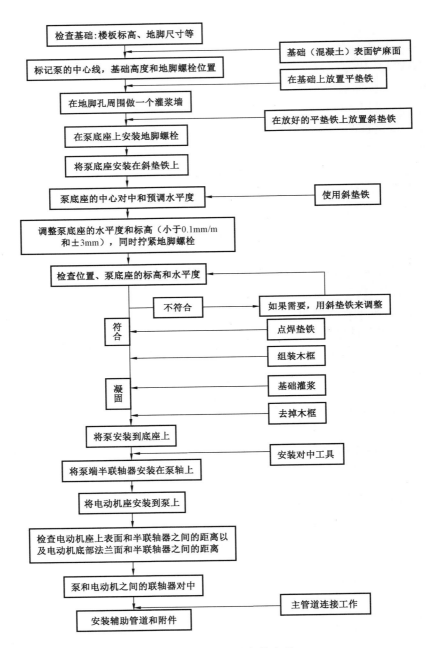

图 4-28 海水泵安装流程

第八节　阀　门

一、阀门选型

LNG 接收站阀门种类很多,有闸阀、截止阀、止回阀、球阀、蝶阀、安全阀等。针对不同的管道输送工艺介质要求、不同的输送压力及温度,选择不同的阀门。

1. 阀门类型

1)闸阀

闸阀(gate valve)的启闭件是闸板,闸板的运动方向与流体方向垂直,闸阀只能作全开和全关,不能作调节和节流。闸阀是适用很广的一种阀门,一般 DN≥50mm 的切断装置都选用它,有时口径很小的切断装置也选用闸阀。闸阀有以下优点:

(1)流体阻力小。

(2)开闭所需外力较小。

(3)介质的流向不受限制。

(4)全开时,密封面受工作介质的冲蚀比截止阀小。

(5)体形比较简单,铸造工艺性较好。

闸阀不足如下:

(1)外形尺寸和开启高度都较大。安装所需空间较大。

(2)开闭过程中,密封面间有相对摩擦,容易引起擦伤现象。

(3)闸阀一般都有两个密封面,给加工、研磨和维修增加一些困难。

闸阀按照其阀板的构造可分为平行式闸阀和楔式闸阀。

平行式闸阀的密封面与垂直中心线平行,即两个密封面互相平行。在平行式闸阀中,以带推力楔块的结构最常为常见,既在两闸板中间有双面推力楔块,这种闸阀适用于低压中小口径(DN40～300mm)闸阀。也有在两闸板间带有弹簧的,弹簧能产生预紧力,有利于闸板的密封。

楔式闸阀的密封面与垂直中心线成某种角度,即两个密封面成楔形。密封面的倾斜角度一般有 2°52′,3°30′,5°,8°,10°等,角度的大小主要取决于介质温度的高低。一般工作温度越高,所取角度应越大,以减小温度变化

时发生楔住的可能性。

在楔式闸阀中，又有单闸板、双闸板和弹性闸板之分。单闸板楔式闸阀结构简单、使用可靠，但对密封面角度的精度要求较高，加工和维修较困难，温度变化时楔住的可能性很大。双闸板楔式闸阀在水和蒸气介质管路中使用较多。它的优点是对密封面角度的精度要求较低，温度变化不易引起楔住的现象，密封面磨损时，可以加垫片补偿。但这种结构零件较多，在黏性介质中易黏结，影响密封。更主要的是上、下挡板长期使用易产生锈蚀，闸板容易脱落。弹性闸板楔式闸阀具有单闸板楔式闸阀结构简单、使用可靠的优点，又能产生微量的弹性变形弥补密封面角度加工过程中产生的偏差，改善工艺性，现已被大量采用。

2）截止阀

截止阀（stop valve）的启闭件是塞形的阀瓣，密封面呈平面或锥面，阀瓣沿流体的中心线做直线运动。这种类型的阀门非常适合作为切断或调节以及节流用。

截止阀有以下优点：

（1）在开闭过程中密封面的摩擦力比闸阀小，耐磨。

（2）开启高度小。

（3）通常只有一个密封面，制造工艺好，便于维修。

截止阀使用较为普遍，但由于开闭力矩较大，结构长度较长，一般公称通径都限制在 DN≤200mm。截止阀的流体阻力损失较大，因而限制了截止阀更广泛的使用。

截止阀的种类很多，一般会根据阀杆上螺纹的位置分为上螺纹阀杆截止阀和下螺纹阀杆截止阀。

上螺纹阀杆截止阀阀杆的螺纹在阀体的外面。其优点是阀杆不受介质侵蚀，便于润滑，此种结构采用比较普遍。

下螺纹阀杆截止阀阀杆的螺纹在阀体内。这种结构阀杆螺纹与介质直接接触，易受侵蚀，并无法润滑。此种结构用于小口径和温度不高的地方。

根据截止阀的通道方向，又可分为直通式截止阀、角式截止阀和三通式截止阀，后两种截止阀通常做改变介质流向和分配介质用。

3）止回阀

止回阀（one–way valve）又称单向阀或逆止阀，其作用是防止管路中的介质倒流。启闭件靠介质流动和力量自行开启或关闭，以防止介质倒流。

止回阀按照其结构可分为升降式止回阀、旋启式止回阀、蝶式止回阀、管道式止回阀。

（1）升降式止回阀:阀瓣沿着阀体垂直中心线滑动的止回阀。升降式止回阀只能安装在水平管道上,在高压小口径止回阀上阀瓣可采用圆球。升降式止回阀的阀体形状与截止阀一样(可与截止阀通用),因此它的流体阻力系数较大。

（2）旋启式止回阀:阀瓣围绕阀座外的销轴旋转的止回阀。旋启式止回阀应用较为普遍。

（3）蝶式止回阀:阀瓣围绕阀座内的销轴旋转的止回阀。蝶式止回阀结构简单,只能安装在水平管道上,密封性较差。

（4）管道式止回阀:阀瓣沿着阀体中心线滑动的阀门。管道式止回阀是新出现的一种阀门,它的体积小、重量较轻、加工工艺性好,是止回阀发展方向之一,但流体阻力系数比旋启式止回阀略大。

4）球阀

球阀(ball valve)是启闭件(球体)由阀杆带动,并绕阀杆的轴线做旋转运动的阀门,主要用于截断或接通管路中的介质,也可用于流体的调节与控制。

球阀是近年来被广泛采用的一种新型阀门,它具有以下优点:

（1）流体阻力小,其阻力系数与同长度的管段相等。

（2）结构简单、体积小、重量轻。

（3）紧密可靠。目前球阀的密封面材料广泛使用塑料,密封性好,在真空系统中也已广泛使用。

（4）操作方便,开闭迅速,从全开到全关只要旋转90°,便于远距离的控制。

（5）维修方便。球阀结构简单,密封圈一般都是活动的,拆卸、更换都比较方便。

（6）在全开或全闭时,球体和阀座的密封面与介质隔离,介质通过时,不会引起阀门密封面的侵蚀。

（7）适用范围广,通径从小到几毫米,大到几米,从高真空至高压力都可应用。

球阀按其结构形式可分为浮动球球阀、固定球球阀、弹性球球阀

浮动球球阀的球体是浮动的,在介质压力作用下,球体能产生一定的位

移并紧压在出口端的密封面上,保证出口端密封。浮动球球阀的结构简单,密封性好,但球体承受工作介质的载荷全部传给了出口密封圈,因此要考虑密封圈材料能否经受得住球体介质的工作载荷。这种结构,广泛用于中低压球阀。

固定球球阀的球体是固定的,受压后不产生移动。固定球球阀都带有浮动阀座,受介质压力后,阀座产生移动,使密封圈紧压在球体上,以保证密封。通常在球体的上、下轴上装有轴承,操作扭距小,适用于高压和大口径的阀门。为了减小球阀的操作扭矩和增加密封的可靠程度,近年来又出现了油封球阀,即在密封面间压注特制的润滑油,以形成一层油膜,既增强了密封性,又减小了操作扭矩,更适用于高压大口径的球阀。

弹性球球阀的球体是弹性的。球体和阀座密封圈都采用金属材料制造,密封比压很大,依靠介质本身的压力已达不到密封的要求,必须施加外力。这种阀门适用于高温高压介质。

球阀按其通道位置可分为直通式、三通式和直角式。后两种球阀用于分配介质与改变介质的流向。

5)蝶阀

蝶阀(butterfly valve)是指关闭件(阀瓣或蝶板)为圆盘,围绕阀轴旋转来达到开启与关闭的一种阀,在管道上主要起切断和节流用。

蝶阀能输送和控制的介质有水、凝结水、循环水、污水、海水、空气、煤气、液态天然气、干燥粉末、泥浆、果浆及带悬浮物的混合物。

目前国产蝶阀参数如下:

公称压力:PN0.25~4.0MPa;

公称统径:DN100~3000mm;

工作温度:≤425℃。

蝶阀根据连接方式分为法兰式、对夹式;根据密封面材料分为软密封、硬密封;根据结构形式分为板式、斜板式、偏置板式、杠杆式。

蝶阀的特点如下:

(1)结构简单、外形尺寸小。由于结构紧凑、结构长度短、体积小、重量轻,适用于大口径的阀门。

(2)流体阻力小。全开时,阀座通道有效流通面积较大,因而流体阻力较小。

（3）启闭方便迅速,调节性能好,蝶板旋转90°既可完成启闭。通过改变蝶板的旋转角度可以分级控制流量。

（4）启闭力矩较小。由于转轴两侧蝶板受介质作用基本相等,而产生转矩的方向相反,因而启闭较省力。

（5）低压密封性能好。密封面材料一般采用橡胶、塑料、故密封性能好。受密封圈材料的限制,蝶阀的使用压力和工作温度范围较小,但硬密封蝶阀的使用压力和工作温度范围,都有了很大的提高。

6）安全阀

安全阀是防止介质压力超过规定数值起安全作用的阀门。在管路中,当介质工作压力超过规定数值时,安全阀便自动开启,排放出多余介质;而当工作压力恢复到规定值时,又自动关闭。

安全阀常用的术语如下:

（1）开启压力:当介质压力上升到规定压力数值时,阀瓣便自动开启,介质迅速喷出,此时阀门进口处压力称为开启压力。

（2）排放压力:阀瓣开启后,如设备管路中的介质压力继续上升,阀瓣应全开,排放额定的介质排量,这时阀门进口处的压力称为排放压力。

（3）关闭压力:安全阀开启,排出了部分介质后,设备管路中的压力逐渐降低,当降低到小于工作压力的预定值时,阀瓣关闭,开启高度为零,介质停止流出。这时阀门进口处的压力称为关闭压力,又称回坐压力。

（4）工作压力:设备正常工作时的介质压力称为工作压力。此时安全阀处于密封状态。

（5）排量:在排放介质阀瓣处于全开状态时,从阀门出口处测得的介质在单位时间内的排出量,称为阀的排量。

安全阀按照其结构可分为重锤（杠杆）式安全阀、弹簧式安全阀、脉冲式安全阀。

重锤（杠杆）式安全阀:用杠杆和重锤来平衡阀瓣的压力。重锤式安全阀靠移动重锤的位置或改变重锤的重量来调整压力。它的优点在于结构简单;缺点是比较笨重,回坐力低。这种结构的安全阀只能用于固定的设备上。

弹簧式安全阀:利用压缩弹簧的力来平衡阀瓣的压力并使之密封。弹簧式安全阀靠调节弹簧的压缩量来调整压力。它的优点在于比重锤式安全阀体积小、轻便,灵敏度高,安装位置不受严格限制;缺点是作用在阀杆上的力随弹簧变形而发生变化。同时,必须注意弹簧的隔热和散热问题。

脉冲式安全阀:脉冲式安全阀由主阀和辅阀组成。当管路中介质超过额定值时,辅阀首先动作带动主阀动作,排放出多余介质。脉冲式安全阀通常用于大口径管路上。

根据安全阀阀瓣最大开启高度与阀座通径之比,安全阀又可分为微启式、全启式。

微启式:阀瓣的开启高度为阀座通径的1/20～1/10。由于开启高度小,对这种阀的结构和几何形状要求不像全启式那样严格,设计、制造、维修和试验都比较方便,但效率较低。

全启式:阀瓣的开启高度为阀座通径的1/4～1/3。全启式安全阀是借助气体介质的膨胀冲力,使阀瓣达到足够的高度和排量。它利用阀瓣和阀座的上、下两个调节环,使排出的介质在阀瓣和上、下两个调节环之间形成一个压力区,使阀瓣上升到要求的开启高度和规定的回坐压力。此种结构灵敏度高,使用较多,但上、下调节环的位置难于调整,使用须仔细。

根据安全阀阀体构造,安全阀可分为全封闭式、半封闭式、敞开式。

全封闭式:排放介质时不向外泄漏,而全部通过排泄管放掉。

半封闭式:排放介质时,一部分通过排泄管排放,另一部分从阀盖与阀杆配合处向外泄漏。

敞开式:排放介质时,不引到外面,直接由阀瓣上方排泄。

2. 低温阀门特性

LNG的温度约为-162℃,属于超低温状态,因此作为LNG用的阀门必须在-162℃的时候能正常工作,并且必须要根据LNG的特性进行量身定做。对于低温阀门的设计、制造、实验等有以下特殊要求:

(1)阀门材料的选择。奥氏体不锈钢有以下四点特性,能满足LNG需求。

① 良好的耐低温性。

② 良好的焊接性能。

③ 低的热导率。

④ 良好的耐腐蚀性能。

奥氏体不锈钢的耐低温特性见表4-2。

表 4－2 奥氏体不锈钢最低适用温度

钢材牌号（美国）	钢材牌号（日本）	最低温度（℃）	
		JIS B8243	ANSI B31.3
CF8	SCS13A	−196	−254
CF8M	SCS14A	−196	−254
CF3	SCS19A	−196	−254
CF3M	SCS16A	−196	−254
CF8C	SCS21	−196	−198

（2）深冷处理。对于低温阀门，在加工完成后应进行深冷处理，主要目的是使材料预先进行马氏体转变，以保证在使用中的组织稳定性。而且要求所有的零部件在装配前或精磨前必须进行深冷处理，最少进行两次循环。

（3）阀杆要求。对于阀杆，要求必须整体锻造成型，阀杆与填料接触部位要进行渗氮处理，提高阀杆表面硬度，阀杆与填料接触部位要进行精磨，包面粗糙度要达到 $Ra0.8mm$ 以上。低温阀门阀杆示意图见图 4－29。

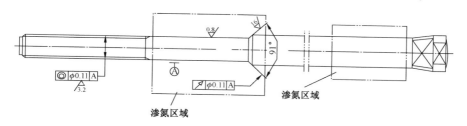

图 4－29 低温阀门阀杆

（4）阀门密封面。闸阀、截止阀的密封面堆焊硬质合金 STL，硬度要求大于 HRC38，在球体和阀座密封表面喷涂 WC 或镍铬合金，使表面硬度达到 HRC68－72 左右。密封面要进行研磨处理，使其表面粗糙度要达到 $Ra0.4\mu m$ 以上。

（5）防异常升压结构。对于球阀、闸阀等截止类阀门，关闭状态时存在着封闭的中腔，随着环境温度的逐渐提高，中腔内的低温液化天然气将随着温度的升高发生汽化，体积约增大 600 倍，压力会迅速增加，如压力无法排出将造成严重事故。因此，在设计时考虑当中腔压力升高时，阀门能自动将高压介质排放出去。

（6）防静电设计。基于 LNG 介质的易燃易爆特性，在设计 LNG 船用超低温阀门时,必须考虑防静电措施。尤其对非金属高分子材料阀座,有集聚静电的危险,静电能引起火花造成燃烧和爆炸。因此在设计时,应考虑在阀杆与阀体之间、阀杆与关闭件之间设置导通装置,从而引出静电,消除隐患。对金属密封的超低温阀门,可不设置导通装置,但在装配后应测量阀杆与阀体、关闭件与阀体之间的电阻值小于设计规范所规定的 10Ω。

(7)自动补偿填料。超低温阀门的阀杆通常采用填料密封形式。由于填料一般都是非金属材料,其线膨胀系数比金属填料函和阀杆大得多,因此在常温下装配的填料,降到一定温度后,其收缩量大于填料孔和阀杆的收缩量,会造成预紧压力减小,引起泄漏。因此,在设计填料压盖压紧结构时,应采用蝶型弹簧垫片进行预紧,使填料在低温时的预紧力能得到连续补偿,从而保证填料密封性长期有效。

3. 海水蝶阀特性

海水蝶阀包括阀体、阀座、密封圈、蝶板、压板、阀轴。密封圈通过压板用螺钉固定在蝶板上,阀座通过螺钉固定在阀体上。阀体、蝶板的材料为碳钢,表面涂覆耐蚀涂料,阀轴、阀座、压板的材质为双相钢。耐蚀涂料可以为陶瓷涂料,制造成本低,耐海水腐蚀性能可靠。

二、阀门安装关键控制点

(1)阀门安装位置不应妨碍设备、管道及阀门本身的拆卸和检修。阀门安装高度应方便操作、检修,一般以离操作面 1.2~1.5m 为宜。操作较频繁的阀门,当必须安装在距操作面 1.8m 以上时,应设置操作平台。

(2)安装在操作面以下时,应设置伸长杆。水平管道上的阀门、阀杆最好垂直向上或左右偏 45°水平安装,但不宜向下。垂直管道上的阀门、阀杆、手轮必须朝着操作巡回线方向安装。有条件时阀门尽可能集中。

(3)直通升降式止回阀只能装在水平管道上。立式升降式止回阀、旋启式止回阀可以装在水平管道上,也可装在介质由下向上流动的垂直管道上。

(4)管道上装螺纹连接的阀门时,在阀门附近一定要装活接头,以便拆卸。

(5)辅助系统管道进入车间应设置切断阀,当车间停车检修时,可与总管切断。这些阀门安装高度较高,应尽可能布置在一起,以便设置操作检修平台。

（6）高压阀门为角阀，且常为两只串联，开启时动力大，必须设置阀架以支承阀门和减少启动应力，其安装高度以 0.6～1.2m 为宜。

（7）衬里、喷涂及非金属材质阀门本身重量大、强度低，应尽可能做到集中布置，便于阀架设计，即使是单独一个阀门也应固定在阀架上。

（8）水平管路上安装重型阀门时，应考虑在阀门两侧装设支架。

三、安装注意事项

安装阀门时应注意如下事项：

（1）搬运阀门时不允许随手抛掷。堆放时，碳钢阀门同不锈钢阀门及有色金属阀门应分开。阀门吊装时，钢丝绳索应拴在阀体与阀盖的连接法兰处，切勿拴在手轮或阀杆上，以防损坏阀杆和手轮。

（2）明杆阀门不能直接埋地敷设，以防锈蚀阀杆，只能在有盖地沟内安装，阀门应安装在操作、检查、拆装、维修及操作方便的位置。

（3）阀门安装位置不应妨碍设备，安装高度应方便操作、维修，一般以阀门操作柄距地面 1～1.2m 为宜。操作较多的阀门，当必须安装在距操作面 1.8m 以上时，应设置固定的操作平台。当必须安装在操作面以上或以下时，应设置伸长杆或将阀杆水平安装，同时再装一个带有传动装置的手轮或远距离操作装置。阀门传动装置轴线的夹角不应大于30°，其接头应转动灵活，操作时灵便好用，指示准确。有热位移的阀门，传动装置应具有补偿措施。

（4）将阀门垂直向上或安装在上半圆范围内。水平管道最好将阀门垂直向上或将阀杆安装在上半圆范围内，但不得将阀杆朝下安装，垂直管道上的阀门、阀杆、手轮必须顺着操作巡回线方向安装。有条件时，阀门应尽可能集中安装，以便于操作。高于地面 4m 以上的塔区管道上的阀门，均不应设置在平台以外，以便于安装与操作。

（5）对于有方向性的阀门，安装时应根据管道的介质流向确定其安装方向，如安装截止阀时，应使介质自阀盘下面流向上面，俗称低进高出。安装旋塞阀、闸板阀时，允许介质从任一端流出。安装止回阀时，必须特别注意介质的流向，才能保证阀盘能自动开启，重要的场合还要在阀体外明显处标注箭头，指示介质流动方向。对于旋启式止回阀，应保证其插板的旋转枢轴装在水平位置。对于升降式止回阀，应保证阀盘中心线与水平面垂直。

第九节　管　道

一、管道选型

随着输送的介质、输送压力及温度的不同,选择的管道材料也不同。LNG 接收站输送介质比较简单,简单来说输送的介质包括氮气、空气、水、海水、LNG、NG,因此对应的管道材料的选择也有所不同。

(1)LNG 管线由于低温要求,选择奥氏体不锈钢 TP304/304L 双证钢材质。

(2)由于海水存在较强的腐蚀性,故在选择海水管线时,采用 GRE、GRV 或铜镍合金管线。

(3)由于 LNG 接收站靠近海边,公用工程管线采用不锈钢 TP304。

(4)污水系统及地下水系统采用 PPH 管。

(5)NG 管线,温度要求不是很高,采用低温碳钢材质 CC60、A333GR. 6。

二、管道安装关键控制点

1. 非金属管道安装要求

(1)非金属管道不应敷设在走道或容易受到撞击的地面上,应采用管沟、埋地或架空敷设。与其他管道敷设在一起时,应敷设在最下层,以防止泄漏腐蚀其他管道。

(2)非金属管道沿建筑物或构筑物敷设时,管外壁与建、构筑物间净距应不小于 150mm;与其他管道平行敷设时,管外壁之间净距应不小于 200mm;与其他管道交叉时,管外壁之间净距应不小于 150mm。

(3)非金属管道架空敷设时应牢固可靠,除直接埋地敷设者外,都必须用管夹将管道夹住。管夹与管之间应垫 3～5mm 厚的弹性衬垫。不要将管道夹得过紧,允许其能轴向移动。如果管道上装有伸缩器,在伸缩器两端的固定支架处才允许将管道夹紧。

(4)非金属管道架空水平敷设时,长度为 1.0～1.5m 的管子可用一个管夹,长度为 2m 及 2m 以上的管子须用两个管夹,装在离管端 200～300mm

处。垂直敷设时,每根管子都应有固定的管夹支撑;承插式管的管夹支撑在承口下面,法兰式管的管夹支撑在法兰下面。橡胶、软聚氯乙烯、聚乙烯等软性管在水平或垂直敷设时,都应每隔 1~1.5m 设置固定的管夹。

(5)石墨酚醛塑料、陶瓷、石墨、玻璃、玻璃钢增强的玻璃管等脆性管不要架在有强烈震动的建筑物或设备上。当这种管垂直敷设时,在离地面、楼面、操作台面2m 的范围内应设保护装置。

(6)非金属管道架空敷设时,在人行道上空不应设置法兰、阀门等连接点,以免泄漏发生人员伤害事故。如必须设置法兰等连接点时,要将法兰包在特制的盛装盒内以盛装泄漏出的物料,盛装盒应定期打开检查。

(7)非金属管道在穿墙或楼板时,墙壁或楼板穿管处应预埋一段钢管,钢管内径比非金属管外径大 100~200mm(当非金属管道采用法兰连接时,钢管内径比法兰外径大 40~60mm),钢管两端露出墙壁或楼板约100mm;两管间充填弹性填料。如穿过防火墙时,两管间应充填石棉或其他非燃烧性填料。

(8)非金属管道在阀门连接时,阀门应固定牢靠。在阀门的两端装柔性接头,避免在启闭阀门时损坏管道。与震动设备,如机泵等连接时,在设备与管道间要加装一段柔性接管。

(9)埋地敷设时,其埋设深度应根据管材强度、土壤性质、地下水位和土壤冰冻情况以及外部荷载等条件决定,在人行道下应大于400mm,车行道下应大于700mm。管外壁与沟壁间净距不大于200mm。

(10)非金属管道安装的水平偏差应不大于0.2%~0.3%,垂直偏差应不大于0.2%~0.5%,坡度可取0.3%。根据非金属管道管子材质、操作条件与安装地点,应考虑热伸长的补偿措施和保温防冻措施。

2. 不锈钢管道安装要求

(1)不锈钢管道安装时,注意不得直接用铁制工具敲击。

(2)不锈钢管道禁止焊接临时支、吊架,如必须采用临时支架时,需使用抱卡式结构并垫以隔离层予以隔离。

(3)不锈钢管道与碳钢支架之间垫入不锈钢或氯离子含量不超过25mg/kg 的非金属垫片。

(4)不锈钢管道堆放应与碳钢管道分开,不可直接放于地面上,用枕木垫起。

第五章 试运投产

本章介绍 LNG 接收站从准备到投产的全过程,并对过程中存在的突出问题或普遍存在的问题做案例分析。

第一节 试运投产前提条件

试运投产方案和程序需到相关政府主管部门备案,并获得有关批准,并高标准、严要求执行。

按照国内相关法律法规的要求,项目试运投产前应对以下条件逐项检查并对照落实。

一、接收站投产前的施工要求

LNG 接收站在试运投产前,应该具备机械完工及中交的条件,即按照与承包商签订的合同要求,完成全部工作量。工程质量经质量监督部门验收合格并办理完成交接手续。"三查四定"的问题整改消项完毕,遗留尾项已处理完。

二、接收站投产前的许可要求

在第一艘 LNG 运输船抵达 LNG 接收站前,以下备案或手续必须完全办理完毕。这也是投料试车的前提条件,体现"不安全不开车、手续不齐全不开车"的理念。

(1)自 2014 年新《中华人民共和国安全生产法》和《中华人民共和国环境保护法》实施后,LNG 接收站在试运投产前的,试生产方案需要在省级环境保护厅备案,应急预案需要在省级环境保护厅和省级安全生产监督管理局备案。

(2)在试运投产前,LNG 接收站还需要办理相关的施工手续、特种设备许可证、接收站的手续、码头港口手续。其中,施工手续办理包含土地使用证、施工使用证、建设用地规划许可证、建设工程规划许可证、海域验收的相关批复;特种设备许可证包含压力容器许可证、起重机械许可证、压力管道许可证、电梯使用许可证、厂内电瓶车行驶许可证、安全阀校验证明、计量橇标定证明、地衡标定证明、测量仪器标定证明等;接收站手续办理内容包括环境保护试生产申请审查批复意见、建设项目职业病防护竣工申请的备案意见、建设工程消防验收意见书、危险化学品经营许可证、口岸储存场地卫生许可证、海关监管场所注册登记证书、无线电使用频率申请书、防雷接地验收意见书等;码头、港口手续办理包含通航安全海事专项验收、港口经营许可证(试运行)、港口危险货物作业附证、港口设施保安符合证书、防污染专项验收、港口对外开放许可证、危险货物作业许可证、码头工程交工验收证书等。

三、船岸兼容性研究和尽职调查

1. 简介

试运投产、接卸首船的 LNG 接收站,按照行业惯例,须完成船岸兼容性(Ship Shore Compatability,SSC)研究和尽职调查(Dew Diligence Review,DDR)。

SSC 研究通常以船岸界面(Ship Shore Interface,SSI)会议的形式开展,码头方、船东和(或)租船方与会。SSI 会议对保证 LNG 船舶更加安全地航行、靠离泊接收站码头和进行货物转输至关重要。

为了确定船东或租船方的船是否可以在 LNG 码头安全地靠泊、离泊、装货、卸货,码头方须判断该船是否可被认定船岸兼容并同意上述操作。所以在进行 SSI 会议前,船岸双方及时将所有信息和材料进行交换,研究双方的兼容性是很有必要的。

DDR 是国外船东和(或)租船方在派遣船舶至卸货港前,对新合作的码头方进行的一项全方位的涉及管理、岸方设施、安全、应急处置等方面的调查工作,是船东和(或)租船方决定是否派船的必要条件。

2. SSI 的实施流程

靠泊 LNG 接收站码头的船舶,须完成 SSC 研究,该研究顺利通过之后,才可以在装货港装货。船岸匹配兼容性研究的一般程序如下：

（1）船岸双方交换信息；

（2）船岸双方进行匹配性研究；

（3）码头方就靠泊接收站的 LNG 船舶进行评价,对其存在的缺陷,码头方要求进行澄清并反馈,纠正缺陷。

船岸双方交换信息包括码头方向船方提供码头信息和船方向接收站提供船舶信息两个方面。

LNG 接收站应向船方提供以下基本信息:港口信息和接收站规章制度、船岸界面中岸方应提供的信息和接卸货期间码头发生应急情况的应急响应预案。

船方应根据 SIGTTO（国际气体船舶运营人协会）关于船岸兼容性研究指南的要求,向 LNG 接收站提供安全靠泊和作业所需要的船舶资料。

接收站在收集到船方提供的船舶资料后,指定专门的专业人员对相关信息进行逐一核对,从安全和技术操作等方面对码头和船舶是否兼容匹配进行评估,从而确定接收站是否可以接卸 LNG 船舶。

在完成船岸匹配分析后,船岸双方召开 SSI 会议,船东和（或）租船方、货主代表赴接收站现场检查船岸匹配的内容项并给出建议。除完成以上检查外,SSI 会议主要还包括:港口自然环境和通航环境情况;货物传输计量系统（CTMS）的条件和标准;卸货流程和关键点的讨论;卸货期间,码头安全和保安措施;引航和拖轮方案;码头照明、紧急撤离路线、电源、LNG 收集池、救生和急救设施情况;场区道路监管情况、码头溢油应急响应、码头作业人员 PPE（个人防护用品）穿戴情况等。船岸双方根据 SSI 内容逐项进行研究,最后综合得出 SSI 研究的结论,以确定 LNG 船是否可靠泊 LNG 接收站。

3. SSI 的关键控制点分析

通过对 SSI 流程分析,关键控制点包括但不限于以下项:

（1）泊位大小。以设计规模为 350×10^4 t/a 的典型 LNG 接收站为例,码头泊位全长 410m,可靠泊 80000 ~ 270000m³ 的 LNG 船舶,泊位最浅处水深 15.1m,可满足世界上最大 LNG 船舶满载吃水 12.5m 的要求,泊位设计涵盖了目前世界上主流 LNG 船舶的靠泊需求。

（2）卸料臂。LNG 接收站一般配备 5 个卸料臂,其中 3 个液相（L）臂,1 个气（V）相臂,1 个气（V）/液（L）相臂,卸料臂通过快速连接装置（QCDC）和船侧管汇相连。QCDC 的采用符合国际标准的 16in,该尺寸已为世界上绝大多数接收站采用,可便携地通过船侧提供的 20in 至 16in 变径器实现货物转输管道快速连接。

（3）船岸连接系统。设计规模为 $350 \times 10^4 t/a$ 的 LNG 接收站配备了光纤、电动、气动三种方式的船岸连接系统,确保船岸之间通过"脐带"将该系统连接。一般情况下,采用电动为首要连接方式,光缆为备选方式,气动由于无法满足通信需求,一般情况下不予采用。

（4）登船梯。在船舶靠泊 LNG 接收站时,登船梯的三角梯放置在船舶甲板,三角梯的尺寸在船舶甲板投影面积不能超过船甲板空闲处最大面积,以确保登船梯顺利搭载至船上。

（5）系泊研究。设计规模为 $350 \times 10^4 t/a$ 的典型 LNG 接收站的缆绳均为高相对分子质量高密度聚乙烯(HMPE)缆绳,采用快速脱缆钩(QRH)进行系、解缆。每条靠泊设计规模为 $350 \times 10^4 t/a$ 的典型 LNG 接收站的船舶,在靠泊前均会进行系泊分析,以确保在极端工况下仍可有效安全的系泊。一般来说,靠泊世界上最大型 LNG 船舶须系泊 20 条缆绳,方便型的 LNG 船须系泊 18 条缆绳。

（6）储罐和船舱压力的控制。根据船岸双方 SSI 会议讨论的结果,靠泊设计规模为 $350 \times 10^4 t/a$ 的典型 LNG 接收站的船舶,靠泊前船舱压力不得超过 13kPa,岸侧罐压为 17 ~ 18kPa。

（7）码头应急响应。LNG 接收站码头制定一系列的应急响应计划,见表 5 - 1,以在出现应急情况时及时启动预案,将危险降到最低。

表 5 - 1　LNG 接收站码头应急响应计划名称

序号	应急响应计划名称
1	失火/爆炸应急响应计划
2	船舶溢油应急响应计划
3	船舶/码头发生 LNG 非受控泄漏应急响应计划
4	人员落水应急响应计划
5	船舶漂移或脱开应急响应计划
6	与船舶有关的事故应急响应计划
7	接收站内发生的事故应急响应计划
8	码头和危险区域警戒范围应急响应计划
9	医疗急救应急响应计划
10	保安事件应急响应计划

4. DDR 的实施流程

目前,国际上 DDR 采用的表格形式因船东要求不同而各异,国际主流采用海事接收站管理和自我评估(Marine Terminal Management And Self Assessment,MTMSA),它是由石油公司国际海事论坛(Oil Companies International Marine Forum,OCIMF)组织发布的针对 LNG 接收站进行全方位评估的比较权威的调查问卷,已被卡塔尔天然气集团、法国燃气苏伊士集团等国际能源巨头所采用。

MTMSA 表格涉及 13 项要素,共计 244 小项。每项要素对内容及目标做了具体要求,见表 5 - 2。

表 5 - 2　MTMSA 表格要素目标

序号	要素	要素目标
1	管理、领导能力和责任	通过坚强的领导能力,用管理在各级组织中实现安全和环境的优化
2	政策和程序	管理层明确负责开发和维护动态(记录拷贝或电子格式的)管理体系的职责,落实政策,以实现安全及环境卓越发展
3	人员的管理	确保接收站配备了足量的适任人员,全方位地承担责任和任务
4	承包商的管理	确保承包商的行为与接收站的政策和业务目标保持一致
5	码头及港口操作	接收站管理有持续可应用的操作程序确保船舶行为的安全
6	码头布局	码头设施和设备布置图适合安全操作
7	货物转输设备	所有货物转输设备适合船舶和货物品质要求范围
8	船岸链接	通过采纳认可的国际惯例、行业规则和接收站程序,实现接收站船岸界面的有效管理
9	货物转输操作	确保货物转输操作的所有方面都按照操作程序进行,促进安全
10	维修管理	接收站管理通过正规有计划的维护体系,将依赖性达到最优
11	变更管理	应有变更程序管理,管控相应风险
12	事故调查和分析	确定的事故调查和分析程序,用来减少潜在事故的发生
13	安全管理、职业健康和安全	接收站活动相关的安全和健康风险,通过相关合适程序的发展和实施来辨别和控制
14	保安管理	相应政策和措施确保码头的保安是不容妥协的
15	环境保护	辨识、评估和控制潜在环境污染源
16	应急准备	应备有应急计划和应急响应表,囊括所有情景
17	管理体系评估	有一个结构框图,用来审核管理体系的有效性

在每个要素所要求达成的目标中,都有相对应的关键性能指标和最佳实践指南作为指导,接收站可根据以上提示,结合接收站实际,在每个要素备注栏中做出相应反馈,将反馈结果填写至该栏中。待表格完成后,接收站方将 MTMSA 表发至船东方和(或)租船方。

船岸双方召开 DDR 会议,船东和(或)租船方、货主代表赴接收站现场实地检查并给出建议。针对 DDR 会议中未关闭项,船岸双方进行讨论,直至在首船靠泊接收站前关闭这些项。根据 DDR 要素逐项进行研究,得出最终结论,以评估某船可否靠泊 LNG 接收站。

接收站在通过 SSC 研究和 DDR 之后,从外部因素上具备了试运投产的条件。

四、开车前安全审核

1. 简述

开车前安全审核(Prestart – up Safety Review,PSSR)是指工艺装置开始使用前进行的最后一次检查,是投用前对所有相关因素进行检查确认,并将所有必改项整改完成后,批准投用的过程。开车前安全审核作为装置工艺安全管理程序的一部分,核实设备按照设计意图进行安装并且有合适的工艺安全管理系统,确保新建、改造、扩建项目的工艺装置已做好开车准备。

必改项是指开车前安全检查时发现的,可导致项目不能投用或投用时可能引发事故的隐患项目,是开车前必须要整改的项目。必改项主要包括以下几点:

(1)导致项目不能正常启动的隐患;

(2)导致试车中断 4h 以上的隐患;

(3)整改时较大程度影响生产的正常进行;

(4)引发较大 HSE 事故;

(5)引起周边公司、人员投诉;

(6)未达到政府、行业强制要求。

待改项是指开车前安全检查时发现的,会影响投产效率和产品质量,并在运行过程中可能引发事故的,可在投用后进行限期整改的隐患项目。待改项包括以下几点:

（1）导致生产效率降低；

（2）导致产品质量下降；

（3）导致能源浪费；

（4）引发轻微 HSE 事件，如轻微的跑、冒、滴、漏隐患；

（5）整改时对生产基本没有影响。

2. 工作目的及作用

（1）PSSR 将为加强 LNG 接收站工程工艺、设备正式开车前的安全管理，确保所有影响工艺、设备安全运行的因素在正式开车前均已被充分识别并且得到有效控制。

（2）通过开展 PSSR，确保 LNG 接收站项目设计、设备安装符合国家/行业标准要求，安全、操作、维护与应急程序准备就绪，人员培训到位，工艺危险分析提出的建议已经得到落实，变更程序的设施管理人员已对修改工艺/设施所做的变更进行审查并授权。

（3）通过实施 PSSR 程序来检查发现与判定接收站生产装置和设施是否具备了安全开工的条件，为接收站能否安全实施正式开车提供重要参考与决策依据。

（4）PSSR 是 LNG 资源采购和订船的必要条件之一，可委托有资质的第三方承担相关检查和 PSSR 审核报告的编制工作。

3. 工作流程

1）制订实施计划

接收站应根据项目规模和任务进度，可分阶段、分专项多次实施 PSSR 检查，提前制订 PSSR 实施计划。PSSR 实施计划应确定 PSSR 审查服务单位、工作范围、实施及完成时间等。

2）成立审核组

接收站 PSSR 审核组组长一般由第三方审查服务单位担任，成员由组长选定。根据项目实际情况，成员一般由接收站工程业主、监理、总承包商、审查服务单位的设计、工艺、设备、安全、消防、环保、人力资源、操作等方面专业人员组成。同时，还可包括具有特定知识和经验的外部专家。

PSSR 审核组可根据专业分设专业小组，如工艺小组、设备小组、仪表小组、电气小组、HSE 小组和消防小组等。

3）检查前准备

（1）PSSR 实施前应完成检查工作组人员的培训，确保人员掌握检查工作方式、记录要求等。

（2）编制各专业安全检查清单。

（3）召开审核前会议。

4）检查实施

各专业小组按照专业安全检查清单实施检查，并将发现的问题填入专业检查表内。检查工作完成后，PSSR 审核组长应召集所有组员召开审议会，对检查情况进行讲评和梳理。各小组组员汇报检查过程中所发现的问题，审议并将其确定为必改项、待改项，形成 PSSR 审核清单。分阶段、分专项多次实施的 PSSR，在项目整体 PSSR 审议会上，应整理、回顾和确认历次 PSSR 结果。

接收站按照 PSSR 审核清单，确认整改项、整改时间和责任人。组织资源对审核发现问题逐项整改销项，并做好整改记录。

5）批准投用与跟踪管理

（1）开车前，PSSR 审核组对审核发现问题进行复查。所有必改项全部确认整改及所有待改项已经落实监控措施和整改计划后，签发 PSSR 审核报告。

（2）接收站开车后，PSSR 审核组应继续组织成员跟踪投用前安全检查待改项，并检查其整改结果，直至完成。

（3）启动前的工艺设备应具备以下条件：

① 工艺设备符合设计规格和安装标准。

② 所有保证工艺设备安全运行的程序准备就绪。

③ 操作与维护工艺设备的人员得到足够的培训。

④ 所有工艺危害分析提出的改进建议得到落实和合理的解决。

⑤ 所有工艺安全管理的相关要求已得到满足。

4. 审核开展方式

LNG 接收站应根据项目规模和任务进度，可分阶段、分专项多次实施 PSSR 审核。PSSR 审核主要采用资料审核、现场审核相结合的方式开展。

1）资料审核

资料审核涉及工艺技术资料、单机设备测试记录、电气仪表检测数据与记录以及与 HSE、消防有关的信息资料等。资料审核采取集中查看的方式进行。

2）现场审核

PSSR 的另一个审核方式是现场审核，主要采取现场实际踏勘、详细检查与抽样检查相结合的方式进行。审核依据事先编制好的 PSSR 检查表，进行一一对照审核。

5. 主要检查内容

PSSR 审核组应针对 LNG 接收站工艺设备的特点，编制 PSSR 安全检查清单，主要包括但不限于以下内容。

1）工艺技术

（1）所有工艺技术安全信息（包括危险化学品安全技术说明书、工艺设备设计依据等）已归档。

（2）工艺危害分析建议措施已完成。

（3）操作规程和相关安全要求符合工艺技术要求并经过批准确认。

（4）工艺技术变更经过批准并记录在案，包括更新工艺或仪表图样。

2）设备

（1）设备已按设计要求制造、运输、储存和安装。

（2）设备运行、检维修、维护的记录已按要求建立。

（3）设备变更引起的风险已得到分析，操作规程、应急预案已得到更新。

3）人员

（1）所有相关员工已接受有关 HSE 危害、操作规程、应急知识的培训。

（2）承包商员工得到相应的 HSE 培训，包括工作场所或周围潜在的火灾、爆炸或毒物释放危害及应急知识。

（3）新上岗或转岗员工了解新岗位可能存在的危险并具备胜任本岗位的能力。

4）消防及应急

（1）消防设备设施状态良好，消防力量已确定，消防手续已办理完毕。

（2）应急设施状态良好,应急物资应放置在正确位置。

（3）确认应急预案与工艺技术安全信息相一致,相关人员已接受培训。

PSSR 工艺检查清单样例见表 5-3。

表 5-3 PSSR 工艺检查清单样例

条款	检查项目	检查资料	检查结果描述	必改项/待改项	检查区域
一、工艺安全信息					
1	工艺管道仪表流程图(P&ID)	最终版的完整的 P&ID 图样			
2	……				
二、工艺安全管理					
3	真空安全阀 VSV、安全阀 PSV、热膨胀安全阀 TRV、校验记录、整定值记录表	安全阀的校验记录表、整定值记录表			
4	……	……			
三、工艺开工准备情况					
5	……	……			
6	……	……			

五、接收站投产前的工艺要求

1. 生产辅助系统

接收站的投料试车及正常生产运行,都需要几个或多个辅助系统的支持,因此必须在投产前对辅助系统进行测试并逐步投用。生产辅助系统包括供电系统,供水(海水、淡水)系统,供暖系统,通信联络系统,安全、消防、急救系统,仪表风系统,氮气系统等。

1)供电系统

在投产之前,要确认所有设备设施接电完成无误。工艺变电所各电压段的供电电压稳定无波动,各母联设备均匀分布。对柴油发电机进行启动测试,确保应急供电可正常运行。

2）供水系统

接收站内供水系统分为淡水和海水两部分,在供水系统投产之前要确认厂区内所有供水管线均已竣工,连接处封闭性良好无漏点;市政管网已与场内供水管线接通,并满足供水条件;海水流道通畅,水位正常;为供水系统提供动力的水泵及配套设备均已供电,并测试正常无故障。满足以上条件方可投用供水系统。

3）供暖系统

冬季投产供暖系统的正常尤为重要,在投用前要确认需要电伴热保温的管线伴热带正确安装并与供电箱连接,确认伴热带不存在因折断及故障而无法供热的情况。热水伴热的热水管线已经施工完毕,连接处封闭性良好,确认锅炉燃料气正常供应,空气系统已投用,并保障锅炉运行的空气需求,锅炉测试正常并供电。

4）通信联络系统

试运投产活动人员较多,作业交叉,通信联络的顺畅尤为重要。在投产前,需确认现场话站安装调试完毕,无线对讲系统通信顺畅。

5）安全、消防、急救系统

投产过程中,为保障整个过程的安全顺利,安全、消防、急救系统必须投用。投产前,各消防用具必须到位,消防设备调试正常,急救物资准备完善,站内隐患排查均已整改,对相关人员进行急救、安全知识培训。

6）仪表风系统、氮气系统

空气和氮气系统是投产中非常重要的辅助系统,在空气和氮气系统投产之前,需要确认所有管线已经竣工,各连接处的封闭性良好,空气压缩机及附属设备调试正常,已供电。

2. 联动试车

1）设备及管道吹扫、气密、干燥

气密性试验是根据不同的管线,采用不同的测试介质来确定所有管线、设备法兰面之间的紧密性。设备内部或焊接点不需要再做气密性实验,因为前期的强度实验已经确认过其紧密性。有些系统需要高压的空气,可通过临时空气压缩机来提供。

一般整体气密性实验压力为 0.5MPa，系统升压至正常工作压力的 105% 后将压力源隔离，并保持 30min，通过目测法结合肥皂水检查泄漏及系统压力下降情况并确认系统气密性状态。

在气密性实验完成后，开始对系统进行惰化，其目的是为了在引入 LNG 之前将系统内的氧气含量降到 2% 以下。为此用于置换空气的氮气纯度应大于 98%。对于 LNG 储罐，则把氧气含量降到 4%（体积浓度）以下即可。

LNG 储罐使用氮气进行干燥，直至露点温度满足以下要求：

（1）内储罐空间：－20℃；

（2）圆顶部的空间：－20℃；

（3）环形空间：－10℃。

在接收站管道和设备预冷之前，需要将所有低温管道和设备干燥，直至露点温度达到 －40℃ 左右。

2）仪表联校

仪表联校是在投产前对所有设备仪表动作的整体检验，联校要求验证工艺紧急切断系统（ESD）设计说明及联锁因果图表和消防系统因果图中所述的所有流程和安全仪表系统（SIS），确认其动作正确无误，并准备就绪。

3）设备单机调试

设备单机调试的要求如下：

（1）确认设备的润滑剂及其他填充材料已按要求填充，在设备供货商的指导下，各个设备都要启动运行一段时间，并得到确认。

（2）电动机应在空载情况下作一次启动，空载运行时间应为 2h，并记录电机的空载电流，设备供应商有具体要求的根据该要求执行。

（3）电动机测试。

（4）电动机空载试运结束后可进行带负荷试运转，交流电动机带负荷启动次数应符合产品的技术条件规定。

（5）所有海水泵及消防水泵的试车需要 4h，或者根据供货商的说明进行。

（6）空气压缩机的试车至少进行 4h。

（7）BOG 压缩机电动机应由厂商代表在没安装压缩行程阀的情况下空

载测试。润滑油泵也应在此时进行试车。由于 BOG 压缩机只能用冷气进行操作，初期的测试可在卸料管线预冷的同时用冷氮气进行，或调整压缩机内部报警值和联锁值，用常温氮气进行测试。

（8）低压泵和高压泵应在 LNG 储罐预冷完成后进行试运行并建立全厂冷循环（启动阶段）。

（9）其他电动机传动设备（包括成套电气系统的泵和风扇、浸没燃烧式汽化器的风扇、饮用水泵等其他成套设备及公用工程的转动设备）根据供货商的说明书各自进行试车。

（10）应急发电机的油缸加满油，进行发电机试车运行。

（11）必须检查所有转动设备的驱动的正、负极接线，并测试其转动方向。检测过程应单独、逐个进行，以确保其正确运行，同时还要对线圈温度进行检测。

六、接收站投产前的物资要求

投产之前的物资准备是非常重要的，它包括 LNG 的原料、应急物资、备品备件、工器具、其他试车所需的辅助物料。投产物资必须在投产之前确定并提前准备，以免影响试车活动的正常进行。

第二节 试运投产准备

一、技术准备

在试运投产准备阶段，需编制系列试生产程序文件及相关管理文件。以国内某 LNG 接收站为例，在开车前，共编制了一系列合计 55 个试生产程序文件及相关管理文件，这些文件经审批，在开车前提交上级有关单位报批报备后，作为工作程序及工作标准在整个试运投产过程中执行。

1. 指导性程序

以下程序作为整个试运投产过程中的指导性程序执行，包括但不限于表 5 - 4 所列。

表 5－4　试运投产指导性程序列表

序号	程序名称	序号	程序名称
1	试车执行计划	8	试运转程序清单
2	试运投产方案	9	盲板清单程序
3	试运投产应急预案	10	通信程序
4	系统定义程序	11	工作许可程序
5	尾项控制程序	12	安全培训计划
6	移交程序	13	预试车/试车 HSE 程序
7	上锁挂牌程序	14	文控程序

2. 预试车程序

以下程序作为试运投产前的预试车指导程序执行,包括但不限于表 5－5 所列。

表 5－5　预试车指导性程序列表

序号	程序名称	序号	程序名称
1	手动阀测试程序	8	电气和仪表跳线程序
2	干燥和惰化程序	9	模拟信号回路检查程序
3	功能测试程序	10	数字信号回路检查程序
4	LNG 储罐干燥和惰化程序	11	电阻温度计回路检查程序
5	容器检查程序	12	控制阀回路检查程序
6	首次送电程序	13	开关阀回路检查程序
7	单机测试程序		

3. 试车程序

以下程序作为试运投产过程中各个系统的试车指导程序执行,包括但不限于表 5－6 所列。

表 5－6　各系统试车指导性程序列表

序号	程序名称	序号	程序名称
1	LNG 卸载管线及储罐试车程序	4	再冷凝器试车程序
2	低压输送泵及输送管线试车程序	5	高压输送泵及输送管线试车程序
3	BOG 系统试车程序	6	ORV 试车程序

序号	程序名称	序号	程序名称
7	SCV 试车程序	14	生产水系统试车程序
8	高压 NG 输出系统试车程序	15	饮用水系统试车程序
9	排净系统试车程序	16	仪表风和工厂风试车程序
10	火炬系统试车程序	17	氮气系统试车程序
11	燃料气系统试车程序	18	安全系统试车程序
12	海水泵及海水分配系统试车程序	19	控制系统试车程序
13	电解加氯单元试车程序		

4. 开车程序

以下程序作为 LNG 接收站开车过程中试车指导程序执行,包括但不限于表 5－7 所列。

表 5－7　开车程序列表

序号	程序名称
1	控制系统试车程序
2	冷却和启动程序

5. 性能测试程序

以下程序作为 LNG 接收站开车后的性能测试指导程序执行,包括但不限于表 5－8 所列。

表 5－8　性能测试程序列表

序号	程序名称	序号	程序名称
1	ESD 测试程序	3	性能测试程序
2	基本性能测试程序	4	储罐蒸发率测试程序

6. 其他程序

以下程序作为 LNG 接收站性能测试过程中的补充指导程序执行,包括但不限于表 5－9 所列。

表 5-9　补充指导程序列表

序号	程序名称
1	操作手册
2	培训材料

二、人员准备及培训

1. 试车技术人员

开车工作相关人员作为试车工作的主体,其操作技能、技术素养及工作能力对项目投料试车工作能否一次成功起着决定性的作用。因此,在项目的生产准备阶段,就着手强化开车人员的培训工作,通过一系列科学、合理的培训,使这些人员具备 LNG 接收站运营的能力,包括 LNG 接收站的开停车、维护接收站日常生产安全稳定、紧急情况下的事故处理以及设备的检维修等。

为了使管理人员及接收站操作队伍满足试生产的要求,LNG 接收站应组织的培训分为入厂教育培训、取证培训、操作培训、管理培训、厂家培训等。

通过培训,使相关人员熟悉工艺流程,掌握操作要领,做到"三懂六会"(三懂即懂原理、懂结构、懂方案规程;六会即会识图、会操作、会维护、会计算、会联系、会排除故障),提高"六种能力"(思维能力,操作、作业能力,协调组织能力,防事故能力,自我保护救护能力,自我约束能力)。各阶段培训结束时,都要进行严格的考试,并将考核成绩列入个人技术档案,作为上岗取证的依据。

2. 取证培训

通过对国内同类行业人员取证资质情况进行调研,确定项目员工上岗需持有的证件资质主要有 11 项,要求所有人员具有持证上岗资质。其中,有 9 项需要参加政府相关部门及资质单位举办的培训班进行培训取证,有 2 项需要运营单位委托资质单位对上岗人员进行培训并发证。

人员需要取得的资质、证件包括:危险货物运输岸上管理操作资格证、港口设施保安培训证、特种设备作业人员证(压力容器作业)、特种设备作业人员证(安全管理)、安全资格证书(企业负责人)、安全资格证书(企业安全生产管理人员)、特种设备作业人员证(厂内机动车操作)、特种设备作业人员证(移动式压力容器充装操作)、自动消防系统操作证、交接计量员证、操作人员上岗证。

3. 操作培训

操作培训主要包括:DCS、SIS 组态培训,3D 模型培训,P&ID 培训,操作规程培训,在技术成熟的 LNG 接收站实习操作培训。

4. 管理培训

因政府对 LNG 接收站运行主管人员的资质要求,LNG 接收站的主管领导也需要参加地方安全生产监督局的培训,获得安全资格证书。

5. 厂商培训

厂商培训主要是关键设备的供货商提供的培训,如登船梯操作培训,激光靠泊、脱缆钩、缆绳张力系统操作培训,卸料臂操作培训,BOG 压缩机操作培训,电解制氯系统操作培训,高、低压泵操作培训,ORV、SCV 操作培训,污水处理系统操作培训,空气压缩机及干燥系统操作培训,氮气系统操作培训,火气系统操作培训,超声流量计及流量计算机操作培训,在线色谱操作培训,海水泵操作培训,消防泵、电泵、消防柴油泵操作培训,火炬操作培训等。

通过厂家的培训,使员工了解设备的性能和使用方法,掌握正确操作设备的能力,达到独立操作的水平。

三、物资准备

1. 液化天然气原料准备

投产前所有管线及设施均为环境温度,需按审批通过的程序将低温管线和设施降至操作温度(-160℃),冷却范围包括接收站的卸船管线、LNG储罐和高、低压泵的输出总管等。因而需要大量的 LNG 来实现这一目的,冷却过程中会产生大量的 BOG 并排放至火炬燃烧。

卸船管线的初步冷却使用 LNG 船产生的 BOG 进行,降温至 −100℃ 左右,开始启动 LNG 船上的喷射泵,将 LNG 以很小流量送入卸船管线使其温度继续按温降要求下降,直到管线上所有温度传感器显示为 −150℃ 以下,开始增加 LNG 的流量使卸船管线充满 LNG。然后开始冷却 LNG 储罐,首先开启 LNG 储罐喷淋管入口截止阀,LNG 进入热的储罐后立即闪蒸变为气态,同时罐内的温度也会逐步下降,此过程中会产生大量的蒸发气,储罐内产生的蒸发气排入到 BOG 总管及低压外输总管,将其冷却后进入火炬燃烧。LNG 储罐完全冷却后,LNG 将通过船上的卸料泵开始卸船,此过程仍会产生大量蒸发气,需排入火炬烧掉。卸船结束后,为保持低温管线处于低温状态,需启动冷循环,此过程又会将热量带入系统,包括 LNG 储罐自身吸热都会使更多的 LNG 汽化,排往火炬燃烧。全厂试生产时,部分 LNG 将用于填充低温管线。

以国内某 LNG 接收站一期工程(规模为 $350 \times 10^4 \mathrm{m}^3/\mathrm{a}$)的试运投产为例,投产所需 LNG 的量约 $5 \times 10^4 \mathrm{t}$,因而选用 $14.7 \times 10^4 \mathrm{m}^3$ 船型。同时要求第一船应满足但不限于以下条件:

(1)满足 BOG 预冷卸船总管的要求,即船体自身配备的汽化器要尽量大。考虑到该 LNG 接收站卸船管线较长,较大的汽化器可降低气相冷却时的时间。

(2)保证 LNG 船与本项目卸料臂、气相返回臂的接口匹配。

(3)考虑船岸是否需要使用气相、液相跨接管。

(4)进行船、岸兼容性研究,确认船岸数据、信号所使用的标准。

(5)考虑风向及风力、浪涌、潮汐情况。

2. 应急物资准备

新建装置开车时容易发生各种突发事件,因此在接收站开车期间,应做好应急物资准备工作,以防不时之需。所有应急物质应提前一个月运抵待投产的 LNG 接收站现场。

应急物资主要包括:消防车、救护车、自备应急车、柴油发电机、便携式四合一可燃气体检测仪、便携式甲烷检测仪、便携式氧气检测仪、便携式氢气检测仪、测风仪、防爆手电、防爆移动工作灯、防爆对讲机、液氮防护帽、液氮防护服、液氮防护手套、轻型防火服、正压式空气呼吸器、长管式空气呼吸

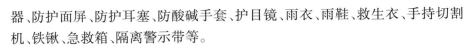

器、防护面屏、防护耳塞、防酸碱手套、护目镜、雨衣、雨鞋、救生衣、手持切割机、铁锹、急救箱、隔离警示带等。

3. 工器具准备

试车工器具主要指设备的专用工具、保运及检维修常用工具、操作人员使用工具、性能检测/检查中使用的特殊仪器等。在接收站开车前，这些工器具应准备完毕并投放到现场作业位置或人员手中。

4. 其他物资准备

1）液氮

在接收站预试车及试车期间，需要使用大量的氮气，例如在系统吹扫及干燥过程中，特别是对低温设备及管线的干燥。在投产进行过程中要及时采购补充液氮。

2）其他的化学消耗品

相关设备的运行投用可能伴随着一些消耗品的使用，所以在投产活动前需要提前准备，如仪表风干燥剂、润滑油、冷却液（乙二醇）、液压油、柴油、LPG 等。

四、后勤保障准备

后勤保障部门应提前做好各方面的准备工作，包括车辆交通、办公地点、办公设施及办公用品、食堂、宿舍等，在试车/开车期间，后勤保障体系应24h 运作，主要措施如下：

（1）妥善安排各方人员住宿，食堂除安排正常的一日三餐外，还应为倒班人员和夜间值班人员安排夜餐。

（2）物料引入装置后，现场必须使用防爆车辆，一般车辆在接收站门卫处进行相应防爆处理，如加防火帽等。除操作及抢修人员的车辆外，其他车辆严格控制现场出入。

（3）第一艘 LNG 运输船抵港后，救护车进驻现场。救护车上配备一名医生、一名护士及基本的医疗设施，人员 24h 值班。试车期间医护人员常驻现场。

（4）消防人员在 LNG 引入装置后的前 10d 内，在消防办公室 24h 待命。

第三节　试运投产过程

一、预试车过程

1. 管道及仪表流程图对照检查

管道及仪表流程图对照检查是在压力试验后进行的,属于预试车内容,在工作性质上属于"三查四定"的内容。

试车前进行管道及仪表流程图对照检查至关重要,这将决定试车是否可以顺利进行,确认管线及设备是否正确安装并符合设计要求。该项检查涵盖所有的管线、设备及设备的附属设施。对照检查的标准如下:

(1)所有设备及其部件,所有管线的安装、走向和直径等,都必须符合管道及仪表流程图、单线图、布置图或规格表的要求。

(2)阀门、设备及管线的位置要求布局合理,手动阀门、控制阀门及设备管线的流向有正确的标识。所有的保温层已经安装或将要安装。

(3)所有的压力泄放设施都已经安装到位,并且安全阀的设定压力都已在铭牌上标注。

(4)还没有被移除的盲板都已做好标记,以便在开工时拆除。所有盲板的状态用盲板登记表进行管理,并由专门的工程师负责更新。

(5)所有的手动阀门可以在全开和全关之间活动自如,且其润滑和密封填料都没有问题,所有的控制阀门都处于正确的失效安全位置。

(6)类似于孔板等精密仪器在系统清洁之前都不安装或投用,但处于备用状态。

(7)所有法兰螺栓和垫片安装到位,而且螺栓的长度和直径需要确认。管线都被管托支撑并且预留膨胀的余地,管线膨胀节安装到位。

注意:管线的检查以管道及仪表流程图为标准,特殊管线参照等距图,设备的对照检查还需根据设备的规格表和布置图来进行。

2. 电气检查、通电及测试

现场的电气检查包括:安装检查,电气开关检查,电动机控制中心检查,泵驱动检查,风扇检查,压缩机、电动阀、制动器以及其他电气设备检查。以上所有过程,都必须要有电气开车工程师的参与。

变压器的试验及受电工作须由供电管理部门安排具备相应资质的施工单位进行,但分包单位、监理单位及项目部均应安排相关人员全程参与。

配电系统受电前应具备以下基本条件:

(1)受电范围内的所有电气设备均应按设计图纸施工完毕,接地良好。

(2)按相应的国家标准进行工程验收。

(3)各受电设备经电气试验,检定绝缘合格,性能符合规范及设计要求。

(4)各受电设备的有关继电保护及其控制、测量、信号回路测试结束,整定完毕,动作正确。

(5)各二次测量控制回路经校验检查,接线正确合理、操作试验动作可靠。

(6)所有受电的开关室、控制室、土建施工全部结束,门窗及玻璃齐全、门锁齐全、孔洞封闭。

(7)受电前各开关柜所有开关均应标出名称及编号。

(8)有关受电设备的设计图纸、安装技术记录、试验报告需准确、齐全。

(9)各受电开关室、控制室内应清洁,道路畅通,通风设备安装完毕,通信设备完善。

(10)必须配备足够的消防设施。

(11)编制相应的启动方案,其主要内容包括:受电范围、投运条件、启动步骤、受电时的运行方式和保护定值配置。

(12)受电系统及设备投运所需的规程、制度、记录表格、安全用具已准备好。

3. 仪表检查、通电及测试

此项活动由仪表设计负责人组织,仪表施工专业工程师、仪表工程师、电气开车工程师、厂商、施工单位组成测试团队。所参考的程序包括:功能测试程序、电仪跳线程序、回路检测程序(模拟、数字、RTD、控制阀、开关阀)、首次送电及测试程序等。

(1)首先要对安装的仪表进行检查,应以系统/子系统为单位进行。

(2)所有仪表仪器的检查必须参照审计数据进行,以保证其安装位置、连接口以及仪表标识和测量范围的正确性。

(3)仪表安装前都进行了校验。

(4)所有仪表根阀和放气阀已开启。

(5)给仪表系统工程师站上电。

（6）给每个网络元件单独上电。

（7）给仪表系统柜上电，闭合集散控制系统柜里面所有的空气开关，并确认所有的二极管指示正常。

（8）给仪表系统信号编集柜上电，闭合集散控制系统柜里面所有的空气开关，并确认所有的二极管指示正常。

（9）给所有余下的设备上电，并检查所有设备的状态是否良好。

（10）往复操作单个控制阀，以检验其行程，并确保校验数据在其合理范围之内；测试控制阀对控制指令的反应是否适当及对气源故障的动作是否符合设计要求。

（11）对于电动控制阀门，通过就地按钮或远程按钮操作该阀，逐一地进行"开"和"关"的功能检查。

（12）如果所有联锁系统对电动控制阀门有影响，必须进行检查。当联锁系统影响到电动阀的操作顺序时，应检验联锁控制功能的正确性。

（13）测试所有的 ESD 关断和联锁功能，侧重于检查在各种联锁关断的状态下，输出到现场设备的实际行动是否正确。

（14）用样品对分析仪器的功能进行测试和校验。

4. 手动阀、气动阀测试

在氮气置换操作之前要确保所有的阀门可以正常开关，操作比较顺畅，从而确保试车顺利进行。经测试发现的手动阀和气动阀缺陷应在预试车阶段解决。适用于 LNG 接收站所有的手动阀和气动阀的测试方式包括目视检查、手动操作检查和中控操作检查。

1）手动阀的测试

LNG 接收站所有手动阀的类型包括闸阀、蝶阀、球阀、截止阀、止回阀。

LNG 接收站手动阀测试需要检查的项目如下：

（1）阀门外观检查内容：阀门的类型、压力等级、材质与设计相同。阀门的流向正确，并且阀门根据最新的流程图安装。阀门的操作空间足够。阀门转动轴润滑良好。阀门手轮或手柄安装正确，并且操作方向正确。阀门可以全开或全关，开关指示正确。外面防腐涂层完好。阀门的锁具安装正确。垫片已经安装。检查阀门配件，如阀体密封、阀座密封、阀杆密封、手轮连接销等，确保所有配件材质正确，并被正确安装和润滑。检查不同材质配件连接处安装了绝缘垫片。

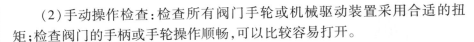

（2）手动操作检查：检查所有阀门手轮或机械驱动装置采用合适的扭矩；检查阀门的手柄或手轮操作顺畅，可以比较容易打开。

2）气动阀测试

LNG接收站所有气动阀的类型包括切断阀、流量调节阀、压力调节阀、带远程手动定位的调节阀、温度调节阀。

LNG接收站气动阀测试需要检查的项目如下：

（1）阀门外观检查内容：阀门的类型、压力等级、材质与设计相同。阀门的流向正确，并且阀门根据最新的流程图安装。阀门的操作空间足够。阀门可以全开或全关，开关指示正确。外面防腐涂层完好。阀门的锁具安装正确。垫片已经安装。检查阀门配件，如阀体密封、阀座密封、阀杆密封，确保所有配件材质正确，并被正确安装和润滑。检查不同材质配件连接处安装了绝缘垫片。

（2）手动操作检查：检查气动阀开关的时间和是否有开或者关的反馈信号，最后检查阀门是否开到位或者关到位。在开关阀门的过程中观察气动阀是否开关流畅，是否比较容易打开。

5. 集散控制系统和安全仪表系统测试

1）集散控制系统（DCS）测试

DCS系统测试的主要目的是检查、测试、运行控制系统，包括内部配线检查、系统电源检查、控制器的完整性检查、控制器的冗余测试、网络冗余测试、电源故障测试、操作员站完整性检查、工程师站完整性检查。

2）安全仪表系统（SIS）测试

SIS系统测试的主要内容包括安全仪表系统上电测试、电源冗余测试、中央处理器冗余测试、网络冗余测试、安全仪表系统操作台测试。

6. 公用工程系统测试及投用

LNG接收站公用工程系统包括空气系统、氮气系统、生产水及生活水系统。以下将分别对三个系统的试车程序进行描述。

1）空气系统

空气系统是保障全场工艺系统正常运行的基础。在试车前要确定设备安装无误，供电正常，管线、阀门及仪表均已按照管道及仪表流程图安装并连接紧固，仪表测试正常。

空气系统试车可以包括四个部分:空气压缩机成套设备新机试车;工厂空气分配管线吹扫增压;仪表空气分配管线吹扫增压;空气系统总体联锁逻辑检测。

2)氮气系统

氮气系统是接收站工程配套的公用工程设施之一,其主要任务是满足各装置对氮气的需求。在正常操作、特殊操作、维修工况时,LNG 接收站都需要用氮气吹扫设备和管线。

在液氮储罐冷却之前,应对液氮储存和再汽化系统及其附属管道进行干燥,并利用氮气使其惰化。运行试验时,将向氮气管网供氮,并检查供氮并情况并进行稳定性试验。运行结果将定期记录在记录表中。

3)生产水及生活水系统

在试车工作前,须提前检查以下项目:

(1)所有管道部件已根据管道及仪表流程图安装好。

(2)主要公共用水系统可用。

(3)排放管道可用。

(4)所有安全设备可用。

(5)所有仪表已运行,且可从 PCS 上获得读数。

7. 设备单机测试

设备单机测试是在设备调试前、调试中逐项检查并消除缺陷,确保试生产前各设备都运转正常。启动和测试条件包括:电力输送系统具备使用条件,仪表及仪表控制系统投用正常。

设备单机测试主要包括关键设备试车、单机试运、动态测试。

1)关键设备试车

关键设备试车,由总承包单位组织,成立试车小组,由施工单位编制试车方案,经过施工、监理、供货商代表、总承包商、业主等单位联合确认。然后在总承包商的监督下,由供货商代表遵循特定的程序,对大型关键设备,例如压缩机、计量系统、起重机、检测控制系统等,进行启动和测试。关键设备的试车应具备以下基本条件:

(1)机组安装完毕,质量评定合格。

(2)系统管道和设备耐压试验、气密试验合格。

(3)工艺管道吹扫或清洗合格。

（4）动设备润滑油、密封油、控制油系统清洗合格。

（5）安全阀调试合格并已铅封。

（6）同试车相关的电气、仪表、计算机等调试联校合格。

（7）试车所需要的动力、仪表风、循环水、脱盐水及其他介质已到位。

（8）试车方案已批准，指挥、操作、保运人员到位；测试仪表、工具、防护用品、记录表格准备齐全。

（9）试车设备与其相连系统已隔离开，具备自己的独立系统。

2）单机试运

电动机的单机试运转应符合下列条件：

（1）电动机本体安装检查结束，启动前应进行的试验已按现行国家标准试验合格。

（2）冷却、调速、润滑、水、密封油等附属系统安装完毕，验收合格。水质、油质等质量符合标准要求，试运行良好。

（3）电动机的保护、控制、测量、信号、励磁等回路的调试完毕、动作正常。

（4）测定电动机定子绕组、转子绕组及励磁回路的绝缘电阻，应符合要求。

（5）电刷与换向器或集电环的接触应良好。

（6）电动机转子应转动灵活，无碰卡现象。

（7）电动机引出线应相序正确，固定牢固，连接紧密。

（8）电动机外壳油漆应完整，接地良好。

（9）照明、通信、消防装置应齐全。

3）动态测试

（1）确认设备的润滑剂及其他填充材料已按要求填充，在设备供货商的指导下，各个设备都要启动运行一段时间，并得到确认。

（2）电动机应在空载情况下作一次启动，空载运行时间应为2h，并记录电动机的空载电流，设备供应商有具体要求的根据该要求执行。

（3）电动机测试。

（4）电动机空载试运结束后可进行带负荷试运转，交流电动机带负荷启动次数应符合产品的技术条件规定。

（5）所有海水泵及消防水泵的试车需要4h，或者根据供货商的说明进行。

（6）空气压缩机的试车至少进行 4h。

（7）BOG 压缩机电动机应由厂商代表在没安装压缩行程阀的情况下空载测试。润滑油泵也应在此时进行试车。由于 BOG 压缩机只能用冷气进行操作，初期的测试可在卸料管线预冷的同时用冷氮气进行测试或调整压缩机内部报警值和联锁值用常温氮气进行测试。

（8）低压泵和高压泵应在 LNG 储罐预冷完成后进行试运行并建立全厂冷循环（启动阶段）。

（9）其他电动机传动设备（包括成套电气系统的泵和风扇，浸没燃烧式汽化器的风扇，饮用水泵等其他成套设备及公用工程的转动设备）根据供货商的说明书各自进行试车。

（10）应急发电机的油缸加满油，进行发电机试车运行。

（11）必须检查所有转动设备驱动的正、负极接线，并测试其转动方向。检测过程应单独、逐个进行，以确保其正确运行，同时还要对线圈温度进行检测。

8. 气密测试

气密性试验是根据不同的管线，采用不同的测试介质来确定所有管线、设备法兰面之间的紧密性。设备内部或焊接点不需要再做气密性实验，因为前期的强度实验已经确认过其紧密性。

一般情况下，用干燥的空气作为测试媒介，但是如果条件具备，也可采用氮气，因为这样可以为下一步的置换和惰化节省氮气。如果有些系统需要高压的空气，可通过临时空气压缩机来提供。

为了执行气密性试验，管线、容器需要通过打开阀门来连通，但是对于不同的系统，需要关闭阀门和安装临时盲板来进行。需要注意的是，法兰和所有连接处的保温层须等到气密性实验完成后方可安装。

所有的气密性试验都应在工艺工程师和现场操作员的共同见证下执行和完成。最后，所有通过气密性实验的系统都得到合格证书。

气密性实验的测试压力以操作压力的 105% 为标准，且整体气密性实验要求需达到 $0.5kg/cm^2$，分以下几步进行：

（1）系统升压到正常工作压力的 60% 并保持 15min，通过声音和目测法观察系统压力下降情况。

（2）系统升压到正常工作压力的80%并保持15min，通过用声音和目测法观察系统压力下降情况。

（3）系统升压到正常工作压力的100%并保持15min，通过用声音和目测法观察系统压力下降情况。

（4）系统升压到正常工作压力的105%后将压力源隔离，并保持30min，用目测法结合肥皂水检查泄漏及系统压力下降情况。

检漏的方法主要有以下两种：

（1）目测法：用于以水为测试媒介的系统。

（2）肥皂水测试：用于以空气为测试媒介的系统。

另外，在测试过程中，由于系统储能，特别是压缩空气和水的意外释放有可能会造成危害，所以从安全的角度出发，在每项气密性实验之前，责任工程师都必须对现场进行彻底的检查，对照并完成"气密性实验前检查表"内容。

在气密性实验执行过程中，应检查并落实以下预防措施：

（1）确保所有需要做气密性实验的设备、管线和在线附件都经过了压力强度实验。

（2）测试区域25m范围设置警示带，在升压过程中任何人不得进入。

（3）只有预试车小组成员才可以进入测试区域进行检漏。但是在升压过程中，预试车小组成员也不得进入测试区域，在检测泄漏时进入人员必须注意使自己处于相对安全的位置。

（4）在压力供应源处必须安装便于观察的现场压力表，以方便控制压力。

（5）在系统处于无人看守状态时，必须将供应源和系统隔离。

（6）安装设定为115%正常操作压力的压力释放装置，以提供气密性实验时对系统的过压保护。

（7）将相临系统的排放口保持全开的状态，以防止潜在的内漏将压力由测试区域漏到非测试区。

由于气密性测试潜在的风险，在执行该作业前，应进行相关安全知识和作业程序的培训，主要包括以下三类培训：

（1）针对现场施工人员和操作员，培训内容主要包括如何正确使用相关设备和执行作业流程，以及了解压力测试可能导致的灾难性后果。

（2）针对工程师、检查员和现场监督员，培训内容主要侧重于如何评估气密性实验的安全风险，并有针对性地提出预防措施。

（3）针对预试车经理，培训内容主要侧重于如何就气密性实验给出正确建议和做出正确决策。

9. 干燥及置换

在气密性实验完成后，开始对系统进行惰化，其目的是为了在引入 LNG 之前将系统内的氧气含量降到 2% 以下，为此用于置换空气的氮气纯度应高于 98%。对于 LNG 储罐，则把氧气含量降到 4%（体积浓度）以下即可。

1）LNG 储罐的干燥及氮气置换

（1）使用氮气进行干燥直到露点满足以下要求：

① 内储罐空间：−20℃。

② 圆顶部的空间：−20℃。

③ 环形空间：−10℃。

（2）为防止充压和干燥时氮气流动造成低温泵转动（因为这些泵应浸没在 LNG 里，而 LNG 可以起到润滑作用），一定要确保泵的进、出口保持关闭状态，通过在出口最小循环线加氮气来分别干燥其进出口管线。

（3）储罐的气相管线通过打开释放阀门的旁路并且反向流动来进行干燥。

（4）LNG 储罐的干燥工作将持续 3～4 周，但干燥持续时间与施工结束后设备里含水量、干燥氮气流量、露点及温度有关。LNG 储罐各部位的露点达到上述要求时，干燥工作即可结束。

2）LNG/NG 管线设备的干燥及氮气置换

（1）通过之前进行的气密性检测和功能检测来惰化管道和设备。在引入 LNG 之前，需要对燃料气体系统和工艺系统进行氧气浓度的检测，所有系统中氧气的安全浓度推荐为 2%（体积浓度）。

（2）使用来自临时液氮汽化系统的氮气对管道及设备进行干燥、置换。

（3）为确保干燥彻底，所有的球阀、旋塞阀和截止阀都需在全开和全关的位置反复动作几次，以驱逐残余水分。蝶阀保持在全开的位置就可以保证其彻底被干燥。对于经过水压试验的高压管道系统的阀门，在干燥过程中，阀体缠绕电伴热带，加热温度为 120～140℃。

（4）为了防止局部残余水或水汽结冰，干燥的速度不能过快，尽量将系统温度控制在常温，但是为了彻底干燥，局部如排放阀部位可能会低于零摄氏度，此时可间歇性进行操作。

（5）当所有的低温管线和设备都处于低压氮气环境下时，应将系统低点处的阀门开至适当开度，并连续地补充氮气维持压力，以彻底排除系统内的残余水分。

（6）对管线的旁路进行干燥时，可通过全部或部分关闭主路来确保其旁路的干燥效果，一旦确认旁路干燥完成，要将主线阀门保持在全开位置。

（7）所有安全阀排放管线和其相关管线进行干燥时要特别注意，一般情况下是通过拆卸安全阀或排空阀直接对外吹扫。

（8）在接收站管道和设备预冷之前，需要将所有低温管道和设备干燥，直至露点达到 -40℃ 左右。

（9）干燥工作结束后，接收站所有的低温管道和设备（包括燃料气系统和干线输出系统）需要保持在氮气的微正压下，直至接收站冷却。

二、试车过程

1. 卸船管线及储罐的冷却

1）前提条件

为保证卸船管线冷却工作的顺利进行，首船必须配备可为接收站提供冷气的 LNG 汽化器，冷气需满足以下条件：供气压力为 0.2 ~ 0.4MPa（在船的汇管处）；排气温度为 -140 ~ 0℃；供应流量约为 20t/h。

预冷前，应根据标注的 P&ID 核对需要冷却的管线和设备，按照 P&ID 标注的阀门状态设置主管线和支管线上的阀门，并确认所有排净管线、放空管线和泄放管线等处于正常状态。

冷却卸船管线时应须密切关注管道变形情况，确保管线在冷却过程中的冷缩量在设计范围内。若出现管线位移量超过设计值或管线不能正常收缩移动的情形，应立即停止冷却，待管道工程师现场确认无问题后，再继续冷却。

执行本程序前，须确认以下主要事项：

（1）登船梯已调试完成；

（2）卸船臂和气相返回臂已调试完成；

（3）确认气相壁和气液两相之间的可移动短节已经连接；

（4）所有安全设备均安装完毕并投入使用；

（5）卸船管线所有管托已完成标注；

（6）所有管托的临时安装限位已经拆除,经管道工程师确认所有永久性限位块安装正确;

（7）所有 T 接支管线上影响其移动的 U 形管托已经拆除,使管线在冷却期间可以自由移动,避免因遇冷收缩而造成管线损坏;

（8）储罐氮气出口止回阀已拆除;

（9）用于火炬长明灯燃料气的 LPG 瓶已准备就绪等。

2）具体步骤

（1）卸船管线的冷却和充液。

船抵达码头前,中控室将 LNG 储罐的压力控制在 7.5kPa;船方打开气相返回臂与船方接口处阀门。操作员打开气液两相返回臂上的短节处 MV 阀和气液两相返回臂后管道切断阀。中控室通知船方供应冷气至接收站,设定初始的冷气流量,温度 −20℃,通知船方用汽化器阀门控制冷气流量,使流量缓慢增加,温度缓慢降低。冷却期间,现场操作员观察管线、管线支架及管托的位移是否正常,法兰有无泄漏情况,定期巡检栈桥。在此阶段,储罐中的氮气将同时被置换。中控室监测 42in 卸船管线上的表面温度传感器。当卸船管线上的温度达到 −100℃ 时,卸船管线冷却完成,通知船方停止供气,准备冷却其余卸料臂。

船方汽化器停止后,关闭气液两相返回臂上的短节处 MV 阀和气液两相返回臂后管道切断阀。船方启动一台喷淋泵,通过其余卸料臂开始小流量输送 LNG。现场操作员观察管线、管线支架及管托的位移是否正常,法兰有无泄漏情况,定期巡检栈桥。卸料臂冷却完成后,通知船方停止喷淋泵,准备对卸料臂进行 ESD 冷态测试。ESD 冷态测试完成后,中控室与船方联系下一步。船方启动喷淋泵,船方需要与中控室联系,控制流量。中控室开启卸料臂所在管线后切断阀,开始填充卸船管线。一段时间后,中控室与船方联系,控制启动喷淋泵的数量。当进料管线上温度计到 −100℃ 时,卸船管线充液完成;卸船管线充液完成后,关闭储罐上的底部/顶部进料阀。

注意:必须保持储罐上的底部/顶部进料阀及其旁路阀关闭,直至确定储罐建立液位。

（2）LNG 储罐置换氮气。

储罐的氮气置换与卸船管线的冷却同时进行。置换初期,船方输送的冷气通过储罐顶部进料阀进入储罐,罐内氮气通过氮气吹扫管线及环隙放空管线排至大气,同时通过调节储罐压力调节阀将储罐压力控制在 10kPa 左右。当环隙放空口处天然气含量达到 5%（体积分数）时，关闭环隙放空阀门并拆除临时放空管线（如果安装），安装永久盲板；当内罐天然气含量达到 5%（体积分数）时，关闭氮气吹扫管线放空阀，打开 BOG 总管切断阀阀门，将罐内气体排放至火炬。

（3）LNG 预冷储罐并充液。

当罐顶温度达到 −150℃ 时，调节 LNG 喷淋管线上 MV 阀确定 LNG 的喷射速率，使喷淋管线空气排空。当排气流量稳定时，将阀门开口缩小至 5%，直至 LNG 流量稳定。调节 LNG 喷淋管线上 MV 阀的开度，对储罐进行喷淋预冷，储罐喷淋预冷速度控制在 3~5℃/h，需增加冷却流量时，与船方联系，控制 LNG 流量。当罐底温度接近 −150℃ 时，LNG 开始在储罐底板上形成液位，继续使用 LNG 喷淋管线上 MV 阀供应 LNG 直至底板温度传感器平均值为 −150℃，完全打开 LNG 喷淋管线，同时要求船方加大 LNG 喷淋泵数量。当底板和罐壁平均温度达到 −150℃ 时，缓慢打开底部进料管线上的 2in 旁路阀至全开。当液位计指示变化时，缓慢打开顶部进料管线上的 2in 旁路阀至全开，直至储罐液位为 300mm。缓慢打开底部进料管线上的主阀，同时要求船方停止喷淋泵。此时通知船方启动第一台卸船泵，待系统稳定后，通知船方调大卸船泵输出量或启动第二台卸船泵。当所有条件均正常，且储罐液位缓慢上升后，要求船方每一段时间启动一台卸船泵，直至达到正常卸船流量。当储罐液位达到 5m 时，关闭底部进料阀，同时调节旁路阀以维持卸船管线的冷态。静置 12h，期间进行罐内低压泵测试。储罐静置完成并测试完低压泵之后，将船舱内余下 LNG 全部卸至储罐中。

控制指标如下：

① 冷却速度：为避免冷却时应力过大，需要控制储罐冷却速度为 3~5℃/h。

② 船方控制 LNG 供应压力：约为 0.3MPa。

2. 低压泵的运行以及低压/高压液化天然气总管的冷却

1）前提条件

在试车前应完成低压泵及其出口相关管线、高低压输出总管、高低压排净管线的氮气置换和干燥，且低压泵开车前储罐内应维持足够高的液位以保护低压泵。预冷前，应根据 P&ID 标注核对需要冷却的管线和设备，按照阀位设置表设置主管线和支管线上的阀门开关状态，并确认所有放空和泄放等处于正常投用状态。试车时应密切关注管线的冷却过程，确保管线在冷却过程中的冷缩量在设计范围内。若出现管线位移超过设计值或管线不能正常移动的情形,应立即停止冷却,待管道工程师现场确认无问题后,再继续冷却。

执行本程序前,须完成以下主要工作:

(1)所有安全设备均完好并处于投用状态;

(2)所有系统均已机械竣工;

(3)所有系统已完成预试车;

(4)确认所有 T 接支管线上影响其移动的 U 形管托已经拆除,使管线在冷却期间可以自由移动,避免因遇冷收缩而造成管线损坏等。

2)具体步骤

(1)低压输出总管的冷却和充液。

24in 低压输出总管和 10in 码头保冷管线一同冷却,此冷却过程可参考卸船管线及储罐的预冷。当码头循环总管达到 -60℃,用 LNG 替换冷气,进行 LNG 充液,DCS 操作员观察并记录低压管线上表面温度计,调整码头循环总管调节阀阀门开度。冷却期间,现场操作员观察管线、管线支架及管托的位移是否正常,法兰有无泄漏情况。

(2)储罐低压泵出口管线的冷却及充液。

当储罐罐底温度达到 -150℃时,确认相关阀门状态已对照阀位设置表正确设置。操作员关闭码头循环总管与卸料总管之间的切断阀,调节单个低压泵出口管线止回阀与调节阀的旁路阀开度,用 LNG 冷却低压泵出口汇管。现场操作员调整 CSP 的开度,进行低压泵出口管线的冷却,观察出口管线温度变化趋势,调整回流管线调节阀旁路开度,进行低压泵回流管线的冷却。当操作员观察到出口管线温度到 -150℃时,完成低压泵出口管线冷却及充液。现场操作员调整 LNG 混合管线切断阀旁路到正常铅封保位开度,调整单个低压泵出口管线止回阀、调节阀、回流管线调节阀的旁路阀开度,保证管线的正常保冷状态。

(3)低压泵运行测试。

当低压泵出口管线的冷却及充液完毕,现场可以进行低压泵运行测试。运行测试前的检查内容包括:确认泵的安装已完成;泵井出口管线及泵井法兰已紧固;确认泵及相关管线的吹扫及冷却已完成;确认相关联锁已经投用(储罐液位高高及低低、储罐压力高高及低低、低压泵电源电缆穿线管和仪表电缆穿线管的压力高高);确认低压泵出口流量低低联锁已屏蔽;确认电源电缆穿线管、仪表电缆穿线管的氮气压力在正常范围内,穿线管无泄漏;确认储罐内有足够的液体,在低液位报警值以上;确认相关阀门状态已对照阀位设置表正确设置;无启泵限制条件。检查完毕后进行启停测试(1～3min)和负荷测试(在外输条件允许时进行)。

(4)建立码头保冷循环。

码头停止卸料之后,现场确认储罐 LNG 上下进料总管调节阀关闭;操作员启动一台低压泵;现场操作员调节上下进料总管进料旁路阀开度;DCS 缓慢打开上进料总管进料阀,对低压输出管线、码头保冷管线、卸船管线加压;现场操作员调节储罐上下进料总管进料旁路阀开度,保证码头循环保冷量在 100t/h 左右,卸船总管压力控制在 0.6MPa 左右,建立码头保冷循环。

(5)零外输循环管线冷却及充液。

零外输循环管线包括低压输出总管、高压输出总管、高低压排净管线。建立码头保冷循环后,确认相关阀门状态已对照阀位设置表正确设置。用临时汽化器冷却低压输出总管,定期记录低压输出总管、高压输出总管、高低压排净管线温度。操作员调整零外输循环管线调节阀,控制冷却速率。当高压输出总管达到 -100℃ 左右时,用 LNG 替换冷气,停用临时汽化器,进行相关管线充液。

3. 高压泵和再冷凝器的冷却

1)高压泵冷却前准备

高压泵及其附属管线预冷前,需确认所有排净管线、放空管线和泄放管线等处于正常投用状态。冷却管线及设备时应密切关注其冷却过程,确保管线和设备在冷却过程中的冷缩量在设计范围内。若存在管线位移超过设计值或管线不能正常移动的情形,应立即停止冷却,待设备工程师对现场评估、处理后,再继续预冷。高压泵加压过程中密切关注管道压力变化,进行缓慢升压,同时关注法兰及阀门的泄漏情况。若出现泄漏情况,应立即停止加压,待泄漏点得到处理后,方可继续进行。

高压泵试车工作必须将以下几项确认后,方可进行:

(1)所有 T 接支管线上影响其移动的 U 形管托已经拆除,使管线在冷却期间可以自由移动,避免因遇冷收缩而造成管线损坏。

(2)高压泵已正确安装。

(3)高压泵入口过滤器已正确安装。

(4)高压泵已达到惰化要求。

（5）首台高压泵预冷前接收站已建立稳定的零输出循环。

（6）通知所有相关人员高压泵试车即将开始。

2）高压泵冷却执行步骤

（1）高压泵及其附属管线预冷、充液和静置。

接收站建立稳定的零输出循环后，开始进行高压泵预冷，将常温的高压泵及其附属管线预冷至 −150℃。预冷的设备及管线包括高压泵入口管线、高压泵泵井及泵体、高压泵出口管线、高压泵回流管线及高压泵回流总管。在执行高压泵及其附属管线预冷过程中，通过控制冷却管线上截止阀、调节泵井的 PSV 旁路、出口管线的 TRV 旁路及回流管线上阀门的开度，来控制其预冷速度。操作员记录高压泵冷却时的相关参数。高压泵泵井及泵体冷却完成后，调整阀位，对高压泵充液和加压，并对出口管线及回流管线进一步预冷。为了让所有管线及泵的部件达到热稳定条件，启动高压泵前需对设备保冷静置 3h 以上。

（2）预冷作业操作准则。

预冷速度必须缓慢，泵所有部件必须浸没于 LNG 中足够的时间，以确保在泵启动前都已达到热稳定性。冷却第一阶段时降低冷却压力，减小冷却流量，以免引起泵的转动。冷却完成后通过泵井的冷却管线对泵入口管线、泵井及其出口管线进行充液并加压。

（3）控制指标。

吹扫要求：在泵和系统开始冷却以前，泵井的露点应低于 −50℃，氧气含量在 2% 以下。

冷却速度：要求小于 10℃/h，冷却和静置的总时间不少于 9.5h。

建立液位速度：小于 25.4mm/min，并在约定位置静置。静置节点及时间分别为电动机下轴承（60min）、电动机中部（60min）、电动机上轴承（60min）、泵井顶部（180min）。

3）再冷凝器试车前需完成的工作

在进行系统试车之前，需确认储罐系统，高压泵及高压输出系统，汽化器系统，高、低压排净系统，火炬系统，仪表风系统，氮气系统，工艺控制系统，安全仪表系统已经投用。

（1）前提条件。

再冷凝器已干燥至露点 −60℃，且含氧量低于 1%。已经获得工作许可证。所有工艺系统运行正常,零输出循环已建立。BOG 压缩机开车准备就绪。已经根据阀位设置表完成开车前的阀位设置。

(2)DCS 监控参数。

中控室应密切关注再冷凝器的压力、底部温度及液位,并做好相关记录。

(3)冷却和充液。

LNG 经低压排净管线,由再冷凝器出口去低压排净的球阀,控制以低速注入再冷凝器下端,DCS 逐渐打开压力控制阀,将产生的 BOG 气体释放到 BOG 总管。冷却速度限制为 15℃/h,需将再冷凝器冷却至 −130℃ 以下,冷却完成后,再冷凝器液位应缓慢充至约 40% 液位处,无须冷却再冷凝器上段。

4. 建立外输

1)开架式海水汽化器的预冷

启动海水泵,建立海水流量,操作员检查海水流量和分布状态。高压输出总管经零输出循环已充液,开架式海水汽化器的入口 LNG 来自高压输出总管,通过控制入口管线的旁路阀及流量控制阀的旁路阀进行冷却,用流量控制阀的旁路阀来控制冷却的速度,汽化的气体应从压力安全阀的旁路阀及泄放阀排至 BOG 泄放总管,冷却温度约至 −120℃。

2)高压 NG 输出总管的 NG 置换

关闭压力安全阀的旁路阀及泄放阀,打开汽化器出口管线的阀门,开始利用来自零输出循环的 LNG 经汽化器汽化后对高压 NG 输出总管进行 NG 置换。置换期间,维持 NG 输出总管压力在 15kPa。当在放空口测得烃含量为 5%(体积分数)时,相应管段 NG 置换完成。

3)高压 NG 输出总管首次加压

当管段完成 NG 置换后,开始对高压 NG 输出总管进行首次加压,加压目标为 1.1MPa,加压过程中通过控制汽化器流量调节阀旁路来控制高压 NG 输出总管的加压速度。首次加压结束后,对汽化器及高压 NG 总管进行保压。高压泵启动测试完成后,利用汽化器和高压泵继续对高压外输系统二次加压。

注意:高压泵预冷和高压 NG 输出总管首次加压在接收站零输出循环期间同步进行。

4）首台高压泵启动测试

（1）停零输出循环。

当高压泵及其附属管线预冷完成，具备启动条件后，开始高压泵启动测试，为加压高压外输系统做准备。高压泵启动测试前，停止零输出循环。

（2）高压泵启动测试。

高压泵启动测试将只进行回流测试，启动时调整泵井放空阀开度，维持泵井液位，测试期间检查泵电源接线是否正确，以及运行时的电流、振动和管线泄漏情况。在测试过程中根据高压泵的测试结果、高压 LNG 输出总管管线温度变化情况和高压外输系统的准备情况来决定是否临时恢复零输出循环。为了防止高压泵输出总管回温过高，首台高压泵启动测试（泵处于最小回流状态）的时间尽可能的短。

注意：首台高压泵启动测试在高压 NG 输出总管首次加压完成后进行。测试期间高压泵回流管线的 LNG 将通过高压泵回流总管，经高压排净回到储罐。高压泵启动测试先进行回流测试，待接收站外输平稳后再进行高压泵的负荷测试。

5）高压 NG 输出总管二次加压

当一台高压泵已完成启动测试，具备运行条件，用已测试完的高压泵对高压 NG 输出总管做二次缓慢加压工作，从 1.1MPa 加压至 8.4MPa，即压力与下游管网压力相等为止。

加压期间，管道加压速度主要由高压泵出口调节阀的旁路阀控制，汽化器入口流量调节阀旁路作辅助控制。加压过程中操作员现场检查管线及阀门泄漏情况，若出现泄漏及管线变形情况，应立即停止系统加压，待确认问题解决后方可继续进行。

6）接收站建立稳定外输

当高压外输系统二次加压完成，压力与下游管网压力相等时，通知试车组组长，高压 NG 输出总管加压完成。确认计量站计量橇已投用，准备打开计量站出口阀，导通接收站与外输干线流程，同时调整站内流程上的阀门状态，准备开始外输。

5. BOG 处理系统投用

BOG 处理系统试车过程由三部分组成，包括火炬排放系统试车、再冷凝器试车、BOG 压缩机试车。在正常操作中，接收站产生的蒸发气全部经 BOG

压缩机输送至再冷凝器,被再冷凝器中的 LNG 冷凝回收,不会放到火炬燃烧。只在非正常工况下(接收站试车、紧急情况、维修、接收站零外输等),超压的 BOG 气体才放空至火炬燃烧。火炬排放系统的目的是安全地收集和处理来自接收站的超压 BOG。

1)火炬排放系统试车

(1)试车前需完成的工作:所有火炬分液罐及其上游管道吹扫合格。所有仪表在线并在 DCS 可读。提供临时燃料气的 LNG 槽车已到位准备就绪。临时空温式汽化器已具备使用条件。氮气系统已投用,氮气总管压力达到 0.6MPa。相关阀位设置已经完成。

(2)DCS 监控参数:火炬系统的压力、长明灯的温度、回火探头的温度、低压排放总管氮气吹扫的流量,并做好相关记录。

(3)执行说明。

由于火炬排放系统的目的是安全地收集和处理来自接收站的超压 BOG,因此接收站最先试车的工艺系统为火炬排放系统,此时长明灯的临时燃料气来源为 LNG 槽车通过空温式汽化器汽化的 LNG,当接收站燃料气系统试车完成后将气源由临时燃料气切换为正式燃料气。为了防止空气进入火炬排放管道和火炬塔,需要氮气进行持续吹扫。

(4)点火方式。

火炬长明灯的点火方式有两种:内传焰点火、高能点火。

内传焰点火:三个长明灯可共用一个点火器(在就地控制盘上),点火燃料和燃烧燃料分开,空气来源于接收站仪表风供气管网。

高能点火:用长明灯单独的高能点火器点火,点火燃料即为燃烧燃料,空气来自大气环境。将就地控制盘切换开关置于高能、手动模式,在就地控制盘上按下相应长明灯的高能点火按钮,则可进行高能手动点火。

2)BOG 压缩机试车

BOG 压缩机的作用在于回收接收站正常外输期间产生的 BOG,以维持储罐压力在正常的压力范围内。

(1)试车前需完成的工作:卸船管线、循环管线和气相返回臂,储罐和低压输出泵系统,再冷凝器,高压输出泵,高压和低压排净系统,火炬系统,空气压缩机系统,氮气系统,6.3kV 开关设备,0.4kV 开关设备和电动机控制中心(MCC),PCS 系统,SIS 系统已经投用。

（2）前提条件：再冷凝器充液完毕，压缩机所有的辅助设备正常，所有阀位设置正确，现场控制单元（UCP）与 DCS、SIS、MCC、压缩机现场仪表通信调试正常，现场确认 BOG 压缩机具备启动条件，辅油泵系统、冷却水系统已启动并无异常。

（3）压缩机投用：在就地控制盘上启动辅油泵，在其运行 2min 后无故障报警，则现场操作员按下就地控制盘上"压缩机启机"键，灯绿闪表示压缩机符合启动条件，再次按下"压缩机启机"键，此时灯常亮。现场确认主电动机启动并运行 30s 后辅油泵自动停止。在主电动机运行 2min 后，压缩机负荷自动升至 50%，当测得压缩机吸入温度低于 -90℃时，才能慢慢关闭火炬阀（若吸入温度高于 -90℃，必须保证出口火炬阀全开）；检查出口流量及再冷凝器运行状态正常。

3）再冷凝器试车

压缩机投用后，把压缩后的 BOG 输送到再冷凝器，同时根据液气比调节再冷凝器的流量控制阀，冷凝 BOG，使再冷凝器运行稳定（压力约 0.7MPa）。当再冷凝器液位、压力处于稳定状态时，关闭出口阀，手动调节再冷凝器入口旁路压力控制阀，使其冲压至 0.82MPa，然后转为"自动模式"。调节 BOG 管线上旁路的压力控制阀（可以泄压至 BOG 管线的控制阀）。当再冷凝器达到稳定时，BOG 处理系统完全投用。

三、性能测试

1. 稳定外输性能测试

验证接收站在平均负荷（$1288 \times 10^4 \text{m}^3/\text{d}$）外输时，输出气体温度不低于 2℃、压力维持在 8.4MPa 左右的稳定运行能力。测试需持续 72h，期间将对运行设备进行切换，以验证所有设备都能稳定运行。

2. 最小外输性能测试

最小外输性能测试是接收站在储罐罐压保持不上升的情况下，外输量最小且稳定运行的测试。接收站的最小外输能力判别标准：无 BOG 放空；高压泵能稳定运行（无气蚀风险）。

测试方法如下：

测试前将外输调量至 100t/h,稳定运行后,观测高压泵入口温度。若温度低于 -135℃时,减小外输量;若温度高于 -135℃时,增大外输量;每次调节幅度为 1t/h,调节后稳定运行一段时间,温度无变化后,再进行调节。

当外输量减小到正好高压泵入口温度达到 -135℃时,停止调节,稳定运行 1h。测试期间,记录相关数据。测试完成后,根据外输情况恢复外输量。

3. 最大外输性能测试

测试时,接收站启用所有汽化器,同时对应启动相对数量的低压泵和高压泵,均满负荷运行 1h,此时的外输量即为最大外输量。测试期间,记录相关数据。

最大外输能力测试前,接收站需与调控中心协调好具体时间和安排。

4. 卸船时间性能测试

卸船时间性能测试内容如下:

(1)测试接收站在预订时间内将 147000m³ 船上全部 LNG 以设计卸船速度卸载到储罐的能力。

(2)测试接收站在预订时间内将 267000m³ 船上全部 LNG 以设计卸船速度卸载到储罐的能力。其中,卸船时间仅计算全速卸料时间,不包括卸船系统连接、测试、冷却时间以及卸船加速与减速的时间。卸船时间性能测试的基础条件包括:船上 LNG 的组成在设计的 LNG 规格范围内;应证明 LNG 船上的泵能够以设计的卸船速度均衡、稳定地输送 LNG,并且船与卸料臂法兰之间应安装过滤器;LNG 船能够接收相同速度返回的气体;在测试期间,要定时对卸船参数进行记录,包括储罐罐压及液位、卸料速度、反气阀的开度、船上 LNG 的余量、船舱气相及液相的温度、船气相管线的流量等。

5. 储罐蒸发率(BOR)测试

为测试储罐在正常运行情况下的蒸发率,在运行期间,储罐压力将维持在 6 ~ 25kPa 之间。

1)BOR 测试条件

(1)储罐液位达到设计值。

(2)稳定的大气压环境。

（3）储罐处于隔离状态,仅通过 BOG 总管与外部连通。

（4）待测试储罐的罐表系统可用。

（5）储罐静置合格。

2）BOR 测试前准备工作

（1）在储罐外壁需要测温点进行标注,用于温度测量。

现场标记温度测量点包括:储罐外壁 4 个、穹顶外壁 5 个、罐底外壁 4 个,共 13 个测温点,见图 5-1。

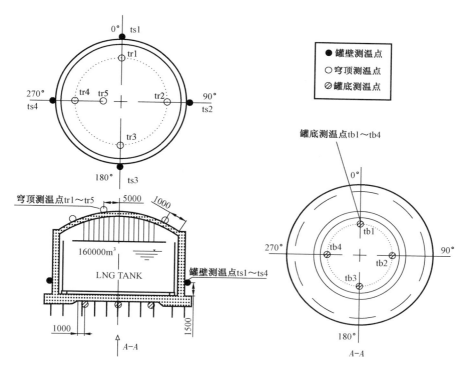

图 5-1　BOR 测试现场温度测温点示意图

测温点的设置原则为:测温点有效分布均匀、方便测量。

（2）在 BOR 测试前至少静置 72h,期间不得向储罐内加注液体或气体,以便储罐达到稳定状态。

（3）为确保测试结果准确,需要在大气压力相对稳定的环境下进行测试。

3）BOR 测试测量参数

BOR 测试测量参数包括大气压力，环境温度，储罐液位，储罐绝压、表压，储罐内液体平均温度，储罐内气相空间温度（吊顶表面温度计），内罐壁及内罐底温度，罐外壁、穹顶外壁及罐底外壁温度。DCS 抄录和现场测量。以上参数至少 2h 记录一次。

第四节　试运投产管理重点

一、储罐预冷

LNG 的储存温度为 $-160℃$，LNG 储罐为全包容式预应力混凝土储罐（FCCR），内罐采用 9% 镍钢，外罐是预应力混凝土材料建成。储罐自身容积很大，有效容积为 $16×10^4 m^3$。在 LNG 储罐开车初期，需要将储罐温度由环境温度逐渐降低到可接收 LNG 的状态，这需要一个非常缓慢的预冷过程，否则，就可能会因为热应力过大造成储罐损坏。因此，预冷工作的实施需要非常精心，工作难度很大，技术要求很高。

1. 试车前准备

试车前，需要确认以下事项：

（1）严格执行经过审批的预冷工作方案及程序。

（2）在 42in 卸料管线完全充满液体的情况下，储罐可以进行冷却及充液。

（3）确认所有 T 接支管线上影响其移动的 U 形管托已经拆除，使管线在冷却期间可以自由移动。

（4）中控室操作员监测并控制整个冷却过程；现场操作员需 24h 在现场值班，并根据中控室指令及时调节现场手阀，监测管线的移动、保冷、支架、管托及泄漏情况等。

2. 储罐预冷的控制指标

在储罐试车过程中，以下的指标需要严格控制：

（1）冷却速度：为避免冷却时应力过大，需要控制储罐冷却速度在 3 ～ 5℃/h。

（2）船方控制 LNG 供应压力：约为 0.3MPa。

（3）任意相邻两点的温度指示温差小于 20℃。

（4）任意两点温度指示温差小于 50℃。

3. 储罐预冷的主要节点

（1）当罐顶温度达到 −150℃时，调节 LNG 喷淋管线上 MV 阀的开度，对储罐进行喷淋预冷，储罐喷淋预冷速度控制在 3~5℃/h。

（2）当底板和罐壁平均温度达到 −150℃时，缓慢打开底部进料管线上的 2in 旁路阀至全开。当液位计指示变化时，缓慢打开顶部进料管线上的 2in 旁路阀至全开。

（3）当储罐液位为 300mm 时，中控室缓慢打开底部进料管线上主阀，同时要求船方停止喷淋泵。

（4）当储罐液位达到 5m 时，关闭底部进料阀，同时调节旁路阀以维持卸船管线的冷态，并静置 12h。

二、系统干燥

由于 LNG 低温的特性，接收站内工艺管线及设备对露点的要求都很高。不够干燥的管线及设备，运行时会对设备及阀门造成损害。所以在投产过程中，系统干燥尤为重要。在系统干燥中，由于厂区内各设备、管线的差异性，采取的干燥方法和措施也有所不同。

1. 储罐的干燥

LNG 储罐较大，夹层、死区较多，而相对于工艺设备及管线，对露点的要求较低，但仍然在干燥中耗时最长。在储罐的干燥中要注意对压力的控制，对储罐分区干燥的过程中，要严格按照预订流程进行。尤其注意对储罐底部干燥时，要关注内罐与罐底之间的压差，防止罐底压力过高，对储罐造成损坏。

2. 管线的干燥

LNG/NG 管线范围大，整体复杂，对管线吹扫要通过分区进行，将大范围、复杂的管线通过分区，减少死区，从而可以通过持续吹扫的方式进行干燥。为确保管线上阀门彻底干燥，所有的球阀、旋塞阀和截止阀都需在全开和全关的位置反复动作几次,以驱逐残余水分。在管线末端往往存在积水点,若无法从低点将积水排出,可通过加热的方法,将水汽带出系统。

3. 其他设备及附属管线的干燥

工艺设备的露点要求较高,管线复杂,内部多存在吹扫不到的死区。所以对设备的吹扫要用充压的方式进行,充压时要注意设定压力不得超过设备安全阀的起跳压力,在充压完成后要有足够的时间进行静置,使其内部死区的水分可以排出。必要的时候可对难以干燥的部位进行加热。

三、界面管理

在 LNG 接收站试运投产的过程中,界面管理是非常重要的。在以下的作业或者说实际操作的过程中,应做好界面管理工作,包括:许可证的办理及试运投产过程中施工过程的进行;开车团队的操作界面与操作人员的操作界面管理。

第五节　试运投产 HSE 管理

一、试运投产 HSE 管理的基本要求及注意事项

1. HSE 管理基本要求

为确保接收站试运投产安全顺利,试车前应必须满足安全试车的"十个严禁":

(1)试车方案未制订和备案,严禁试车。

(2)试车组织指挥和安全管理机构不健全、制度不完善、人员不到位、责任不落实,严禁试车。

(3)参与试车人员未经培训和考核合格,严禁试车。

(4)应急救援预案和措施不落实,严禁试车。

(5)安全设施未与主体工程同时投入使用,严禁试车。

(6)特种设备未经依法检测检验合格,严禁试车。

(7)装置未经清洗、吹扫、置换、试验合格,严禁试车。

（8）现场施工未完成、场地未清理、道路不通畅，严禁试车。

（9）装置区域人员限制措施未实施、无关人员未撤离，严禁试车。

（10）试车过程中出现故障或异常时，原因未查明、隐患未消除，严禁继续试车。

2. HSE 管理其他主要事项

由于接收站试运投产阶段与工程建设阶段的主要风险因素不同，所以试运投产前接收站应建立健全 HSE 管理制度和要求。通过培训、会议、媒体宣传等多种形式，确保所有参与接收站试车的人员知晓并遵守。主要包括门禁管理、安保管理、通信管理、巡检管理等

1）门禁管理

（1）内部人员进站：接收站试运投产期间，接收站内部人员凭门禁卡进站，门禁卡实行分级管理。根据人员岗位和工作职责不同，设置该人员可进入的区域，并用不同颜色进行区分。进入工艺区人员必须接受门禁安保人员检查。按照劳动防护要求，进入工艺区人员必须将全棉工作服、安全帽、"三防"劳保鞋等穿戴齐全。同时，禁止将打火机、火柴等火种，手机、照相机等非防爆电子设备带入工艺区。

（2）外部人员进站：由于工作需要等原因，接收站外部人员需进入接收站工艺区的，应征得接收站批准和 HSE 培训后由业务部门专人陪同进入。

（3）车辆进站：接收站内只允许防爆电瓶车和自行车进入厂区，其他车辆未经许可不得进入。由于接收站维抢修等特殊原因需进入厂区的车辆，需办理作业许可证，进入车辆安装防火帽，门卫对车辆进行检查。进站车辆行驶速度不得超过 20km/h，严禁占用消防通道。

2）安保管理

试运投产期间，保安 24h 值守，人员全部到位，严禁脱岗、睡岗、酒后上岗。同时，对进站车辆和人员按照相关规定仔细检查。若违反相关规定，应按照规定严厉处罚。

3）通信管理

试运投产期间，接收站员工及相关单位人员应保持手机 24h 开机；值班期间对讲机应设定在规定频道，并随身携带、保持畅通。

4）巡检管理

卸船预冷期间，巡检工作实行升级管理，除当班人员正常巡检外，增加

副班人员巡检,进行不间断巡检。巡检人员随身携带可燃气体报警器和相关工器具,特殊部位由 CCTV 全程监控。

二、风险分析

LNG 接收站试运投产是一项由项目建设转向运营中的一项极为复杂、危险的系统环节,全面、准确的风险有害因素辨识是确保试运过程安全的基础。

通过对接收站工程工艺过程和主要物料的特点进行分析,接收站在试运过程中可能发生火灾爆炸危险、人身伤亡危险和设备损失危险等多种类型的事故,具体分析如下。

1. 接收站风险分析

1) 火灾、爆炸

(1) LNG/NG 属易燃、易爆物质,火灾爆炸危险性大。天然气和空气混合,当浓度达到爆炸极限(5% ~ 15%)时,如遇明火就会发生爆炸,这是 LNG/NG 事故中危害与损失最大的一种。如果未达到爆炸下限,遇明火则会发生燃烧。

一旦低压 LNG 泄漏,就可能形成 LNG 液池,LNG 将蒸发形成蒸气云,蒸气云将会扩散,如果被点燃,将发生池火火灾。一旦 NG 泄漏,就会形成蒸气云,蒸气云将扩散,如果被点燃,将发生喷射火火灾。

根据 LNG/NG 火灾危险性特点,液化天然气卸船、储存、输送及汽化过程和天然气输送过程的火灾危险性为甲类。生产装置的火灾危险分布见表 5－10。

表 5－10　生产装置的火灾危险分布

工艺系统	危险事件	危害
卸船系统	一条卸船臂故障/破裂,LNG 泄漏至水面或码头	气体扩散,火灾
	气体释放至码头的密集区域内	爆炸,超压
	卸船管线故障,LNG 泄漏(小泄漏)	气体扩散,火灾
储存系统	LNG 储罐安全阀的气体释放	气体扩散,火灾
	低压 LNG 管线故障,LNG 泄漏(小泄漏)	气体扩散,火灾

续表

工艺系统	危险事件	危害
BOG 处理系统	压缩机入口低压管线故障,BOG 气体释放(小泄漏)	气体扩散,火灾
	压缩机出口高压管线故障,BOG 气体释放(小泄漏)	气体扩散,火灾
	气体释放至压缩机厂房内	爆炸,超压
	再冷凝器故障,LNG 泄漏(小泄漏)	气体扩散,火灾
	外部火灾威胁再冷凝器	沸腾液体膨胀,蒸气爆炸
汽化系统	高压 LNG 管线故障,LNG 泄漏(小泄漏)	气体扩散,火灾
	气体释放至密集区域(高压泵区和汽化器区)	爆炸,超压
计量系统	NG 管线故障,NG 释放(小泄漏)	气体扩散,火灾
槽车装车系统	LNG 溅出	气体扩散,火灾
	外部火灾威胁槽车	沸腾液体膨胀,蒸气爆炸
事故收集池系统	罐区事故收集池中 LNG 泄漏	气体扩散,火灾
	工艺区事故收集池中 LNG 泄漏	气体扩散,火灾
	槽车装车区事故收集池中 LNG 泄漏	气体扩散,火灾
	码头区事故收集池中 LNG 泄漏	气体扩散,火灾
公用工程及辅助设施	主控制室、码头控制室、装车站控制室	电气火灾
	110kV 总变电所、工艺变电所、海水泵房变配电所	电气火灾
	柴油罐	油气火灾、爆炸
	柴油发电机房	电气火灾
	化学品库	油品固体废物火灾
	海水电解	氢气泄漏、火灾
	化验室	化学品火灾
	火炬分液罐	气体扩散,火灾

2)低温冻伤

接收站内 LNG 温度约为 -162℃。如果操作人员与低温液体接触,会迅速冻伤皮肤组织;若低温管线、阀门发生破裂或泄漏,LNG 滴落在作业人员身上,可能导致低温冻伤。

3）窒息

接收站内,可能发生窒息中毒的物料主要有天然气、氮气等。因此,当发生泄漏事故时,应穿戴好必要的防护用品(如正压式呼吸器)和配备便携式气体检测器后,方可进入泄漏区域。

4）噪声危害

噪声对人体的危害表现为引起头晕、恶心、失眠、心悸、听力减退及神经衰弱等症状。接收站内主要的噪声源设备有 BOG 压缩机、高压泵、海水泵、生产生活水泵、消防水泵、消防测试泵、消防保压泵、空气压缩机、SCV、ORV、应急柴油发电机等。上述装置区域应设置噪声警示,进入时应佩戴耳塞或耳罩。

5）高处坠落

根据国家标准 GB/T 3608—2008《高处作业分级》规定,凡在坠落基准面 2m 以上(含 2m)有可能坠落的高处进行作业称为高处作业。在厂区内、生产车间等检维修过程中,涉及高处作业,如防护不当或操作失误,操作面、平台、扶梯、通道等防护栏设计不合理、松动、损坏、打滑等,采光不足、夜间操作照明不足、光线视野不明等,均有可能造成登高人员的坠落危险。

6）触电危害

接收站内设有工艺变电所、用电设备。如果设计不当、防护措施不到位或操作失误,有可能引起触电事故。接收站内作业人员如果违章私拉乱设用电设备,也极有可能发生触电事故和火灾爆炸事故。

7）物体打击事故

物体打击事故主要发生在码头前沿,如水手在解、系船舶缆绳时,缆绳突然断裂,发生物体打击事故,此类事故国内码头曾多次发生。另外,码头工作面上,卸料臂上的大块冰块融化坠落,如下方正好有作业人员,也会出现物体打击事故。

8）落水淹溺

码头作业人员(尤其是水手)在解、系船舶缆绳,操作卸料臂,通过栈桥,巡视码头作业现场以及上、下 LNG 船时,有可能会发生落水淹溺事故。作业环境不良时(如大风、大浪天气及夜间),这种事故发生的可能性会增大。由于码头工作平台离水面较高且水较深,人员一旦落水,后果比较严重。

2. 试运投产过程中的主要作业风险及控制措施

1) 试运投产过程中存在的主要作业风险

LNG 接收站试运投产过程主要是工艺管道和设备氮气吹扫、预冷、试车及开车等过程。整个过程中需重点关注以下主要作业风险：

（1）氮气置换、干燥过程中，系统中的氮气直接向大气中排放，同时需要气体测试人员在排放口测试氧气含量及露点，此操作存在氮气含量过高造成缺氧窒息的风险；在使用液氮蒸发气进行干燥时存在可能造成冻伤的风险。

（2）卸船过程中存在泄漏、火灾、爆炸、断缆及撞击码头的风险。

（3）所有的机泵（特别是压缩机、液化天然气输送泵等）均是第一次试车运行，对其性能了解不深，如发生故障或误操作，存在泄漏、火灾、爆炸的潜在风险。

（4）液化天然气低温储罐因大气压变化太快，氮气置换和干燥、卸船时储罐压力控制不及时，均会导致低温储罐压力迅速上升形成超压，或者压力降低形成真空。

（5）DCS 控制系统、SIS 控制系统及 ESD 系统故障，有导致整个试车、开车期间接收站无法开车或停车的风险。

（6）公用工程的故障也会带来相应的风险，如断电、仪表风供应中断故障等。此风险发生频率虽小，但不容忽视。

（7）预冷过程中，存在因热应力对管线与设备造成损坏的潜在危险及管线位移过大造成管托支架或元件与钢结构碰撞的风险。

（8）液化天然气泄漏或低温裸露的管道、设备，存在造成人员冻伤的潜在风险。

2) 需采取的安全控制措施

综合上述描述的主要作业风险及影响因素，接收站必须做好如下防护措施来确保试车、开车的安全进行：

（1）确保消防系统、消防设施已投用，应急设备、维修工具（有色金属材质）已备齐。

（2）在引入液化天然气时，确保全厂无动火作业，罐区开始严格按照《动火作业安全管理办法》进行规范管理，确保所有的规章制度及操作规程上墙，管理表格已准备就绪。

（3）已测试 DCS、SIS、ESD 系统，确保接收站仪表系统能正常工作并标识清晰，所有操作人员清楚仪表控制系统逻辑关系、SIS 系统逻辑原理及按钮位置、ESD 系统的按钮位置及动作结果。

（4）所有参与试车的人员，尤其是开车团队及生产部门全体员工应在思想上足够重视，每个操作步骤严格按照各方认同并经业主审批的作业方案执行，识别整个操作过程中的风险因素，并与操作人员沟通风险，熟悉应急反应程序。

（5）为防止误操作，所有工艺管线阀门在置换试车前完成编号标识、挂牌，注明开关，对不经常动作的阀门实施挂牌上锁（锁开/锁关）或铅封；调整转换工艺流程时，须各方认真讨论、确认流程，并经班长或经理确认后方能动作阀门，建议从操作参数下限开始操作，提高参数时应缓慢，并密切注意现场情况变化。

（6）严禁带压维修设备或拆卸阀门，物料有效隔离后实行排空，并测试确认后方可进行下一步的维修及拆卸。

（7）机泵和控制系统厂家技术人员进驻现场指导试车，并准备有故障备选方案，备选方案应提前报总承包商审批。

（8）所有进入厂区的员工必须穿戴好 PPE（安全帽、纯棉工作服、三防安全鞋、劳保手套），鉴于部分操作需在高处作业，排放或测试气体作业时存在低温介质冻伤眼睛、氮气中毒的风险，另需配备防护眼镜、安全带（五点式双扣）及正压式空气呼吸器。

（9）项目经理、开车经理、安全主管须定期巡查操作现场，干涉并阻止不安全行为及违规操作，定期回顾安全防护措施执行情况，建议每日召开班前、班后会，重点强调安全注意事项。

（10）首次将液化天然气引入接收站时，建议消防车、救护车进站守候。

（11）在每项具有风险的工作进行之前，须召集所有相关人员进行安全培训，熟知作业风险及应急处置程序。如操作步骤发生变化，需重新进行风险分析，出具详细的风险控制措施后才能进入下一步作业。

3）具体作业过程安全风险分析

LNG 接收站的试运投产按工作步骤主要分为：储罐和管线的干燥和氮气置换、船舶到港、船泊停泊、船岸连接、预冷卸船管线、储罐置换氮气、卸船管线充液、预冷 LNG 储罐、静置（观测储罐情况）、船上 LNG 卸载、低压泵启动、冷循环启动、低压系统预冷、ORV 启动、压缩机启动、再冷凝器的预冷和调试、SCV 调试、计量站调试等。针对每步作业，推荐使用作业前安全分析（JSA）方法，将工作进行主要步骤分解，针对每步操作可能出现的风险进行分析,并提出应采取的控制措施。下面以码头试车、开车作业为例进行作业前安全分析,见表5-11。

表5-11　码头试车、开车作业前安全分析

风险事件/作业活动	风险因素	影响后果	控制措施
船靠(离)泊	撞击码头,损坏码头设施	重大财产损失	(1)按照安全作业标准,在恶劣的天气下不进行靠泊操作。 (2)在恶劣的天气下不进行离泊操作
	船泊偏离位置,搁浅	无法靠船,船舶受损	与海事部门及引水员加强沟通,观察海水潮位
	人员落水	人员伤亡	(1)非相关人员严禁进入码头区。 (2)穿好救生衣
系(脱)缆	抛缆砸伤人	人员受伤	(1)集中精神,注视抛缆方向。 (2)人员离开缆绳坠落的位置
	人员坠海	人员伤亡	(1)码头水手要经过专业技术培训,培训合格后方可上岗。 (2)不用脚去踩缆绳。 (3)系、解缆时要逐根操作,不得将两根缆绳同时拖带或释放。 (4)穿戴好救生衣等劳保用品
	缆绳绷断	人员受伤	(1)检查缆绳接头等情况是否良好。 (2)远离受力缆绳,不要站立在受力缆绳的相反方向。 (3)非作业人员严禁进入带缆区。 (4)随时关注缆绳张力变化情况,及时进行调整
登船梯连接、调整	撞坏船体,撞伤人员	人员受伤,财产损失	(1)执行登船梯操作规程。 (2)远离正在动作的登船梯。 (3)恶劣的天气条件下不允许操作
	卸料时船体上升或潮水变化,未及时调整	财产损失	(1)操作人员必须按规定巡检。 (2)及时调整登船梯的高度

液化天然气接收站建设与运行

风险事件/作业活动	风险因素	影响后果	控制措施
卸料臂连接	高空坠物	人员伤亡	禁止站在卸料臂下方区域
	操作中发生挤伤、撞伤等	人员伤亡，财产损失	(1)执行卸料臂操作规程。 (2)卸料臂操作人员只负责遥控操作卸料臂，禁止做其他工作。 (3)连接卸料臂时，其他人员应远离卸料臂，并严禁在操作卸料臂过程中来回穿行。 (4)检查卸料臂密封面时，应等卸料臂停稳后，由一人检查，禁止"多头"同时检查。 (5)船方拆卸盲板时，我方人员应远离
	卸料臂折断	人员伤亡，财产损失	(1)恶劣天气停止卸料。 (2)将卸料臂收回停车位置、固定
氮气吹扫、ESD测试	人员窒息	人员伤亡	(1)定期巡检法兰连接等易泄漏部位。 (2)操作人员携带氧气浓度探测仪
卸料臂冷却	LNG泄漏，引起火灾或者爆炸	人员受伤，财产损失	(1)加强巡检。 (2)操作人员携带可燃气体探测仪。 (3)按要求穿戴劳保用品
货泵启动、卸料	LNG泄漏，引起火灾或者爆炸	人员受伤，财产损失	(1)按时巡检，重点监测法兰等易泄漏部位。 (2)控制卸料速度
	卸料臂上冰块坠落	人员伤亡	(1)操作人员必须佩戴安全帽等劳保用品。 (2)操作人员必须每隔2h巡检一次卸料臂结冰情况。 (3)操作人员在卸料臂下行走时注意上方安全，合理避让
卸船管线预冷	滑动管托位移过大，脱离支架；管道起拱过大，导致相邻管托压坏	财产损失	(1)严格控制流量，以控制温降速度。 (2)使用气相预冷，避免管道上下表面温差过大
卸料臂排净、置换	人员窒息	人员伤亡	(1)定期检查法兰连接等易泄漏部位。 (2)严格按照操作规程操作。 (3)操作人员携带氧气浓度探测仪

续表

风险事件/ 作业活动	风险因素	影响后果	控制措施
卸料臂断开	高空坠物,如卸料臂上冰块坠落	人员伤亡	(1)执行卸料臂操作规程。 (2)禁止站在卸料臂正下方
	操作中发生挤伤、撞伤等	人员伤亡	(1)卸料臂操作人员只负责遥控操作卸料臂,禁止做其他工作。 (2)断开卸料臂时,其他人员应远离卸料臂,并严禁在操作卸料臂过程中来回穿行。 (3)检查卸料臂密封面时,应等卸料臂停稳,无气体泄漏后,由一人检查,禁止"多头"同时检查
登船梯收回	操作登船梯失误	人员受伤,财产损失	(1)执行登船梯操作规程。 (2)登船梯操作时,人员应远离

三、作业许可管理

在接收站开车期间,除正常操作外,所有计划中的作业均已完成或者停止。但在某些特殊情况下,危险作业依然是不可避免的,可能将风险带入开车活动。为避免危及人员的健康和安全,并避免发生严重的工艺安全事件,应制定开车期间作业许可(PTW)管理制度。

1. 作业许可范围

在接收站开车试运期间,除以下规定的内容外的作业均应办理作业许可证:

(1)经过培训合格的人员按照已审核发布的程序或操作规程进行的调试、操作、维护、巡检、专项检查;

(2)由调试工程师执行的定期切换和性能试验;

(3)开车调试遇紧急情况时,按照应急预案处理。

除上述情况外,其他作业均需办理通用作业许可证。如果工作中包含下列工作,除办理通用作业许可证外,还应同时办理专项作业许可证:动火作业、高处作业、进入受限空间、临时用电、起重作业、交叉施工、射线作业、挖掘作业、脚手架作业、人孔和管线打开/关闭、盲板拆除。如果作业只单是一项专项作业,则只需办理专项作业许可证。

2. 作业许可证办理流程

1) 作业申请

作业前,作业单位(如总承包商、分包商、设备厂商等的工作负责人)提出申请,同时提供以下相关资料:

(1)作业方案(包括相关附图,如作业环境示意图、工艺流程示意图等,风险评估(JSA),安全措施,应急措施等);

(2)召开作业前技术和安全交底,并填写交底记录。

2) 作业审核与批准

作业单位编制作业方案、进行风险评估、落实安全措施后,提交接收站开车团队,专业工程师负责该项作业审核。审核分为书面审查、现场审查。

(1)书面审查主要审查内容如下:

① 确认作业的详细内容;

② 确认所有的相关文件,包括作业方案(包括相关附图,如作业环境示意图、工艺流程示意图、平面布置示意图等,风险评估,安全措施,应急措施等);

③ 技术和安全交底记录;

④ 现场作业人员资质及能力情况;

⑤ 确认作业许可证期限及延期次数。

(2)现场审查。书面审查通过后,应到作业区域现场审查,确认各项安全措施的落实情况。现场审查主要包括如下内容:

① 与作业有关的设备、工具、材料等;

② 系统隔离、置换、吹扫、检查情况;

③ 个人防护装备配备情况;

④ 安全消防设施的配备、应急措施的落实情况;

⑤ 工作方案中提出的其他安全措施落实情况。

(3)书面审查和现场审查通过后,接收站开车团队负责人签发通用作业许可证和专项作业许可证。

3) 作业实施

作业单位严格按照审批的作业方案进行。同时,作业监护人要全程现场监督,对违章行为及时纠正并制止,发现异常情况不能保证作业安全时,有权停止作业并向批准人汇报。

作业人员、监护人员的现场关键人员变更时,应经过审批人的批准。

4）作业关闭

作业完成后，作业单位清理恢复作业现场。开车团队审核人、监护人、批准人现场验收合格后，签字关闭作业。

5）作业许可证延期

作业许可证有效期原则上不超过一个工作日。在特殊情况下，作业许可证有效期内没有完成工作，作业单位可申请延期。作业单位、开车团队重新检查工作区域，确认所有安全措施有效后，可在作业许可证上签字延期。

6）作业许可证取消

（1）当发生下列任何一种情况时，应立即终止作业，取消作业许可证：

① 作业环境和条件发生变化；

② 作业内容发生变化；

③ 实际作业与计划的要求发生重大偏离；

④ 发现有可能发生立即危及生命的违章行为；

⑤ 现场作业人员发现重大安全隐患。

（2）当正在进行的作业工作出现紧急情况或已发出紧急撤离信号时，所有的作业许可证立即失效。重新作业应办理新的作业许可证。

3. 作业许可证其他管理要求

（1）作业许可证一式四联。第一联悬挂在作业现场；第二联张贴在主控室；第三联送交相关方；第四联保留在批准人处。

（2）作业许可证签发后，不得再作任何修改、涂抹。如若延期或取消，应按上述规定办理。

四、应急管理

为加强 LNG 接收站在试运投产阶段的应急管理工作，预防、控制和减少突发性事件的发生，减轻和消除突发性事件引起的危害和造成的损失，确保参加接收站开车工作的各相关方人员和公众的人身安全，保护环境，减少财产损失，接收站应编制试运投产专项应急预案和相关处置方案，明确应急处置流程。本部分主要简述试运投产期间，应急预案管理、主要应急响应流程及其相关的应急保障情况。

1. 应急预案管理

1）应急预案体系构成

试运投产应急预案是针对 LNG 接收站试运投产阶段编制的专项应急预案,是总体应急预案的支持性文件,用于指导试运投产期间发生的各类事故灾难、突发事件的具体应对工作,是试运投产期间现场处置预案和承包商应急处置预案编制的参考依据。它既可以单独使用,也可以配合其他现场应急预案一起使用。

接收站试运投产应急预案体系构成见图 5 – 2(以唐山 LNG 接收站为例)。

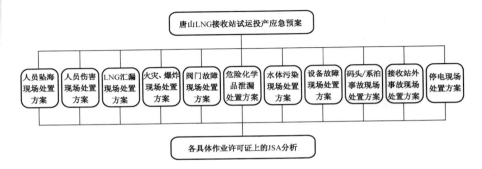

图 5 – 2 试运投产应急预案体系构成

2）应急预案培训与演练

（1）试运投产前,接收站应对参与试车开车的人员进行应急预案培训,重点培训存在的风险及应对措施、事故报告等。

（2）接收站应提前制订试运投产应急演练计划,并严格按照计划实施。演练可以采用桌面演练、实战演练以及与地方政府、救援机构协同演练等形式。考虑事故出现的可能性,对于 LNG 管线、法兰及 NG(高压)管线泄漏、着火、爆炸,应进行实战演练;其他事故应急演练可采用桌面演练形式。

3）应急预案修订

接收站在发生以下情况时,应及时对应急预案进行修订:

（1）预案未满足新颁布的法律、法规、标准要求;

（2）通过应急演练或经突发事件检验,发现应急预案存在缺陷或漏洞;

（3）组织机构、人员发生变化或其他原因必须修订时。

2. 突发事件分级及应急响应

1）突发事件分级

突发事件主要分为自然灾害事件、事故灾难事件、公共卫生事件、社会安全事件四种类型。按照其性质、可控性及影响范围等因素，LNG 接收站一般将突发事件分为四级：Ⅰ级事件（集团公司级）、Ⅱ级事件（公司级）、Ⅲ级事件（接收站级）、Ⅳ级事件（班组级）。可根据本单位实际情况进行级别调整。

2）应急响应

应急响应的过程可分为接警、判断响应级别、应急启动、控制及救援行动、扩大应急、应急终止和后期处置等步骤。应急响应流程图见图 5-3。

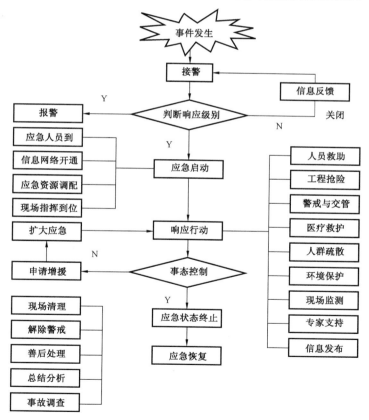

图 5-3　应急响应流程图

接收站试车、开车应急响应可按本公司实际情况进行分级,一般分为两级。

(1)一级应急响应:主要是应对Ⅰ、Ⅱ、Ⅲ级突发事件或二级应急响应失控而实施的应急响应。由公司应急领导小组启动一级应急响应,开展应急处置和救援。根据事故的发展势态,控制、监控情况,随时准备开展扩大应急,上报地方政府相关部门,请求上级、外部救援。

(2)二级应急响应:主要是应对Ⅳ级突发事件的应急响应。由接收站试车开车团队应急领导小组启动二级应急响应,开展应急处置和救援。接收站试车开车过程中,一般发生最多的突发状况属于二级应急响应,如预冷过程中阀门少量泄漏LNG等。

3. 应急资源保障

试运开车前接收站应落实通信、应急抢险、消防救援、医疗救护、劳动及应急防护用品等资源,确保发生突发状况时能及时处置。

1)通信与信息保障

接收站应按照有线、无线相结合的原则建立试运投产应急通信系统,保障救援现场与应急指挥中心之间的通信畅通。一是制作接收站内部值班电话清单、相关岗位防爆对讲机和防爆移动电话的通信录并下发,应急组织机构全体成员必须保持手机24h开机,以便随时进入应急待命和应急执行状态;二是制作与地方政府主管部门、外部救援机构及接收站上级部门的应急通信清单,如地方安监、消防、医疗、环保、海事救援等。

2)应急队伍保障

(1)接收站建立检维修队伍作为接收站一般事故应急处置的主要力量,并配备相关应急处置工具、器具、备品备件。

(2)接收站可根据地方依托情况,决定是否建立消防队、医疗室,负责紧急情况下的抢险及医疗救护工作。为扩大应急的需要,接收站应急根据突发事件性质、严重程度、范围等选择应急处置和救援可依托的外部专业机构、物资、技术等,并在试运前签订救助协议,确保突发事件的应急处置、医疗救治、治安保卫、交通运输等应急救援力量到位。

请求外部救援时应向地方应急组织说明事故发生的地点、事故现场状况、现场即时处理措施等,并说明需要救援内容,如政府部门现场紧急协调(各种力量的增援)、公安部门紧急围控(安全警戒)和协助居民疏散、消防紧急布控(消防人员数量、消防车类型、人员救护所需设施等的增援)、医护现场救护(人员伤亡类型、数量、伤亡程度)、交通管制(地理区域、方位)等。

3)劳动及应急防护用品保障

为保护员工的职业健康安全,接收站应按岗位性质配备个人劳动防护用品(PPE)和应急防护用品。

根据 LNG 工程的特点,考虑配置的主要劳动防护用品如下:

(1)为全体员工员配备防静电工服、"三防"工鞋(防静电、防砸、防穿刺)、安全帽以及夜间作业时需要的防爆手电、防爆头灯等。

(2)为可能接触到液化天然气的作业人员配备耐低温手套、防护眼镜;为 LNG 泄漏检维修作业的人员配备耐低温防冻服(含防冻手套、防冻鞋)、耐低温防护围裙、耐低温防护面屏等。

(3)为高噪声区的操作人员配备耳罩、耳塞等。

(4)为化验检验人员及酸碱腐蚀介质接触人员配备防酸碱手套等。

(5)为电气作业人员配备绝缘手套、绝缘靴等。

(6)为码头区作业人员配备救生衣等。

(7)其他按作业性质根据标准配备劳动防护用品,例如,为高处作业人员配备安全带,雨季作业应考虑配备雨鞋、雨衣等。

根据 LNG 工程的特点,配备的应急防护用品如下:

在维修车间、化验室、主控制室、装车站控制室、码头控制室配置应急物资柜,主要包括急救医疗箱及药品、耐低温防护围裙、耐低温手套、正压式空气呼吸器、长管式呼吸器、耳塞、救生衣、测风仪等。

第六节　案例分析

试运投产过程中发生过的主要问题包括设计问题、设备问题、工艺问题、厂商问题等,具体的整改措施及建议见表5-12。

表 5 – 12　试运投产问题记录

问题描述	分类	整改措施	建议
卸船管线冷却时,由于管线布置走向设计出现袋形,上表面聚集气体,无法彻底完整冷却管线并影响了 LNG 储罐的冷却	设计问题	通过排出管线上方聚集的气体,完成了卸船管线的冷却及充液	在今后 LNG 接收站设计过程中;管线布置走向避免出现袋形,防止在预冷过程中出现气体堵塞管线的情况
燃料气电加热器调节阀门现场听不到过流的声音,怀疑阀门处发生冰堵	工艺问题	现场拆下阀门和阀后的降噪器,发现阀门及降噪器几乎被冰堵死,原因是水压试验后外输 NG 管线低点可能有水存在,水滴通过气体带进燃料气电加热器内,由于节流降温,水滴结冰堵住阀门和降噪板。除冰后运行正常	延长吹扫时间,合理分配吹扫位置,加强露点监测
登船梯的钢丝绳偏离正常的轨道,登船梯无法进行正常的上下移动	设备问题	经厂商维修后,增加钢索限位	加强卸船期间巡检

思　考　题

1. 安全试车的十个"严禁"。
2. LNG 储罐遇冷的控制指标。

第六章 运行及维护

一、日常运行关键控制点

1. 卸船流程及关键控制点

LNG 卸船流程主要包括卸船前的准备工作、船舶靠泊、卸船流程、船舶离泊等,这些工作在每次的卸船过程中,必须安全、合理、有序开展,任何一项工作内容没完成都会影响卸船工作。

1)卸船前准备

(1)确保储罐压力在安全范围内,防止卸船过程中由于储罐超压而燃放火炬。

(2)确保关键设备(卸料臂、登船梯)、分析化验设施满足正常工作要求。

(3)卸船要求海面可见度一海里以上(大于 2000m),风力小于 6 级,时刻关注天气变化。

(4)对外协调方面,合理调配人员与"一关三检"(海关、边检、卫检、商检)对接,使整个工作流程顺利、紧凑。外协工作内容见表 6-1。

表 6-1 外协工作内容表

序号	工作内容	备注
1	向海事、海关、边检、卫检、商检、港航局通报来船工作计划,并通知接收站各相关部门做好接船前准备工作	
2	与引航站沟通引水登轮、靠泊时间,向海事局呈报靠离泊计划	
3	向危险货物管理中心进行危险货物申报	
4	船舶代理公司组织货运代理公司、警戒艇公司、拖轮公司、引航站、接收站海事组在海事局召开船前会议	
5	接到船代通报船舶 24h 抵港预报后,向海事处交管中心、边检、商检、卫检、消防队发送船舶 24h 动态预报,确定抵港时间	

2）船舶靠泊

（1）靠泊过程中，以接收站气相返回臂所在位置作为中心线，由海事经理在岸侧指挥对中，船移动速不超过5cm/s。

（2）船在靠泊期间，要保持同一系缆墩上的缆绳受力基本一致（每根缆绳的受力范围为1～50t），防止意外脱缆或断缆。

（3）操作员在搭接登船梯时需格外谨慎，防止梯子与船体发生任何磕碰或剐蹭，在三角梯距甲板高度10cm左右时，应将登船梯设置为"浮动"状态，使其在不受外力驱动的状态下自然着陆。

3）卸船流程

（1）操作卸料臂与船侧法兰对接时，严禁操作员在移动中操作，防止意外摔倒时，对卸料臂失控。严禁操作员正对已拆除盲板的管道，防止发生意外泄漏。

（2）ESD测试时，应对联锁所涉及的全部阀门进行开关测试，避免遗漏。

（3）卸料臂冷却速度应严格控制，确保卸料臂及其相关管道能够得到充分、缓慢的冷却。特别值得注意的是，卸料臂与船侧管道法兰连接处，为LNG泄漏高发区，因此在卸料过程中，人员严禁在此区域穿行。

（4）全速卸料时卸料压力应满足计量化验组在线取样、在线分析装置的最小工作压力。

（5）卸料管线进入储罐前，操作员应将物料的密度与储罐内现有物料的密度进行比较，现有物料密度大于进料密度选择底进料；现有物料密度小于进料密度选择顶进料，避免因物料密度不同造成分层现象。

（6）卸料期间，由于潮位变化、船吃水深度变化、天气变化等，都会使船岸的相对位置产生改变，需适时调整登船梯的搭接位置。

4）船舶离泊

（1）卸料臂排净、吹扫合格后，可依次断开与船侧管道的连接，最后断开气相返回臂。断开卸料臂操作时，严禁操作员站在卸料臂延伸范围的正下方，防止因结冰解冻脱落，造成人员砸伤。

（2）外协组根据离泊方案，向海关、海事、边检、引航站、拖轮公司等相关部门发送船舶离泊信息。待引航员登船后，操作员可收回登船梯。海事组组织水手解缆，船舶离泊。

2. 槽车装车及关键控制点

槽车装车流程主要包括进站准备、安全检查、装车作业等,这些工作在每次的装车过程中,必须安全、合理、有序执行。槽车装车会对低压管线的压力产生影响,操作员在调节时需要特别关注。

槽车装车主要的控制难点是低压输送总管到槽车装车总管的压力控制。槽车装车总管设置有压力调节阀,上游低压泵的输出量和下游的装车量会影响装车总管的压力波动。装车从预冷到全速充装,再从全速充装到减速充装,两个阶段切换会导致流量突增突降。单个装车橇流量的变化对系统压力产生的影响较小,但是多个橇同时充装,瞬时充装量会出现较大的波动,造成压力调节阀调节效果滞后,低压输送总管的压力会随之波动,直接影响再冷凝器压力,对下游压力产生一系列的影响,严重时可能会导致跳车。

避免这种问题的发生需要人为干预,办法如下:

(1)尽量避免多个橇的装车瞬时流量同时增减,可将流量增减的时间错开,由压力调节阀多次少量进行自动平稳调节。

(2)中控室操作员与装车操作员要保持及时顺畅的沟通,增减速时提前调节低压泵出口流量,维持低压输送总管压力稳定。

3. 设备启停切换及关键控制点

为了提高设备的备用可靠性及完好率,及时发现设备长期备用状态下存在的潜在问题,需要定期对设备进行切换及测试。应该合理制订设备切换或测试方案,并严格执行,记录切换和测试的时间及结果,统一管理和存档。

1)设备切换考虑的因素

(1)设备切换时需要考虑供电母线电流、电压的平衡,尤其需要匹配大功率耗电设备,应避免运行的设备集中在同一供电母线上,造成电流、电压的不平衡。例如,高压泵、BOG压缩机、SCV和海水泵等。

(2)设备切换时需要结合实际的设备保养或维修情况,因为保养或维修未能按照设备切换或测试方案定时启停的,需要在设备切换或测试方案上记录原因,并按照设备保养或维修的进度情况安排好下次切换的时间。

(3)设备确因生产工况需要长时间停用的,应定期进行盘车或测试。

2) 设备启停遵照的原则

(1) 停用设备优先原则。

以下情况适用停用设备优先原则：

① 设备本身存在缺陷,需要优先停机维修的;

② 累计运行时间达到例行保养或大修时间的;

③ 平衡不同供电母线负荷需要的;

④ 设备累计运行时间远远多于其他同种设备的。

(2) 启动设备优先原则。

以下情况适用启动设备优先原则：

① 设备完好,没有缺陷,刚刚完成保养或大修的;

② 平衡不同供电母线负荷需求的;

③ 设备累计运行时间远远少于其他同种设备的。

3) 设备启停关键控制点

(1) 低压泵。

启泵时首先设置最小流量调节阀(回流阀)开度,充分满足泵运行最小流量要求。待泵井气体排放阀关闭,低压泵流量稳定,便可根据低压输送总管的压力逐步开启出口流量调节阀。出口阀逐渐开启,当出口流量大于最小流量时,回流阀开度会逐渐关小至全关。调节出口阀开度至目标流量,低压泵启动完成。

停泵时,逐步关小泵出口流量调节阀,同时调整其他泵出口阀开度,保持低压输送总管的压力稳定。当泵流量降至设置的泵最小运行流量时,回流阀便会自动打开,当出口阀全部关闭后,可手动停止低压泵。泵停止后,确认泵井排气阀打开,手动关闭回流阀,低压泵停止完成。

(2) 高压泵。

高压泵启停原理同低压泵启停原理一致。高压泵作为承前启后的中间核心设备,运行是否平稳直接关系到上游和下游的稳定。高压泵的启停需要格外关注再冷凝器出口压力稳定,即高压泵入口压力稳定、再冷凝器液位稳定、低压输送总管压力稳定。启动高压泵前,可提前适量升高再冷凝器出口压力、低压输送总管压力,提高再冷凝器液位,以增大操作空间,克服启泵而引起的上游压力急剧下降,减小启泵对系统带来的波动。

反之,停泵时,可提前适量降低再冷凝器出口压力、低压输送总管压力,降低再冷凝器液位,克服停泵而引起的上游压力急剧上升,减小停泵对系统带来的波动。

（3）BOG 压缩机。

BOG 压缩机启动分为首台启动和非首台启动,两者的区别在于压缩机入口吸气温度没有达到设定工作温度时,经压缩后 BOG 气体的去向不同。首台启动时,由于再冷凝器未投用,压缩后的 BOG 气体直接输送至火炬进行燃烧。非首台启动时,压缩后的 BOG 气体持续返回压缩机入口分液罐进行循环。当入口吸气温度、出口排气压力满足要求时,可逐渐增大压缩机负荷。随着负荷提升,进入再冷凝器的 BOG 增多,需要同时增大进入再冷凝器的 LNG 流量用来处理增多部分的 BOG,维持再冷凝器的压力、液位稳定。因此,可提前适量增大进入再冷凝器的 LNG 流量。反之,停止压缩机时,需将负荷降低,可提前适量减少进入再冷凝器的 LNG 流量,维持再冷凝器的压力、液位稳定。

（4）汽化器。

汽化外输属于工艺流程最后一个关键环节,汽化器平日并不保持冷态,运行前需要对汽化器入口管线进行预冷操作。以 SCV 为例,SCV 需要不断燃烧燃料气进行工作,因此,保证燃料气持续稳定地供给十分重要。燃料气的来源通常有两种,一种来自经压缩后的 BOG,另一种来自外输气。为了保证再冷凝器进气量稳定,通常选择用外输气作为燃料气的气源。由于外输气压力远远高于燃料气所需压力,因此需要降压处理,经降压的燃料气温度急剧降低,要进行加热后再输送燃烧。当不断燃烧使水浴升温满足 LNG 进液条件时,便可对入口管线进行冷却。运行时要着重关注水浴温度、水浴液位,以防因水温低、水位低造成汽化器换热管受损。停机时,当 LNG 流量减为零后,汽化器还要持续运行约 10min 后停机,以充分汽化换热管中残留的 LNG。

4. 冬季、夏季运行及关键控制点

为保证 LNG 接收站夏季储备和冬季调峰功能更好的实现,保证接收站在不同气候条件下安全平稳运行,需要制订不同的运行方案和明确特别关注点。

1）工艺设备冬季、夏季特别关注点

设备运行环境条件在冬、夏两季不同（环境温度、环境湿度以及其他因素）,需要根据不同季节着重关注各设备工艺参数及设备完整性,以保证工艺系统稳定运行。根据运行经验总结的冬、夏两季各主要设备的特别关注点见表 6－2。

表 6-2　各设备冬、夏两季特别关注点

设备/工艺单元	夏季	冬季
卸料臂	无特殊关注点	润滑油温度、 电加热系统运行状态 润滑油管线是否泄漏、 控制系统运行状态检查、 QCDC 动作协调性检查、 回转接头氮气流量检查
储罐	防雷接地设施完整性、储罐压力	储罐外观检查
BOG 压缩机	电动机温度， 润滑油温度、压力， 排气温度， 冷却水散热风扇运行状态	润滑油温度、压力， 冷却水电加热器运行状态， 冷却水管线是否冻堵
再冷凝器	出口温度、 出口压力、 饱和蒸气压差	无特殊关注点
高压泵	泵井温度、 泵井液位	仪表引压管是否冰堵、 入口过滤器压差
ORV	换热翅片有无海生物、 表面涂层是否完整	海水流量、 水槽水分布状态、 换热翅片结冰情况、 换热翅片有无海生物、 外排海水余氯浓度
SCV	无特殊关注点	水浴温度、 出入口管线是否泄漏、 燃料气压力、 燃料气温度、 碱罐液位、 溢流口水质监测、 电加热器运行情况
燃料气电加热器	无特殊关注点	入口温度、 入口压力、 出口温度
水工艺管线	无特殊关注点	伴热系统运行状态确认

2）夏季运行关键控制点

由于社会对天然气的需求量有季节性变化，LNG 接收站外输量在夏季通常低于冬季,其中作为调峰站的 LNG 接收站,其夏季外输量与冬季相差更为悬殊。气温升高会使 LNG 蒸发率增加,外输量过低无法将系统多余的热量传递出去,使 LNG 储罐压力升高,再冷凝器及高压泵的运行也会受到影响。所以,对于夏季外输量较低的接收站,运行控制较为关键,下面做具体介绍。

(1)高压泵。

高压泵作为二次升压设备,其运行环境较低压泵的温度高,因此防止汽蚀成了高压泵的关键控制点。

为了预防高压泵发生汽蚀,工艺可做如下调整:

① 将泵井放空方式从放空再冷凝器切换至放空储罐,确保泵井满液;

② 增加进入泵井 LNG 的流量,降低入口 LNG 温度,多出部分通过回流管线返回储罐;

③ 适当提高再冷凝器出口压力,增大与当前温度 LNG 饱和蒸气压的差值。此方法的缺陷是增加了 BOG 气体的产生,使储罐压力有所升高。

(2)BOG 压缩机。

在夏季启动压缩机时,由于入口管线初始温度较高(环境温度),循环降温时间较长,在压缩机启动初期易造成出口温度过高,联锁停车。

为了避免出现频繁跳车情况,可以对启机方式进行合理改进。例如,在出口循环阀打开时,同时打开火炬放空阀,经压缩升温的热气就会去火炬燃烧,而不会重新回到入口,加快入口温度下降和减缓出口温度升高速度。当入口吸气温度达到设定的工作温度后,循环阀会自动缓慢关闭,此时可手动逐渐关闭火炬放空阀,压缩机进入正常工作状态,即可确保一次性成功启动压缩机。此方法的缺陷是自耗气成本有所增加。

(3)储罐压力。

夏季,储罐的压力会长期处于较高水平,使工艺调整的可操作空间非常有限,增大了运行难度。

在来船前 24 ~ 48h,为确保卸船工况下罐压处于较为安全的范围,需要提前将罐压降到要求范围内(通常为 16kPa 左右)。通用方法为增加外输量,提升 BOG 压缩机处理负荷。

3)冬季运行关键控制点

冬季运行的原则是在保证外输持续稳定的前提下,最大限度地合理分配运行设备的负荷,降低生产成本消耗,保证各种设备冬季运行的正常性、

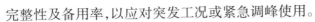

完整性及备用率,以应对突发工况或紧急调峰使用。

（1）ORV与SCV联运。

我国北方冬季海水温度较低,有些区域可达零摄氏度以下,这种条件限制了ORV的高效运行,需要使用SCV进行补充替代。SCV运行时在消耗电力的同时还消耗大量天然气,导致其产气成本很高,是ORV正常运行的几倍。所以尽量减少SCV的天然气消耗是冬季节能运行的关键。原则是只有当ORV无法满足外输量的要求时,或当经过ORV汽化的外输天然气温度低于外输管网最低温度要求时,才启动SCV进行补充。

海水温度决定了ORV的汽化能力,随着海水温度的降低,ORV的汽化能力随之降低。在海水温度较低情况下运行时,要密切关注ORV的管束结冰高度以及海水分布情况,防止因管束受冷不均造成变形或断裂。

在ORV与SCV联运的工况下,操作员要根据实际运行参数分析每台SCV的最佳工作点,并进行合理匹配,最大化降低产气成本。此外,判断单独运行SCV比联运更节约生产成本的工艺切换节点、制定冬季汽化器联运方案,也需要大量的数据分析。

（2）防冻防凝检查。

根据冬季气温低等环境特性,制订防冻防凝检查内容。按照巡检制度中规定的路线、内容进行检查,发现问题提前处理。检修停用设备、管线、容器等内部存水、存油、存气,必须彻底吹扫干净。对于输送水、海水的管线,要经常检查伴热线是否畅通,防止冻结。所有水管线经常保持有水流通,管线死角稍开放空阀,防止冻结,经常注意水压变化,防止水压太低,水不流通冻坏管线、阀门和设备。长期停用的机泵,关闭所有阀门、排净管线、泵体、泵座油箱中的存水、存油。要经常检查玻璃板液位计伴热,防止冻裂等。

5. 应急操作及关键控制点

接收站生产运行期间,无法避免因设备本体机械和仪表问题或工艺指标偏差出现的跳车现象,坚决杜绝因人为原因造成的紧急情况。操作员应知晓主要工艺设备常见跳车原因,熟练掌握应对突发情况发生的应急操作,当发生紧急情况时应沉着镇静处理。

1）设备跳车原因分析

工艺设备跳车大致可分为三种类型:设备本体PLC逻辑跳车、工艺系统SIS联锁保护跳车、手动触发紧急停车按钮。根据运行经验,接收站主要工艺设备常见跳车原因见表6-3。

表6-3 设备跳车原因汇总

设备	跳车原因
低压泵	出口流量低低;储罐压力低低;储罐液位低低;机体振动高高;电源电缆穿线管压力高高;仪表电缆穿线管压力高高
BOG压缩机	储罐压力低低;机体振动高高;润滑油压力低低;冷却水压力低;再冷凝器液位高高;再冷凝器液位低低;饱和蒸气压差低低;一级出口温度高高;二级出口温度高高;入口压力低低;入口压力高高;出口压力高高;电动机绕组温度高高;电动机定子温度高高;BOG压缩机入口缓冲罐液位高高
高压泵	机体振动高高;出口流量低低;泵井液位低低;饱和蒸气压差低低;电源电缆穿线管压力高高;仪表电缆穿线管压力高高
开架式汽化器	入口压力低低;入口海水流量低低;出口NG温度低低
浸没燃烧式汽化器	入口压力低低;水浴液位低低;冷却水温度高高;水浴温度高高;水浴温度低低;废气温度高高;出口NG温度低低;燃料气压力高高;燃料气压力低低;助燃空气压力低低;火焰探测器火检失败
海水泵	泵反转;机体振动高高;变频器故障;泵井液位低低;上下轴承温度高高;轴推力瓦温度高高;轴径向瓦温度高高;电动机相线圈温度高高

2)单体设备跳车关键控制点

(1)单线外输。

单线外输运行工况:高压泵×1,ORV×1,海水泵×1,再冷凝器×1,低压泵×N,BOG压缩机×N($N \geq 1$)。

① 高压泵跳车。

高压泵意外跳车,会直接导致ORV联锁停车、再冷凝器联锁停车、BOG压缩机联锁停车。操作员应迅速调整低压泵流量,保持系统的冷态和压力。启动一台备用高压泵,逐渐对高压段管道加压至外输管网压力,重新投用联锁停车的ORV,恢复外输。调整低压段管网压力稳定,按照首台BOG压缩机启动流程启动压缩机,并重新投用再冷凝器,恢复至跳车前工况。

② 海水泵跳车。

海水泵意外跳车,会直接导致ORV因海水流量低低联锁停车,若操作员反应迅速、处理得当,可以避免高压泵因出口流量低低联锁停车。海水泵跳车后,应迅速打开高压泵回流阀门,调整低压泵流量和低压段管线压力,维持再冷凝器和BOG压缩机运行平稳。若再冷凝器压力上升较快,可手动打开放空阀将压力泄放至BOG管线。启动备用海水泵,调节海水流量,满足

ORV 运行要求,重新投用 ORV,平稳调节高压泵流量恢复至跳车前工况。

③ ORV 跳车。

ORV 因其他设备跳车而联锁停车时,可参照高压泵跳车和海水泵跳车应急处理。若因出口温度低低联锁跳车时,应判断是否可以投用其他 ORV 或投用 SCV,冷却备用汽化器需要花费 1~2h,会因此造成停输,可手动停止 BOG 压缩机、隔离再冷凝器,高压泵持续回流。待备用汽化器冷却完成后,逐步恢复至跳车前工况。

④ 低压泵跳车。

单线运行工况时,低压泵可以多台同时运行,若多台低压泵同时跳车则会造成全场设备联锁停车,因此只讨论多台低压泵运行时其中一台低压泵跳车的工况。一台低压泵意外跳车会导致低压段管线压力快速下降,为了保证工艺系统继续运行,可迅速增大其他低压泵的流量,同时迅速减小码头保冷循环流量,必要时可临时停止码头保冷循环。若依然无法补充减少的流量,可降低 BOG 压缩机的负荷,减少进入再冷凝器的冷凝 BOG 的 LNG 流量,或适当减少外输量进行弥补,并迅速启动备用的低压泵,逐步恢复至跳车前工况。

⑤ BOG 压缩机。

单线运行工况时,BOG 压缩机可以多台同时运行。单台及多台压缩机同时跳车时,应急操作原理相同,操作员应迅速减小进入再冷凝器的 LNG 流量(多台时隔离再冷凝器),高压泵入口压力快速下降,迅速增大再冷凝器旁路压力调节阀,根据低压段管线压力调节低压泵的流量,若高压段压力波动幅度明显,可适当调节外输量维持系统稳定。

(2)多线外输。

多线外输运行工况:高压泵 × N,ORV × N,海水泵 × N,再冷凝器 × 1,低压泵 × N,BOG 压缩机 × N,SCV × N($N \geqslant 1$)。

① 高压泵跳车。

当一台高压泵跳车时,高压泵入口压力快速升高,操作员可减小低压泵出口流量,同时迅速增大在运行高压泵的出口流量,若还是无法分担跳车带来的流量损失,可适当降低外输量。若再冷凝器压力上升较快,可手动打开放空阀将压力泄放至 BOG 管线。启动备用高压泵,逐步恢复至跳车前工况。

高压泵全部跳车的应急操作与单线外输相同。

② SCV 跳车。

当一台或多台 SCV 跳车时,应迅速打开一台或多台高压泵回流阀门,同时增大其他汽化器的流量,尽量分担跳车带来的流量损失。若还是无法分担跳车带来的流量损失,可适当降低外输量。增大其他汽化器的流量后,需要特别注意 ORV 的管束结冰高度以及其他 SCV 的水浴温度。启动备用 SCV,逐步恢复至跳车前工况。

导致 SCV 全部同时跳车最大嫌疑原因是燃料气压力低低联锁跳车。应迅速打开多台高压泵回流阀门,维持 BOG 压缩机、再冷凝器运行及低压段管线压力稳定。待解决燃料气系统问题后,逐步恢复至跳车前工况。

③ ORV 跳车。

与 SCV 跳车处理方法相同。

④ 海水泵跳车。

与 ORV 跳车处理方法相同。

⑤ 低压泵跳车。

与单线外输跳车处理方法相同。

⑥ BOG 压缩机跳车。

与单线外输跳车处理方法相同。

3) 全厂停车关键控制点

全厂停车可分为计划性全厂停车和突发性全厂停车两种类型。

计划性全厂停车,可以提前制订停车运行方案,运行班组根据运行方案组织安全、平稳、有秩序的停车,并在停车结束后及时、合理地恢复正常生产状态。

突发性全厂停车一般可分为以下三种情况:

(1)仪表风系统压力低低低联锁,导致全厂联锁停车;

(2)因触发 SIS 联锁而引发的全厂工艺系统连锁性反应;

(3)紧急情况人为触发全厂停车联锁按钮。

发生突发性全厂停车后,应本着"首先保证全厂人员安全,其次保护关键设备不受损坏,最大限度地减少由于停车带来的经济损失,缩短恢复运行所消耗的时间"的原则,查明停车原因后,逐步恢复正常生产状态。以下以仪表风系统压力低低低联锁导致的全厂停车为例,简要分析恢复过程关键控制点。

(1)全厂停车后状态检查。

因仪表风压力低低低导致全厂联锁停车,全厂气动阀门会按照设计要求自动实现 FC(事故关)\FO(事故开)。当仪表风系统压力重新恢复正常后,操作员应逐一对照检查,将阀门恢复到重新启动工艺系统时所要求的初始状态,并在现场确认。

确认公用工程系统(消防用水、生产用水、生活用水、氮气系统)运行正常。确认工艺设备供电正常。确认再冷凝器处于隔离状态。

(2)系统充压、恢复保冷。

确认低压泵供电正常后,启动首台低压泵为工艺管道充压,并逐步恢复全厂管道保冷。若因为其他影响因素长时间无法恢复外输,则建立零输出循环。

(3)恢复单线外输。

全厂保冷恢复后,重新启动一台海水泵和一台 ORV,调节海水流量满足 ORV 运行要求,确认 ORV 入口管道处于冷态。

为了满足高压泵启动后最小运行流量要求,启动第二台低压泵,同时启动首台高压泵。高压泵启动后首先为高压段管线充压,充压完成后重新投用 ORV,建立单线外输。

(4)恢复 BOG 处理系统。

解除再冷凝器的隔离状态,将再冷凝器液位恢复至常规液位,确认再冷凝器出口阀关闭。同时启动首台 BOG 压缩机,逐步同再冷凝器建立压力,当再冷凝器压力达到低压输送总管的压力时,打开再冷凝器出口阀,BOG 处理系统恢复投用。

(5)恢复停车前状态。

BOG 处理系统恢复后,可根据实际工况要求,启动相应的设备,重新恢复到停车前的工艺状态。

二、维护要点

1. 储罐

1)维护内容

(1)防腐。

① 钢结构防腐及防火。

罐顶所有管道、设备及格栅都架设在钢结构之上,需要对钢结构进行防腐及防火处理,防止发生锈蚀,并保证在发生火灾时维持有效支撑,降低发生二次事故的概率。应选用配套的防腐和防火涂料,相容性差的防腐和防火涂料会导致涂层脱落。日常巡检应关注涂层状态，每年进行一次全面检查，对脱落的涂层进行修复。

② 护栏防腐。

罐顶护栏多采用碳钢材料，并涂刷油漆进行防腐。确保护栏的所有部分被漆料有效覆盖，尤其是边角处和连接处。日常巡检应关注护栏状态，每年进行一次全面检查，对漆面破损处进行修复。

（2）检查。

① 罐顶设施泄漏检查。

LNG 储罐罐顶有许多设施孔，包括工艺管道连接孔、仪表孔、珍珠岩填充孔、人孔等。经过长期使用，法兰连接可能出现松动，导致罐内天然气泄漏到环境中，产生安全隐患。每月对罐顶设施进行泄漏检查，在雨天进行检查效果最好，泄漏点容易被发现。

② 罐壁"冒汗"检查。

若 LNG 外墙出现"冒汗"现象，可能是由于保冷层的膨胀珍珠岩流失导致的，罐内冷量外传，使空气中的水蒸气凝结在储罐外墙上。每月进行一次全面检查，少量"冒汗"不影响正常运行。

③ 罐底结霜检查。

由于 LNG 内罐底部温度最低，承受压力最大，可能出现渗漏，冷量下传，使承台底部结露或结霜。每月进行一次全面检查，少量结霜不影响正常运行。

④ 储罐沉降观测。

为了观测储罐的沉降情况，在混凝土承台上表面外部边缘等距布置多个沉降观测点。应设专人定期进行沉降观测，并做好记录。测量精度采用不低于二等水准测量。储罐沉降、沉降差不得超过下述规定的限值：

（a）圆周均匀沉降量：最大 50mm。

（b）圆周不均匀沉降量：90°范围内最大 20mm。

（c）中心与圆周沉降差：最大 40mm。

LNG 储罐投产运行 1 年内每 2 个月观测 1 次，运行 1 年后每年观测一次。

⑤ 储罐倾斜观测。

为了观测储罐倾斜情况，在混凝土承台中十字交叉布置两根水平测斜仪管。测斜仪探头必须经过标定，数据采集仪、电缆等应预先检查合格。应同一个人、同一仪器观测同一测斜孔，且应将电缆放置在同一槽口处观测。

观测时,应先将探头放入管中一段时间(约 5min),以消除温差影响(特别是在夏天和冬天)。测量应从管道的同一方向进行,每隔 0.5m 为一个测点,同一点的观测应正反测试,两次测量同一测点的读数绝对值之差应小于 10%,且符号相反,否则应重测本组数据。保证每次提拉时严格对准电缆标尺或标记,并做好记录。倾斜允许值应不超过 40mm。

LNG 储罐投产运行 1 年内每 2 个月观测 1 次,运行 1 年后每年观测一次。

(3)校验。

① 安全阀校验。

LNG 储罐均设有超压安全阀和真空安全阀,对内罐压力进行最高级别控制,达到保护储罐的目的。为保证安全阀灵敏可靠,每年至少做一次校验,内容包括安全阀的整定压力、回坐压力、密封程度以及在额定排放压力下的开启高度等,其要求与安全阀调试时相同。

② 电梯例检。

电梯的安全运行十分重要,必须按厂商要求进行例检,及时消除各项安全隐患。

③ 防雷接地检查。

LNG 储罐的相关管道和设备均设有防雷接地线,每年对接地电阻进行一次全面检测。

2)维护计划

(1)日常维护计划。

① 日常巡检时,对罐顶的小件垃圾、杂物发现即清理;

② 关注罐顶各管线有无泄漏,如有则及时协调处理。

(2)月度维护计划。

每月应对罐顶设施泄漏、罐壁"冒汗"和罐底结霜情况进行检查。

(3)年度维护计划。

① 每年对储罐安全阀进行校验,如检定周期未到时发生故障,须立即拆除进行校验;

② 按厂商规定(通常每年一次或两年一次)对储罐电梯进行检验;

③ 每年对管道、钢架和护栏的防腐状态进行检查,破损处须及时协调修复;

④ 每年对防雷接地线进行一次检查;

⑤ 储罐沉降、倾斜观测投产运行 1 年内每 2 个月观测 1 次,运行 1 年后每年观测一次。

2. 卸料臂

1)维护内容

(1)清洁。

应当用清洁的软布和温水来清洁卸料臂所有设备,注意不要使用三氯乙烯、四氯化碳、碳氢化合物等溶剂以及钢丝刷或砂纸等工具清洁。

(2)润滑。

① 快速连接头润滑。

快速连接头的作用是将卸料臂与 LNG 运输船法兰快速连接及断开。长期活动,润滑脂减少,润滑状态不良,会造成设备的性能与精度下降,甚至造成设备损坏事故。注意润滑需用专用的润滑脂且不要润滑工艺管线。

② 钢索润滑与防腐。

应保留整条钢索上的润滑脂(润滑剂)涂层,缺乏润滑剂也会导致腐蚀。由于钢索的内部润滑至关重要并且无法进行目检,因此一定要对钢索进行定期润滑,且润滑剂需是厂商指定润滑剂。

③ 其他附件润滑。

液压马达、机械接头、轴承、机架、小齿轮、钩爪、枢轴、液压缸等附件至少每半年润滑一次。

(3)调整。

卸料臂旋转接头需用氮气进行持续吹扫。卸船期间,需将氮气流量提升到平时的 2 ~ 3 倍。

(4)检查及更换。

① 液压系统。

液压油箱液位和温度需控制在要求范围内。定期对液压油进行取样分析,检查液压油的品质。状态良好的液压油干净澄清并且有芳香气味。水乳化油多半有以下特征:烧灼或有酸腐臭味;浑浊或颜色发黑,在样品放置一段时间后,容器底部有水。如有上述任意一种特征,需排净液压系统中的液压油,进行清洁工作并添加新液压油。

② 蓄能器。

当蓄能器内压力下降时,压力开关开启液压油泵,将压力提升至设定值。如果压力继续下降,另一压力开关启动,控制板上"油压低"红色报警灯亮起,外部声音和可视报警间歇开启,DSC 报告报警,此时若油泵仍不启动,需排空蓄能器隔离检查。

蓄能器的氮气压力开关在压力过低时启动报警,需手动给氮气气囊充压,若氮气压力下降较快,需对氮气系统进行泄漏检查处理。

③ 软管。

卸料臂上通常使用三种类型软管:液压软管、不锈钢波纹管以及橡胶软管。当液压及橡胶软管表层出现裂纹、裂缝、创口、层离、裂断或者外部涂层撕裂、起泡、局部膨胀,呈现出黏性或软化区,老化或变形,有轻微的渗漏痕迹等现象时,需更换。当不锈钢波纹管外层受损、呈现创口时需更换。更换时注意一定要将软管内压力降为零,并且同时更换密封件。

④ 密封圈。

密封圈嵌入在快速连接接头的法兰口处,长期与船侧法兰对接会造成磨损,需定期进行更换,否则有泄漏的风险。更换的密封圈大小、尺寸和材质必须与之前的相同。

⑤ 钢索。

钢索的每个搓纹均由绞线组成,而每个绞线均由一组线材组成。当钢索出现腐蚀、线材断裂、直径减小或松弛时需更换。

⑥ 检查液压油过滤器是否堵塞。

观察堵塞指示器,当指针到达红色区域时即过滤器堵塞。

2)维护计划

(1)卸船前检查计划。

做卸料臂测试时,需将运行模式选择开关调至"维护"位置,PERC(动力紧急脱离系统)锁定阀锁定,PERC 安装临时紧固装置。

① 在就地控制盘进行卸料臂移动测试和快速连接头测试。

② 在遥控器进行卸料臂的移动测试和快速连接头测试。

③ 检查密封圈是否完好。

④ 对吹扫旋转接头的氮气流量计出口封堵试压,确认有氮气通过。

⑤ 进行 ESD A、ESD B 按钮测试。

⑥ 进行接近开关的 ESD A、ESD B 测试。

⑦ 进行 PMS(预报警 + ESD A + ESD B)测试。

⑧ 确认卸料臂的遥控器电量充足。

（2）日常维护计划。

① 检查就地控制盘上是否有报警。

② 检查油箱液位和温度。

③ 检查蓄能器压力。

④ 检查液压油过滤器是否堵塞。

⑤ 检查持续吹扫旋转接头氮气流量。

⑥ 检查液压系统有无泄漏。

（3）周度维护计划。

① 检查所有钢索的防腐和润滑。

② 检查滑轮状态，检查有无过度应变或过度磨损迹象。

③ 检查液压动力装置的油槽液压油品质。

④ 伸展操作后触摸轴承，检查液压动力装置的液压马达是否过热。

⑤ 聆听液压马达、液压泵轴承以及液压马达和液压泵间的联轴节是否有异常噪声。

⑥ 检查位于卸料臂 PLC 机柜上的灯，以便能检测到变压器或灯泡发生的每次故障。

（4）月度维护计划。

① 检查所有移动部件的常规运行状态和安全状态（高压旋转接头、轴承、集电弓和滑轮等）。

② 检查所有螺栓、螺母及螺纹杆（法兰、配重及所有螺纹组件）是否拧紧。注意：尤其要经常注意检查螺栓的紧固是否正确。

③ 检查所有未涂装的部件是否被润滑（碳钢等）。

④ 检查液压设备上是否有渗漏（液压缸、蓄能器、柔性软管和所有管接头等）。

⑤ 操作各个卸料臂，其操作方式需能够以全冲程延伸及缩回所有液压缸。

⑥ 检查钢丝绳连接件的紧固性和滑动迹象。

（5）季度维护计划。

① 检查钢索的调整机构。

② 检查涂层的状态。

③ 检查断路器和磁力启动器（如果有）有无内部腐蚀和触点烧损。

④ 每 3～6 个月检查一次卸料臂上的所有软管（尤其是液压软管）。

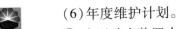

（6）年度维护计划。

① 液压动力装置内各个部件需做详细检查。

② 检查电气绝缘法兰（杂散电流防护）。

③ 液压缸：检查是否漏油、卡涩及变形等现象。

④ 集电弓钢索：每两年进行一次细致的检验。

3. 液化天然气泵

1）维护内容

LNG 泵按输出压力不同分为低压泵和高压泵，两者均为潜液式离心泵，维护内容类似，在此一同进行说明。

（1）清洁。

① 流量计的排污。

低/高压泵出口设文丘里流量计，当流量低于泵的最小回流时会联锁停泵。定期通过变送器的排污阀排污，可以保证仪表的准确性。如果需在泵运行期间进行排污，要先将泵的流量联锁屏蔽，排污后再将屏蔽的联锁恢复。

② 现场接线箱清洁。

低/高压泵设有现场操作柱，在长期的雨雪天气下，操作柱接线箱内容易积水，需要定期打开接线箱检查，如有积水及时清洁，防止发生短路等电气故障。

③ 过滤器的清理。

高压泵入口设有过滤器，通过压差表监测其通过性。若压差超过限定值，说明管线内存在杂质，需要对过滤器进行拆卸清理。拆卸前，要对泵进行电气隔离、工艺隔离，并用氮气对泵及连接管线进行吹扫，当检测口甲烷含量低于 LEL20% 时，才可进行拆除。拆除后，接口需安装临时盲板。

（2）润滑。

低/高压泵运行时利用 LNG 进行自润滑，不需要使用其他润滑剂。

（3）调整。

在低/高压泵运行期间，若 LNG/NG 进入电源电缆或仪表电缆穿线管，则可能发生电气事故。为了监测穿线管的状态，向其中充入氮气并保持一定压力。若有少量 LNG/NG 进入穿线管，氮气会起到稀释作用，保证穿线管内不能形成爆炸气体；若有大量 LNG/NG 进入穿线管，则压力会有明显升高,压力过高会触发 SIS 联锁停泵,防止事故发生。

日常巡检时,应关注氮封压力,压力下降说明有泄漏点,维修处理后补充至正常值;压力明显升高需及时停泵,并进行检修。

（4）紧固。

在每次低/高压泵重新预冷投用时,各法兰连接处由于冷缩可能产生缝隙,需要着重关注,如有泄漏及时紧固。日常巡检也要查看泵井、出口及放空管线法兰,发现泄漏要及时处理,防止事态扩大。

（5）防腐。

① 泵体防腐。

低压泵及泵井的大部分在储罐内,不用采取防腐措施,泵井在储罐外面的部分由保冷材料严密包裹,保冷的同时达到防腐的效果;高压泵泵井全部由保冷材料包裹。若发现保冷层外部结冰严重,多由 LNG/NG 泄漏引起,需打开保冷层查找漏点并进行处理,维修完成后对保冷层进行修复。

② 电缆防腐。

低/高压泵的电缆通过穿线管连接到电动机,与 LNG 隔离开。为防止水和杂质进入电缆穿线管腐蚀电缆及套管材料,在穿线管封口处用沥青密封胶封堵电缆和穿线管的间隙,并设置封盖。若发现封盖不严或密封胶出现缝隙,需及时进行修复。

（6）监测。

① 电流监测。

低/高压泵的电流值是判定泵运行是否正常的一项指标,通常应保证在额定电流范围内,日常巡检需要对电流强度进行监测。电流过低,表明泵的流量过低,可能导致泵发生气蚀;电流过高,则可能是电动机故障导致的,需要停泵进行检查维修。

② 振动监测。

低/高压泵中电动机转子、叶轮、扩散器叶轮、诱导轮等部件被布置在一根主轴上,由于质量的不对称性在运转过程中会发生振动。振动过大,说明有零件发生偏移或磨损,一般情况下,也只有轴承和轴衬会受到磨损,轴承或轴衬临近损坏时会伴有噪声和振动增大的情况。振动监测仪器可将数据传输到控制室,日常巡检也应对泵的振动情况予以关注。

（7）校验。

卸料臂相关仪表应根据规定,定期进行调整校验。

2）维护计划

（1）日常维护计划。

① 检查高压泵入口过滤器压差表示数。

② 检查低/高压泵及附属管道保冷层外有无结冰或泄漏情况。

③ 检查低/高压泵的振动值是否在正常范围内。

④ 检查低/高压泵运行指示电流、运行指示功率。

⑤ 检查低/高压泵仪表和电源电缆穿线管的压力。

⑥ 检查低/高压泵运行有无异常噪声。

（2）月度维护计划。

① 按设备运行计划对低/高压泵进行切换。

4. BOG 压缩机

1）维护内容

（1）清洁。

① 压缩机入口过滤器清洁。

为了防止 BOG 夹带杂质进入压缩机,在入口管线常设有过滤器。当过滤器前后压差过大,影响正常运行时,要隔离压缩机,拆除过滤器清理滤网。

② 油过滤器的清洁。

检查润滑油系统过滤器指示器上的差压,当差压视镜显示红色时,即需要进行清洁。若采用双联过滤器,可转动开关手柄,切换到第二个滤芯（应保持干净）,打开第一个滤芯的盖板,拆卸该滤芯进行清洗后回装,进行下一轮周转。

③ 电动机风扇清洁。

压缩机电动机、辅油泵电动机的风扇和冷却液风扇长期运行后会吸附大量灰尘,要定期进行清理,防止灰尘堵塞、降低风扇降温效率。

④ 油盆清洁。

压缩机轴封处漏油速度不得超过 3~5 滴/min,漏油管处设置油盆,定期对油盆内的油回收处理。

（2）润滑。

① 辅油泵的使用。

辅油泵在压缩机启动前需运行一段时间（按厂商要求）,为轴承和十字头提供润滑油。运行期间,当润滑油温度过低时,辅油泵和油加热器会同时启动,对润滑油进行循环加热。

② 主油泵的使用。

在压缩机启动后,主油泵由曲轴驱动,对十字头、导向轴承等曲轴箱内各转动部件进行润滑和冷却,主油泵正常运行后,辅油泵自动停止。

由于润滑油系统的封闭性,正常情况下润滑油的损耗很少。若油位下降较快,需检查油管路是否有漏点,及时修复并添加新油。

③ 定期盘车。

盘车分为启动前盘车、停机后盘车和备用设备的定期盘车。启动前盘车是为了检查是否有卡阻现象(异常响声),防止电动机和机械部件的损坏;停机后盘车是为了继续给高温部件降温,防止冷却收缩不均匀造成卡涩;备用设备的定期盘车是为了防止轴系出现弯曲、变形。

(3)紧固。

压缩机运行时管线振动较大,巡检期间要仔细检查管托的状态,发现管托松动要及时紧固或视情况增加垫板。

(4)检查与更换。

① 补充冷却水。

每台压缩机都配备有封闭的冷却水系统,对十字头、热障和润滑油系统等部位进行循环冷却,在某些压缩机逻辑中,冷却水压力或流量过低也会导致压缩机联锁停车。所以当冷却水压力下降时,需要及时补充冷却水。

② 更换润滑油。

应定期分析润滑油,检查润滑油是否仍能满足质量要求。下述情况必须更换润滑油:

(a)冷却液进入润滑油中(油出现乳化现象)。

(b)润滑油被冷凝水稀释。

(c)更换轴承(由于损坏的轴承材料进入油系统)。

(d)压缩机运行时间达到大修周期。

(5)校验。

压缩机相关仪表应根据规定,定期进行调整校验。

2)维护计划

(1)日常维护计划。

① 检查压缩机就地控制盘有无报警指示。

② 检查压缩机入口过滤器前后压差。

③ 检查润滑油过滤器压差。

④ 检查润滑油油位。

⑤ 检查压缩机的运行声音及振动情况。

⑥ 检查冷却液蓄能器的压力。

⑦ 检查各处螺栓是否松动。

（2）周度维护计划。

定期对备用压缩机盘车，每周不少于两次。

（3）月度维护计划。

① 按设备运行计划切换设备。

② 对各电动机风扇、冷却液风扇进行清洁。

③ 对油盆进行清洁。

（4）定期维护计划。

压缩机关键部件的大修周期通常为 8000h 和 16000h，具体以厂商要求为准，大修工作一般包含但不限于下列内容：

① 检查阻尼器是否状态正常。

② 检查连接螺栓、法兰和管夹是否拧紧。

③ 放油，清洗滤油器、曲柄机构和双联滤油器。

④ 检查下列部件的间隙（用塞规或千分表）：曲轴轴承、连杆轴承、十字头销轴承和十字头（不拆除）。

⑤ 检查连杆螺栓的拧紧情况。

⑥ 用塞规检查活塞间隙，并检查活塞螺母的预加载力/拧紧程度。

⑦ 检查活塞顶的预紧度。

⑧ 拆除一些曲轴轴承、连杆和十字头销轴承，进行检查（抽检）。

⑨ 检查挠性联轴器的对中情况。

5. 开架式汽化器

1）维护内容

（1）清洁。

① 海水槽的清洁。

ORV 长期运行会使海水槽滋生一定量的藻类，阻挡海水流道，需要定期进行人工清洁。值得注意的是，在 ORV 停下来后应尽快安排清洁，防止藻类的水分蒸发后黏附在海水槽内，增加清洁难度。配备高压水枪和硬毛刷子，可提高清洁效率。

② 换热管的清洁。

ORV 长期运行可能使换热管局部的涂层开裂,海水流经开裂翘起的涂层会向外溅射,影响正常换热。出现此问题应及时对换热管进行清理,剥落开裂的涂层和附着的藻类。清洁工作应配备长杆硬毛刷,保证可以对管板中部进行清洁。

③ 周边环境的清洁。

ORV 运行时会伴有海水外溅,冬季会使路面结冰,给日常操作带来安全隐患,同时影响环境整洁,需要定期进行清理工作。

（2）紧固。

通常 ORV 海水管道振动较大,法兰口和管托螺栓可能出现松动,因此需要定期检查紧固。

（3）防腐。

① 换热管防腐。

换热管材质主要成分为铝镁合金,俗称防锈铝,具有高的抗腐蚀性能。但在长期与海水直接接触的情况下,铝合金管束仍会发生电化学腐蚀及微生物腐蚀。

为防止电化学腐蚀,在换热管和上下端歧管上喷涂比管束铝合金具有更高离解趋势的锌铝合金涂层,避免海水直接与换热管材料接触。同时,锌铝合金会形成一层氧化膜,进一步起到隔离海水的作用。若出现涂层严重剥落的情况,需重新进行喷涂后再投入使用。

为防止微生物腐蚀,在海水进入 ORV 之前设置加氯装置,可以杀死海水中的微生物,有效防止腐蚀发生。若发现换热管上滋生海藻,可适当增加电解槽电流或增加投药量。注意阳光常照射到的地方,微生物存活概率较高,应加强这些部位的检查。

② 护栏防腐。

ORV 巡检平台较高,设有护栏保障员工的人身安全。护栏多采用碳钢材料,在沿海地段易被腐蚀。应确保设备所有护栏均被漆料有效覆盖,尤其是边角处和连接处,并定期进行巡查,如遇到漆料大面积脱落情况需及时进行修复。

③ ORV 基础防腐。

ORV 基础为混凝土结构,沿海地段空气湿度高,容易使混凝土发生腐蚀,基础内壁由于长期浸水,发生腐蚀的可能性更大。因此,需确保基础表面均被防腐涂料有效覆盖,若发现大面积脱落情况需及时进行修复。

(4)检查。

① 换热板海水分布。

海水从顶部海水分布槽中溢出,均匀地沿着翅片管束的外表面自上而下流动。当发现海水分布不均匀,须对海水分配阀的开度及海水分配管线进行检查。

② 换热管结冰高度。

管束结冰应当均匀,且高度不超过厂商限定值。当发现局部结冰较高时,需要检查顶部海水分布槽是否有异物阻塞。整体结冰过高,说明当前工况下 LNG 流量过大。

③ 余氯分析。

需在 ORV 海水排水沟处设置在线取样系统,保证余氯含量达到环保部门的排放要求。

(5)校验。

ORV 相关仪表应根据规定,定期进行调整校验。

2)维护计划

(1)日常维护计划。

① 检查管束板结冰、海水分布情况,顶部海水槽有无海生物堵塞现象。

② 检查管束板腐蚀情况。

③ 检查海水管道、LNG 管道、NG 管道各阀门和法兰连接处有无泄漏现象。

④ 检查海水管道振动情况。

(2)月度维护计划。

① 按照设备运行计划进行设备切换。

② 对余氯情况进行检测。

(3)年度维护计划。

① 检查换热管防腐情况,必要时重新进行喷涂。

② 彻底清洗海水槽。

③ 紧固螺栓连接处。

④ 检查楼梯护栏的防腐状态及坚固情况,根据情况进行处理。

6. 浸没燃烧式汽化器

1）维护内容

（1）清洁。

① 冷却水泵过滤器的清洁。

冷却水泵工作一段时间后,过滤器过滤芯内堆积了一定的杂质,这时压力降增大,流速会降低,需及时清除过滤芯内的杂质。

② 助燃鼓风机的清洁。

检查助燃气鼓风机的空气滤清器是否有脏物（如飞虫、灰尘等）,如有脏物可卸下空气滤清器,旋开蝶形螺母,拿开盖子,清洗过滤海绵（拆卸空气滤清器时注意不要把脏物掉进风机主机内）。

③ 换热盘管和水浴池的清洁。

一定要坚持定期清理汽化器水浴池内的污渍。定期清洗汽化器盘管,一般半年清洗一次为宜。保持水浴池清洁,定期检查水位是否正常（通常在2/3 之上）,注意及时补水。

（2）润滑。

① 鼓风机电动机轴承的润滑。

鼓风机长期运行后,润滑油通常会有颜色变化,乳化或者硬化结块,或者变浑浊,甚至有杂质沉淀等。应停止设备,打开轴承室端盖,排出轴承室和轴承内的润滑油,并添加新润滑油。

② 冷却水泵轴承的润滑。

冷却水泵电动机通常在首次运行后 200～500h 内更换油或脂,之后定期添加或者更换油或脂。经常检查水泵运转时声音是否良好,如果有杂脆声,说明水泵轴承损坏,需要检修、加油或者更换。

（3）防腐。

① 工艺管道、阀门、支架的防腐。

若工艺管道、阀门、支架存在腐蚀情况,在日常维护中应及时进行防腐和补漆。对易腐蚀的螺栓、螺帽及转动件的外露部分可根据具体情况加油或油脂。检查阀门的阀轮和阀杆上有无油漆脱落,发现后及时做好补漆工作。

② 燃烧器和换热管的防腐。

检查盖板和烟道内侧的涂层,如果有损坏则要重新进行喷涂。检查燃烧器表面有无油漆脱落及锈蚀现象,做好外表面的防腐工作。检查换热管表面有无锈蚀痕迹。

③ 水浴池的防腐。

检查水浴池内防腐涂层是否脱落，如果有损坏则要重新进行喷涂。检查水浴室混凝土开裂或预应力钢筋腐蚀情况，基础表面不得有裂纹、露筋、蜂窝及孔洞现象。

（4）校验。

SCV 相关仪表应根据规定，定期进行调整校验。

2）维护计划

（1）日常维护计划。

① 每日操作人员要进行设备维护巡检，及时检查上报处理跑、冒、滴、漏等故障。

② 检查就地控制盘上的运行指示是否正常，有无系统故障报警。

③ 观察碱液罐的液位是否正常满足设备运行需求。

④ 经常检查风机及电动机的运行状况，如发现噪声、温度不正常时要及时停机检修。清理鼓风机机房，保持清洁和通风良好。

⑤ 日常检查电动机轴承润滑油是否浑浊、乳化甚至有杂质沉淀，如变质请及时更换润滑油。

⑥ 检查冷却水泵有无异常声音、有无不正常振动、有无特殊气味，出口流量和压力是否正常。

⑦ 检查汽化器水位是否正常（通常在 2/3 之上），注意及时补水。

⑧ 检查鼓风机轴承冷却水液位是否正常。防止鼓风机轴承温度过高。

⑨ 检查溢流口有无堵塞、脏污，发现后及时清理。

（2）月度维护计划。

① 助燃鼓风机每月至少运行 1h，使设备处于良好的备运状态。

② 每月至少运行燃烧器 1h，定期切换 SCV 运行状态，防止设备疲劳运行，使设备处于良好的运行状态。

③ 压力表、差压变送器、压力变送器要每月定期排污，防止取压管内积杂质，直接或间接影响测量。

④ 每月检查冷却水泵过滤器堵塞情况，保证过滤器使用效果。

（3）年度维护计划。

① 水浴池内部检查每年一次，检查水浴池混凝土、涂层是否有防腐层脱落、混凝土鼓包、不同程度损坏等情况。

② 应对热交换器、下气管、喷气管进行视觉检查,观察有无腐蚀、砂眼、变形等情况,发现后及时进行修补和用有机溶剂进行清洗。

③ 视觉检查换热管束的表面情况,接触电木支撑是否发生位移等情况。

④ 汽化器水浴池每年定期排污,人工进入水浴池内进行污质清理。

第二节 安全及消防系统

一、日常运行关键控制点

1. 消防系统 DCS 监控要点

LNG 接收站消防系统 DCS 监控内容包括:LNG 接收站消防系统,海水消防电泵,柴油泵,淡水消防保压泵、测试泵,槽车区干粉炮,码头区消防水炮、干粉炮,罐顶干粉灭火系统,可燃气体声光报警点。

1)海水消防电泵、柴油泵

日常巡检中,注意观察海水消防电泵、柴油泵出口压力,在泵未启动的情况下,出口压力均应为零。确认电动机温度、电动机超速等异常报警,如有以上报警或显示故障,应及时通知操作人员和维保人员去现场检查、处理。

2)淡水消防保压泵、测试泵

日常巡检中,注意观察淡水消防保压泵出口压力,确认保压泵在消防系统设定的范围内自动启停。淡水消防测试泵在必要时会自启,但需要现场手动停止。如果保压泵、测试泵无法自动启动,应及时通知操作人员和维保人员去现场检查、处理。

3)可燃气体声光报警点

日常巡检中,注意观察各区域可燃气体探测器显示值是否正常,如出现故障及时通知维修。可燃气体声光报警点报警分三类:预报警(黄色)、故障(橙色)、报警(红色)。当可燃气体声光报警点出现以上三类报警时,DCS 需通知操作人员去可燃气体声光报警点所在区域确认报警是否为真,如报警为真,则按照《LNG 接收站应急事件处理办法》处理并逐级上报;如报警为假,则现场复位,如无法复位,则检查维修。

4）槽车区干粉炮

日常检查中,应确认中控室干粉系统控制柜电源指示灯是否常亮、炮阀开/开到位指示灯是否常亮。如指示灯熄灭或显示故障,应及时通知操作人员和维保人员去现场检查、处理。

5）码头区消防水炮、干粉炮

日常检查中,应确认码头中控室电控消防水炮控制柜电源指示灯是否常亮、出口阀关/关到位指示灯是否常亮,确认干粉炮出口阀开/开到位指示灯是否常亮。如指示灯熄灭或显示故障,应及时通知操作人员和维保人员去现场检查、处理。

6）罐顶干粉灭火系统

日常检查中,应确认中控室罐顶干粉灭火系统电源指示灯是否常亮,如指示灯熄灭或显示故障,应及时通知操作人员和维保人员去现场检查、处理。

7）接收站消防系统

日常检查中,注意观察全场火焰探测器、全场手动报警;储罐低温报警;码头低温报警、火焰探测器,槽车区低温报警;高压泵区低温报警;各系统中指示灯显示是否正常,如指示灯熄灭或显示故障,应及时通知操作人员和维保人员去现场检查、处理。

2. 设备日常巡检要点

1）消防水炮

消防水炮是接收站设置于码头前沿的主要消防设备之一,主要在发生火灾时用来降低码头前沿包括来船的温度,使其与热辐射隔绝从而达不到着火点,保护未燃烧的设备防止火灾扩大。消防水炮的高度设计以及压力设计应考虑来船的高度以及长度,设置的消防水炮的灭火面积必须有效覆盖整个靠岸船舶。

消防水炮的主要巡检要点如下:

（1）炮体是否清洁,是否存在生锈及意外损坏状况。

（2）消防炮回转节的润滑油脂是否良好,炮体转动是否灵活。

（3）炮头部件是否有杂物堵塞。

（4）电气系统和液控线路是否正常。

（5）消防水炮支脚着地端是否保持尖锐状态。

（6）各阀门是否完好，开闭位置是否正确。

2）干粉消防系统

干粉消防系统是接收站设置于码头前沿和槽车系统的主要消防设备之一。干粉消防系统主要由干粉消防炮、干粉储罐以及多个氮气储瓶组成。由电磁阀触发打开氮气储瓶，氮气压力作用于干粉储罐起到升压和搅动干粉的作用，最终由干粉消防炮打出干粉用于覆盖着火源从而窒息式灭火。干粉消防炮与消防水炮分工明确，消防水炮主要用来隔绝热辐射保护未燃烧的设备，干粉消防炮主要用于扑灭火源。

干粉消防系统的主要巡检要点如下：

（1）消防炮体是否清洁，是否存在生锈及意外损坏状况。

（2）消防炮回转节的润滑油脂是否良好，炮体转动是否灵活。

（3）炮头部件是否有杂物堵塞。

（4）各阀门是否完好，开闭位置是否正确。

（5）氮气瓶的压力是否正常。

（6）氮气瓶是否泄漏。

（7）干粉储罐是否密封正常。

（8）触发氮气瓶开启的电磁阀是否正常，行程开关是否处于正常位置。

3）泄漏收集系统

泄漏收集系统主要由泄漏收集池、泄漏收集泵、水箱以及泡沫生成系统组成。泡沫生成系统由泡沫储罐、雨淋阀组以及泡沫放大装置组成。泄漏收集系统的主要工作原理为：如果有 LNG 泄漏，泄漏的 LNG 会首先进入放置于各个法兰处的泄漏收集盘。泄漏收集盘内放置有温度探头，当温度低于设计的温度时，中控室内总消防系统会报警。泄漏收集盘通过管道将 LNG 排至泄漏收集池集中，从而避免泄漏的 LNG 蒸发后扩散。此时看到报警的操作人员经过快速确认后，由中控室或者现场触发雨淋阀组，将消防水注入泡沫储罐的管道，通过虹吸效应带出储罐内的泡沫并经过混合后排向泡沫放大装置。泡沫放大装置就是一个水动的叶轮，混合泡沫推动叶轮转动，叶轮产生的风将泡沫高倍放大作用于泄漏收集池，从而覆盖泄漏收集池内的 LNG，以控制降低 LNG 的挥发速度。

泄漏收集系统的主要巡检要点如下：

（1）泵的外观是否良好，泵的地脚螺栓及各部件有无锈蚀。

（2）水箱的水是否充足。

（3）泵的振动情况及电流是否正常。

（4）泄漏收集池的液位情况是否正常。

（5）泄漏收集池内有无异物。

4）雨淋阀组

雨林阀组是触发码头水幕系统、码头喷淋系统、码头控制室电柜间的七氟丙烷灭火系统以及泡沫系统的开关。雨林阀组由一个执行机构、电磁控制阀门、手动控制阀门、警铃和雨林阀阀体组成。雨林阀组的执行机构一般为水动薄膜式。电磁控制阀门和手动控制阀门就是将水导入执行机构或者导出执行机构，从而控制执行机构动作的装置。警铃也是利用水流来触发报警。当需要相关消防装置动作时，首先要打开雨林阀组，雨淋阀组的打开可以依赖现场手动控制阀门，也可以在中控室利用电磁阀控制。控制阀门动作时水从执行机构内排出，执行机构动作使雨淋阀阀体打开，消防水便可以进入相应的消防系统。同时水流通过管线作用于警铃使其报警。

雨淋阀组的主要巡检要点如下：

（1）手动阀位和电磁阀阀位是否正确。

（2）阀和法兰是否泄漏。

（3）执行机构压力是否正常。

5）水幕、喷淋系统及七氟丙烷灭火系统

水幕设置于码头前沿，用于隔离来船和码头的热传递，防止火灾扩大。喷淋系统设置于码头和储罐上的人员撤离通道，其作用是将热辐射隔离于撤离通道外，防止人员受辐射伤害。七氟丙烷灭火系统由雨淋阀组和七氟丙烷储罐组成，用于扑灭发生在机柜的火灾，是理想的用于精密电器火灾的系统。

七氟丙烷灭火系统的主要巡检要点如下：

（1）灭火剂储存容器、选择阀、液体单向阀、高压软管、集流管、阀驱动装置、管网与喷嘴等全部系统组件应无碰撞变形及其他机械性损伤，表面应无锈蚀，保护涂层应完好，铭牌应清晰，手动操作装置的防护罩、铅封和安全标志应完整。

（2）灭火剂储存容器内的压力不得小于设计储存压力的90%。

（3）气动驱动装置的气动源的压力不得小于设计压力的90%。

每季度应对七氟丙烷灭火系统进行一次全面检查，并应符合下列规定：

（1）防护区的开口情况、防护区的用途及可燃物的种类、数量、分布情况,应符合原设计规定。

（2）灭火剂储存容器间设备、灭火剂输送管道和支、吊架的固定应无松动。

（3）高压软管应无变形、裂纹及老化现象;必要时,应按 GB 50263—2007《气体灭火系统施工及验收规范》的规定,对每根高压软管进行水压强度试验和气压严密性试验。

（4）各喷嘴孔口应无堵塞。

（5）对灭火剂储存容器逐个进行称重检查,灭火剂净重不得小于设计储存量的 90%。

（6）灭火剂的输送管道有损伤与堵塞现象,则应按 GB 50263—2007《气体灭火系统施工及验收规范》的规定对其进行严密性试验和吹扫。

七氟丙烷灭火系统的年检规定如下:

每年应对防护区按 GB 50263—2007《气体灭火系统施工及验收规范》的规定进行一次模拟喷气试验;钢瓶的维护管理应按 TSG R0006—2014《气瓶安全技术监察规程》执行;灭火剂输送管道耐压试验周期应按《压力管道安全管理与监察规定》执行。

水幕和喷淋系统的主要巡检要点如下:

（1）管线有无泄漏。

（2）喷头是否堵塞。

（3）喷头是否漏水。

6）洗眼器

洗眼器设置于接收站的各个设备区域,设置有一个喷头,可以对全身进行喷淋;设置一个洗眼装置,用于紧急清洗面部、手部等。

洗眼器的主要巡检要点如下:

（1）洗眼器是否正常工作。

（2）喷淋是否正常。

（3）阀门有无泄漏。

（4）管线有无泄漏。

7）淡水消防保压泵

淡水消防保压泵的功率较小,主要用于平时保证管线压力,可保证平时管线、阀门、法兰等泄漏时可以第一时间发现并补充消防管网的压力。淡水消防保压泵也用于平时对小流量消防水的使用,包括消防演习、消防车充水、冲洗现场设备等。淡水消防保压泵利用淡水对管线进行保压,这样可以减小腐蚀。

淡水消防保压泵的主要巡检要点如下:

(1)在泵运行期间按巡检路线进行检查,记录各参数,如压力、温度、流量等。

(2)管道、法兰是否泄漏。

(3)泵的振动是否在正常范围内。

(4)用测温仪测量电动机、轴承、联轴节和泵体温度是否正常。

(5)发现异常情况及时汇报,并采取相应措施,紧急情况可先停车再汇报。

8)淡水消防测试泵

淡水消防测试泵的功率较大,主要用于平时测试消防设备。淡水消防测试泵利用淡水进行测试。在火灾初期或者小型火灾也可以利用淡水消防测试泵对其进行灭火或者控制火灾扩大。

淡水消防测试泵的巡检要点与淡水消防保压泵相同。

9)海水消防电泵

海水消防电泵用于大型火灾的灭火,在测试泵无法满足消防需求时启用。

海水消防电泵的主要巡检要点如下:

(1)运行泵需要检查泵的转速、进口水位、出口压力、流量、电流、泵和电动机轴承上的振动读数及电动机轴承上的轴承温度和异常噪声等参数。通过这些参数可以对泵的运行状态进行比较,也可以判断泵的磨损情况。

(2)检查出口管线和其他附属管线、阀门、法兰是否泄漏。检查泵轴封的泄漏情况,机械密封的泄漏量应小于3滴/分钟(否则应换机械密封),填料密封的泄漏应为点滴(否则应微松或压紧)。

(3)观察或测量轴承的温度。

(4)检查冷却水管线的就地压力和流量。

(5)检查泵的润滑油液位的就地显示。

(6)检查 DCS 上的运行指示是否正常,有无故障报警。

(7)检查填料密封溢流水量大小。

(8)检查泵体和电动机振动和声音是否正常。

10）海水消防柴油泵

海水消防柴油泵用于大型火灾的灭火,在海水消防电泵无法满足供水要求时启用,也可在厂内停电时启用。

海水消防柴油泵的主要巡检要点如下:

（1）运行泵需要检查和记录检测时间、开停机时间、泵仪表读数、柴油机油压和油温、电瓶电压、转速、振动、噪声、环境温度、填料温度、泄漏量和吸入水位等。

（2）检查出口管线和其他附属管线、阀门、法兰是否泄漏。

（3）观察或测量轴承的温度。

（4）检查冷却水管线的就地压力、流量和水温。

（5）检查燃油的液位。

（6）检查泵的润滑油液位的就地显示。

（7）检查 DCS 上的运行指示是否正常,有无故障报警。

（8）检查填料密封溢流水量大小。

（9）检查泵体和柴油机振动和声音是否正常。

11）消防栓

消防栓设置于接收站的各个区域,用于直接灭火或者向消防车提供消防水。

消防栓的主要巡检要点如下:

（1）每次使用后,应立即检查各部件有无损坏、松动或泄漏现象,如有应立即维修。水带晾干后再挂在箱内。

（2）长时间不用时,应定期进行开启关闭、喷射试验,保证一旦使用时满足需要、性能可靠。

（3）定期做防腐保护和测试。

12）其他灭火器材

其他灭火器材主要包括移动式灭火器、手提式灭火器。

其他灭火器材的主要巡检要点如下:

（1）灭火器的压力是否正常。

（2）软管是否有破损。

（3）保险销是否牢靠。

（4）是否超过检修检校的时间。

13) 手动报警开关

接收站的手动报警开关设置于各个区域,主要用于发现火灾后手动触发从而引发全场消防报警。手动报警开关分为防爆式和非防爆式,其作用一样,只是密封等级不同。击碎手动报警开关正前方盖板后便可以触发报警。

手动报警开关的主要巡检要点如下:

(1)盖板是否有破损。

(2)定期检查取下盖板后是否能正常触发报警。

(3)重新装回盖板后是否能恢复。

14) 广播报警系统

广播报警系统主要由各个区域和各个控制室的喊话站台和喇叭组成。喊话站台可以实现单区域的喊话,也可以实现多区域乃至全场的同时喊话。利用喊话站台可以快速向中控室通报现场情况,也可以由中控室统一向现场发出指挥命令,能够统一地调度现场人员,也可以快速指挥控制现场火情。

广播系统的主要巡检要点如下:

(1)定期使用各个喊话站台,测试其能否正常工作。

(2)定期测试各个喇叭是否正常工作。

3. 设备启停及切换控制

1) 消防水炮

在操作消防水炮之前,需要检查以下项目:

(1)检查消防炮水管路、电缆管路、液压管路等,确保水路、电路畅通,消防水管网压力稳定。

(2)系统通电,通过操作面板检查消防水炮各动作(如水平回转、俯仰回转、直流/喷雾转换等)是否正常。

(3)开启供水设备,缓慢提升至额定工作压力,检查各项喷射参数(如压力、射程、射高等)是否正常。

(4)消防水泵启动并正常工作,消防水管网压力稳定。

(5)相关的阀门、电气设备、仪表处于良好的状态。

手控式消防水炮操作步骤如下:

(1)扳动入口蝶阀手柄,打开入口蝶阀。

（2）扳动消防水炮出水阀手柄，打开出水阀，此时消防水炮炮头出水。

（3）查看消防水炮座上的压力表，旋转出水阀手柄，调节消防水炮炮头的出水压力，使之达到要求值。

（4）调节消防水炮射流的水平喷射角度、俯仰喷射角度进行灭火作业。

手控式消防水炮关停步骤如下：

（1）扳动消防水炮出水阀手柄，关闭出水阀。

（2）扳动入口蝶阀手柄，关闭入口蝶阀。

（3）入口蝶阀关闭后，排水阀自动打开，排水泄压，此时观察到压力表的指示为零。

液控式消防水炮的操作步骤如下：

手动操作：

（1）在控制盘上选择"手动"操作模式，手动启动消防水炮。

（2）旋转消防水炮出口阀的手轮，打开出口阀，消防水炮炮头出水。

（3）调节消防水炮射流的水平喷射角度、俯仰喷射角度进行灭火作业。

液控操作：

（1）在控制盘上选择"液控"操作模式。

（2）在控制盘上按下液压泵的启动按钮，启动液压泵。

（3）在控制盘上按下液控消防水炮出口阀的启动按钮，打开出口阀，此时消防水炮炮头出水。

（4）调节消防水炮射流的水平喷射角度、俯仰喷射角度进行灭火作业。

液控式消防水炮的关停步骤如下：

手动操作：

旋转消防水炮出口阀的手轮，关闭出口阀，消防水炮的炮头停止出水。此时，排水阀自动打开，排水泄压。

液控操作：

（1）在控制盘上按下液控消防水炮出口阀的关断按钮，关闭出口阀，此时排水阀自动打开，排水泄压。

（2）在控制盘上按下液压泵的停止按钮，停液压泵。

2）干粉消防系统

化学干粉消防系统的控制分为自动控制、手动控制、机械应急操作三种方式。

自动控制：化学干粉消防系统的自动控制系统在收到两个独立火灾探

测信号后启动,并延迟大约30s后自动开始喷放。

干粉消防炮的手动操作方式如下:

(1)按动控制柜上的启动按钮(对于手动系统,抓住启动手柄,逆时针旋转),启动装置开始动作,刺破高压氮气瓶瓶头阀的内部膜片,瓶头阀开启,释放高压氮气。

(2)高压氮气再经减压后,进入干粉罐,此时干粉罐上的压力表显示指示压力。

(3)延时一定时间后(30s左右),系统自动打开干粉消防炮进口电动球阀,氮气和干粉混合物则流经管路通过干粉喷射器喷射到火源上。

干粉消防炮的机械应急操作:若整个启动过程有故障,应立即到现场启动机械应急装置(应急拉手),打开氮气瓶瓶头阀,待干粉罐压力升高到1.5MPa左右时,手动打开终端球阀,释放干粉到火源上。

干粉卷盘的手动操作:在开启设备之前,散开卷盘上的软管,按动干粉卷盘现场启动柱上的启动按钮(对于手动系统,抓住启动手柄,逆时针旋转),启动装置动作,刺破高压氮气瓶瓶头阀的内部膜片,瓶头阀开启,释放高压氮气;高压氮气再经减压后,进入干粉罐。在压力作用下,混合干粉经卷盘输送管路送达卷盘末端,此时开启干粉卷盘上的球阀,氮气和干粉混合物则流经管路通过干粉卷盘喷射到火源上。

干粉卷盘的机械应急操作:若整个启动过程有故障,应立即到现场启动机械应急装置(应急拉手),打开氮气瓶瓶头阀,待干粉罐压力升高到1.5MPa左右时,手动打开终端球阀,释放干粉到火源上。

3)泄漏收集系统

泄漏收集池提升泵的启动操作如下:

(1)关闭泵的出口阀门。

(2)进行灌泵操作,保证水箱内有足够的水。

(3)启动泵,检查泵运转是否平稳、电流是否正常。

(4)打开出口阀门。

泄漏收集池提升泵的停止操作如下:

(1)按下停泵按钮。

(2)保持出口阀门打开,以实现自动启泵功能。

4)雨淋阀组

雨淋阀组开启操作如下:

在现场手动打开开启阀门或者在中控室打开开启电磁阀。

雨淋阀组关闭操作如下：

（1）现场摁住复位阀门。

（2）观察现场压力表，直到执行机构内压力满足要求。

5）水幕、喷淋系统及七氟丙烷灭火系统

直接触发各部位相应的雨淋阀组，水幕、喷淋系统就能投用，复位雨淋阀组，水幕、喷淋系统就能停止。

七氟丙烷灭火系统操作步骤如下：

（1）自动控制方式：将火灾报警灭火控制器（以下简称控制器）上的控制方式选择键置于"自动"位置。当防护区发生火灾时，火灾探测器探测到的火灾信号输送给控制器，控制器立即发出声、光报警信号，同时又发出联动信号（如关闭通风空调、防火阀等），经过预先设定的延时时间后，输出启动灭火系统的信号，使对应防护区的电磁启动瓶组打开，启动气体释放后打开相应的选择阀和灭火剂瓶组，释放的七氟丙烷灭火剂经过选择阀及管网喷至相应的防护区内进行灭火。

（2）手动控制方式：将控制器上的控制方式选择键置于"手动"位置。当防护区发生火灾时，火灾探测器探测到的火灾信号输送给控制器，控制器立即发出声、光报警信号，同时发出联动信号，但不会输出启动灭火系统信号；此时需要经值班人员确认火灾后，按下控制器上相对应防护区的紧急启动按钮，即可按预先设定的程序启动灭火系统，释放七氟丙烷灭火剂进行灭火。

（3）机械应急启动：当防护区发生火灾时，因控制系统出现故障不能启动灭火系统，此时应由值班人员确认火警，通知人员撤离现场，人为关闭联动设备，拔出储瓶间内对应防护区启动瓶组上的手动保险销，用力压下手动按钮，即可使启动瓶组阀门开启，启动气体释放后打开相应的选择阀、灭火剂瓶组，释放七氟丙烷灭火剂进行灭火。

6）淡水消防保压泵、测试泵

在自动和手动模式下都要进行如下现场测试：

（1）泵在启动前，采用稀油润滑时，应检查轴承油位是否正常。

（2）泵在启动前，必须检查电动机的旋转方向是否正确。

（3）泵在启动前，应先用手转动泵的联轴器，看泵的转动部分旋转是否灵活。用滑动轴承还需盘车 $5 \sim 10\text{min}$，或从上方油孔处淋油 $10 \sim 20\text{mL}$，使轴承润滑均匀。

（4）检查全部仪表、阀门及仪器是否正常。

（5）泵在启动前,应向泵内注入水或抽出空气,并关闭泵出口管路的阀门和压力表旋塞,接通滑动轴承循环冷却水管路。

（6）如果模式开关置于自动模式,当泵在接收到控制盘的启动信号后,可以自动启动。如果模式开关置于手动模式,进行手动启动。

（7）启动水泵后,打开压力表旋塞、真空表旋塞,并逐渐打开泵的出口管路上的闸阀,等压力表指针指到所需位置上。

如果发生火灾,淡水消防保压泵可以自动启动。如果自动启动失败,进行就地启动。以下是紧急情况下手动启动程序:

（1）松开手动/自动模式开关的锁定按钮。

（2）将模式置于手动模式。

（3）启动泵。

运行中应注意如下内容:

（1）泵运转后,要注意检测水泵轴承温度,不应过高。

（2）水泵在运转时,要时常注意加油。

（3）填料室内的正常漏水程度以 10～20 滴/min 为准,否则,应调整填料压盖。

（4）定期检查联轴器。

（5）运转过程中,如发生故障,应立即停机,并参考故障排除表进行维修。

停机应注意如下内容:

（1）关闭出水口管路上的闸阀、压力表旋塞及进水口管路上的真空表旋塞。

（2）切断电动机电源。

（3）最后关闭滑动轴承循环冷却水。

7）海水消防电泵

海水消防电泵的手动启机前检查内容如下:

（1）确认润滑油液位正常。

（2）确认冷却水液位正常。

（3）确认泵出口管线阀门为关闭状态。

（4）确认泵回流管线阀门为关闭状态。

海水消防电泵启机步骤如下：

（1）确认 DCS 没有报警，具备启机条件。

（2）将测试管线上阀门打开约20%。

（3）在就地控制盘上按下"START"按钮。

（4）缓慢打开测试管线上的阀门。

（5）确认出口压力，如果压力不上升，立即停泵。

（6）确认海水消防电泵出口压力正常。

（7）确认出口管线振动无异常。

（8）确认泵运行正常无报警。

海水消防电泵可在就地控制盘上和 DCS 手动停车；在任何操作模式下，海水消防电泵均可以在 DCS 紧急停车。

海水消防电泵停车步骤如下：

（1）在就地控制盘上按下"STOP"按钮。

（2）现场确认泵已正常停车。

（3）关闭出口管线上的阀门。

9）海水消防柴油泵

海水消防柴油泵的启机前检查内容如下：

（1）确认润滑油液位正常。

（2）确认冷却水液位正常。

（3）确认柴油箱液位正常。

（4）确认泵出口管线阀门为关闭状态。

（5）确认泵回流管线阀门为关闭状态。

海水消防柴油泵启机步骤如下：

（1）确认 DCS 没有报警，具备启机条件。

（2）将测试管线上阀门打开约20%。

（3）在就地控制盘上按下"START"按钮。

（4）转速稳定后，长按"START"按钮3s。

（5）转速提高且运行稳定后，缓慢打开测试管线上的阀门。

（6）确认出口压力，如果压力不上升，立即停泵。

（7）确认海水消防柴油泵出口压力正常。

（8）确认出口管线振动无异常。

（9）确认泵运行正常无报警。

海水消防柴油泵的停车步骤如下：

（1）在就地控制盘上按下"STOP"按钮。

（2）转速下降后，长按"STOP"按钮3s。

（3）现场确认泵已正常停车。

（4）关闭出口管线上的阀门。

10）消防栓

室外消防栓的操作步骤如下：

（1）拧下消防栓出水口保护盖，将消防水枪、水带与消防栓出口连接好。

（2）将开闭扳手套在扳头上，逆时针用力推其手柄将阀门打开，阀门打开后即出水。

（3）根据火势和灭火距离的需要，通过控制专用扳手的旋转角度，可以控制出口压力和射程。一般出水压力为0.5MPa。

（4）顺时针扳动开闭扳手，使扳手回到原位，即可完全关闭出水阀，此时排水阀自动排水泄压。

（5）将消防水枪、水带与消防栓出口的连接断开，合上出水口保护盖，水带晾干后放回箱内。

4. 设备隔离及恢复要点

1）消防水炮

隔离操作如下：

（1）确认消防水炮入口启动切断阀门已经关闭。

（2）关闭启动切断阀门的上游手阀。

（3）切断消防水炮电源。

（4）通过低点将启动切断阀门到水炮炮口之间管线内的水排出。

（5）隔离完成。

恢复备用操作如下：

（1）打开启动切断阀门的上游手阀。

（2）给消防水炮送电。

（3）恢复备用完成。

2）干粉消防系统

隔离操作如下：

（1）确认干粉消防炮入口启动切断阀门已经关闭。

（2）关闭启动切断阀门的上游手阀。

（3）切断干粉消防炮电源。

（4）隔离完成。

恢复备用操作如下：

（1）打开启动切断阀门的上游手阀。

（2）给干粉消防炮送电。

（3）恢复备用完成。

3）泄漏收集系统

隔离操作如下：

（1）将收集泵出入口手阀关闭。

（2）切断收集泵电源。

（3）隔离完成。

恢复备用操作如下：

（1）打开收集泵出入口手阀。

（2）给收集泵送电。

（3）恢复备用完成。

4）雨淋阀组

隔离操作如下：

（1）将雨淋阀组上、下游手阀关闭。

（2）排出执行机构内的水。

（3）隔离完成。

恢复备用操作如下：

（1）打开雨淋阀组上游手阀。

（2）给执行机构内充压。

（3）打开雨淋阀组下游手阀。

（4）恢复备用完成。

5）消防保压泵、测试泵

隔离操作如下：

（1）关闭泵入口手阀。

（2）关闭泵出口手阀。

（3）关闭泵回流手阀。

（4）切断泵电源。

（5）隔离完成。

恢复备用操作如下：

（1）打开泵入口手阀。

（2）恢复泵回流手阀开度。

（3）给泵送电。

（4）恢复备用完成。

（5）下次启泵时需要排气。

6）海水消防电泵

隔离操作如下：

（1）关闭泵入口手阀。

（2）关闭泵出口手阀。

（3）关闭泵测试管线手阀。

（4）切断泵电源。

（5）隔离完成。

恢复备用操作如下：

（1）打开泵入口手阀。

（2）打开泵出口手阀。

（3）给泵送电。

（4）恢复备用完成。

7）海水消防柴油泵

隔离操作如下：

（1）关闭泵入口手阀。

（2）关闭泵出口手阀。

（3）关闭泵测试管线手阀。

（4）切断电瓶电源。

（5）隔离完成。

恢复备用操作如下：

（1）打开泵入口手阀。

（2）打开泵出口手阀。

（3）给电瓶送电。

（4）恢复备用完成。

二、维护要点

1. 消防水炮

月检：消防水泵应每月启动运转一次。每月对系统进行一次外观检查，各组件应完好，无松动、无缺件、无碰撞变形和其他机械性损伤，表面应无锈蚀，保护涂层应完好，铭牌应清晰，手动操作装置的防护罩、铅封和安全标志应完整。

季检：对消防水炮的回转机构、俯仰机构或电动、液动操作机构进行检查，性能应达到相关标准的要求。电气控制设备的工作状况应良好。

年检：系统管路每半年应进行一次压力试验。系统每年应至少进行一次喷射试验。检查泡沫液储罐内泡沫液的液位，应符合规定的要求。

大修：系统每 2~3a 应进行彻底检查与试验，包括管路除锈、涂刷油漆，管路压力试验，系统喷射试验，射流性能检验，灭火剂性能检验等。

2. 干粉消防系统

（1）检查水幕及喷淋系统出水口有无堵塞。

（2）检查氮气储存瓶压力，若氮气压力低于 1.2MPa（20℃），应及时补充氮气。检查方法：用扳手适当旋开瓶头阀上压力表开关的大六角螺母，观察压力表上的读数，若达到规定值，则关闭压力表开关，然后松开压力表，将气体放掉，然后拧紧，再进行第二只瓶的检查，如此逐步进行检查。

（3）本系统的瓶头阀为膜片式瓶头阀，型号为 NMPF，每次使用后应联系检维修中心更换膜片。更换方法为：从瓶头阀压帽位置整体旋动拉杆部件，待拉杆部件全部旋出之后，旋动压帽直至压帽脱落，取出弹簧、垫片及破损膜片。更换全新膜片之后，在压帽内依次放入膜片、垫片、弹簧，之后整体旋入紧固在瓶头阀上。

（4）充装气体之前需拆除瓶头阀开启拉杆部件，并妥善保管好拆卸下的部件。

（5）从瓶头阀压帽孔处观察，确认瓶头阀内部膜片完好，并在该压帽上加装刚性保护帽。

（6）检查压力表的开关，确定压力表开关处于完全关闭状态。

（7）充气时需适当稳固气瓶，保证气瓶不会随意滚动。

（8）严格按照气站的安全操作规程对气瓶进行充气。充气口为与膜片压帽相对的 G5/8 外螺纹接口（即出气口），其余接口均不得作为充气口进行充气。

（9）充气完毕之后，需检查气瓶处于绝对安全状态，检查瓶头阀压帽上的保护帽是否稳固之后，方能进行搬运。搬运过程中，需适当固定每个气瓶，并保证瓶头阀不会被异物碰撞，气瓶附近不能同时运输尖锐货物。装卸气瓶时，轻拿轻放，严禁碰撞气瓶。

（10）气瓶在出厂之前已经做过完全耐压实验及密封性实验。若发生瓶头阀泄漏或异常情况，请及时做好保护措施，并及时通知厂方排解故障。

3. 泄漏收集系统

泄漏收集系统需至少每一个月测试一次，定期测试步骤如下：

（1）利用生产水作为测试泵的水源，由于测试时泄漏收集池不一定有足够的液位，因此就利用持续往水箱冲入生产水的方式对泵进行测试。

（2）测试时需如实填写测试记录。

（3）测试内容主要包括联轴器是否运转平稳，泵振动是否过大，泵在液位高、低状态是否能自动控制。

（4）将测试记录收入设备台账，进行统一的档案管理。

4. 水幕、喷淋系统及七氟丙烷灭火系统

水幕、喷淋系统及七氟丙烷灭火系统的日常维护要点如下：

（1）检查水幕及喷淋系统出水口有无堵塞。

（2）检查各系统管道有无漏水处，如有漏水应立即修理。

（3）检查各压力容器的压力是否正常。

（4）检查水幕及喷淋系统出水口处有无锈蚀。

5. 洗眼器

洗眼器的日常维护要点如下：

（1）检查洗眼器阀门及附属管线有无漏水现象，如有漏水应立即修理。

（2）检查洗眼器出水口是否有堵塞。

（3）检查喷淋头是否有堵塞。

6. 淡水消防保压泵、测试泵

1）日常维护要点

（1）检查泵及附属管线有无漏水现象，如有漏水应立即修理。

（2）检查泵的各仪表运行状态与读数是否正常。

（3）观察密封填料处有无漏水，如有漏水则及时维修。

（4）检查泵的轴承润滑油是否足够，不够应添加。

（5）冬季防止因水温低而冻坏设备。室温宜保持在5℃以上。

（6）泵不允许超出规定工况范围外运行，不允许入口无水运行。

2）定期维护要点

（1）每月检查项目。

① 检查泵和电动机直联状态是否正常。

② 因备用淡水消防保压泵不长期使用，每月启动一次跑合运转，每次不少于30min，测试泵的振动、噪声等情况是否正常。

③ 检查机械密封是否漏水，排除不正常的漏水现象。

（2）每六个月检查项目。

① 检查泵的底座、泵、电动机是否紧固。

② 检查仪表、引线的状况，检查管路是否泄漏或松动。

（3）每年检查项目。

① 检查转动部分的磨损情况。

② 检查泵的密封环磨损情况，必要时进行更换或修理。

3）其他维护要点

（1）如泵发生可疑的性能退化或者严重振动等异常现象，表明泵正在发生问题，并且很快将可能发生故障，这时需要进行不定期维护，应马上安排时间检修。其他紧急性故障的迹象如下：

① 异常运转噪声。

② 过度振动。

③ 过大电流消耗。

④ 效率下降。

⑤ 密封填料处漏水严重。

（2）在进行拆卸维修时，要将泵上的锈斑除去，然后再重新涂装，特别注意下列事项：

① 要仔细检查所有摩擦部位有无磨损，并采用相应的维修措施。

② 再次组装填料、O形密封圈、纸垫时，更换那些认为有必要更换、已磨损的零部件。在拆卸之前，事先要准备好备件，而后才进行拆卸。

7. 海水消防电泵

1）日常维护要点

（1）检查泵及附属管线有无漏水现象,如有漏水应立即修理。

（2）检查泵的各仪表运行状态与读数是否正常。

（3）观察填料密封的溢水量是否过量,温度是否正常。

（4）检查海水消防电泵的润滑油（脂）是否足够,不够应添加。

（5）冬季应开启泵管电加热器,对水面下泵管部分保温防冻。

2）定期维护要点

（1）每月检查项目。

① 检查泵和电动机直联状态是否正常。

② 因海水消防电泵不长期使用,每月启动一次跑合运转,每次不少于30min,测试泵的振动、噪声、功率、电流、出口压力、填料密封处溢水量等是否正常。

（2）每六个月检查项目。

① 检查填料及轴套,必要时进行更换。

② 测量机组振动和噪声。

（3）每年检查项目。

① 检查转动部分的磨损情况。

② 检查叶轮和密封环之间的间隙。

③ 检查水力零件的气蚀、冲蚀状况。

④ 检测机组校直情况,因为基础下沉、老化,轴承磨损、热变形,建筑结构载荷变化等情况均有可能影响机组校直。

3）其他维护要点

（1）如泵发生可疑的性能退化或者严重振动等异常现象,表明泵正在发生问题,并且很快将可能发生故障,这时需要进行不定期维护,应马上安排时间检修。其他紧急性故障的迹象如下:

① 异常运转噪声。

② 过度振动。

③ 过大电流消耗。

④ 效率下降。

⑤ 轴承温度过高。

（2）在进行拆卸维修时,要将泵上的锈斑除去,然后再重新涂装,泵内积水要排干净,特别注意下列事项：

① 要仔细检查所有摩擦部位有无磨损,并采用相应的维修措施。

② 再次组装填料、O形密封圈、纸垫时,更换那些认为有必要更换、已磨损的零部件。在拆卸之前,事先要准备好备件,而后才进行拆卸。

8. 海水消防柴油泵

1）日常维护要点

（1）检查泵及附属管线有无漏水现象,如有漏水应立即修理。

（2）检查泵的各仪表运行状态与读数是否正常。

（3）观察填料密封的溢水量是否过量,温度是否正常。

（4）检查海水消防柴油泵的润滑油（脂）是否足够,不够应添加。

（5）冬季应开启泵管电加热器,对水面下泵管部分保温防冻。

（6）寒冷季节对柴油机、水泵采取保温措施,防止因水温低而冻坏设备。室温宜保持在5℃以上。

（7）检查柴油罐油位是否在50%上。

（8）检查冷却水水位是否在水箱2/3以上。

（9）检查电瓶电压是否正常。

2）定期维护要点

（1）每月检查项目。

① 检查泵和电动机直联状态是否正常。

② 因海水消防柴油泵不长期使用,每月启动一次跑合运转,每次不少于30min,测试泵的振动、噪声、功率、电流、出口压力、填料密封处溢水量等是否正常。

③ 检查机油液位,确保机油液面满足要求。

④ 检查消音器及排气管道,清除积炭,防止火花产生。

（2）每六个月检查项目。

① 检查填料及轴套,必要时进行更换。

② 测量机组振动和噪声。

（3）每年检查项目。

① 检查转动部分的磨损情况。

② 检查叶轮和密封环之间的间隙。

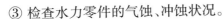

③ 检查水力零件的气蚀、冲蚀状况。

④ 检测机组校直情况,因为基础下沉、老化,轴承磨损、热变形,建筑结构载荷变化等情况均有可能影响机组校直。

3)其他维护要点

维护内容与海水消防电泵相同。

9. 消防栓

消防栓的日常维护要点如下:

(1)检查消防栓内水带有无损坏。

(2)检查消防栓的管线及阀门有无泄漏。

(3)检查消防栓的压力是否正常。

(4)定时测试消防栓。

10. 其他灭火器材

其他灭火器材的日常维护要点如下:

(1)每次使用后,应立即检查各部件有无损坏、松动或泄漏现象,如有应立即维修。水带晾干后再挂在箱内。

(2)长时间不用时,应定期进行开启关闭、喷射试验,保证一旦使用时满足需要、性能可靠。

(3)定期做防腐保护和测试。

11. 手动报警开关

(1)定期检查接线是否可靠。

(2)定期检查接线端子是否已拧紧。

(3)定期做防腐保护和测试。

12. 广播报警系统

(1)定期检查接线是否可靠。

(2)定期检查接线端子是否已拧紧。

(3)定期做防腐保护和测试。

13. 低温监测、报警系统

(1)定期检查接线是否可靠。

(2)定期检查接线端子是否已拧紧。

（3）定期做防腐保护和测试。

（4）定期检查系统逻辑是否可靠。

14. 可燃气体监测装置、火焰探测装置

（1）定期检查接线是否可靠。

（2）定期检查接线端子是否已拧紧。

（3）定期做防腐保护和测试。

（4）定期检查系统逻辑是否可靠。

（5）定期清理探头、屏幕。

第三节 自 控 系 统

一、日常运行关键控制点

1. DCS 系统

（1）通过工程师站对整个系统总貌进行检查。

（2）检查现场控制器（FCS）的中央控制器（CPU）、电源供电单元（PSU）和通信总线（VNET）运行状态。

（3）检查输入、输出卡件指示灯显示的运行状态，关注重要的报警信息。

（4）检查通信网络的运行状态。检查冗余状态是否正常。

（5）检查机房的温湿度：一般是通过室内空调来保持和调整，温度为 $20\sim25℃$，相对湿度为 $40\%\sim75\%$。同时应保持室内和控制柜内的清洁。

2. SIS 系统

SIS 系统诊断包括：数字输入（DI）模块断线诊断；DI 模块短路诊断；数字输出（DO）模块输出粘住诊断；DO 模块短路诊断；DO 模块断线诊断；模拟输入回路诊断；输出模件异常时动作。

对于单输出模件，安全控制器（SCS）将故障的输出模件所有通道的失效安全值输出变为无效状态。此时运行模式二等待模式，停止向输出模件写入。所有通道数据状态为失效，应用逻辑利用数据状态为失效，可使相关的其他输出关闭。

3. CCTV 及数字光处理大屏幕监视系统(DLP)

(1) CCTV 光端机的端口保持清洁,备有端口需加保护套。

(2) CCTV 物理地址码、光端机端口需要一一对应。

(3) CCTV 视频分配地址、硬盘录像机和矩阵需要一一对应。

(4) 至少三个月做一次摄像头的清洁和自检。

(5) DLP 照明单元(IU)的双灯泡使用时间不要超过 8000h,出现红色报警必须更换。

(6) 为了安全起见,DLP 的显示控制(Display Control)服务器至少有一个端口可以完成监听功能,用于自诊断功能。

(7) 因为 DLP 的功率损耗很大,所以全部是市电供电,在切电时,需要提前关闭 IU 的电源。关闭电源程序可以在客户端进行,也可以在机架 IU 现场进行,要将电源单元(PU)打到待命状态后,才能关闭电源。

(8) DLP 的照明单元(IU)对环境要求非常高,因此定期更换过滤网非常必要。

(9) DLP 的发热量非常高,必要的通风和降温必不可少,环境温度应该在 20~25℃范围内,才可以保证稳定运行。

(10) 编辑布局必须在服务器端进行,要根据不同的工艺要求和大屏布局来设定图像的布局,每个布局被用唯一的名字保存在数据库中。数据库位于中控室主机上。

4. 现场仪表

1) LTD 罐表系统日常运行关键控制点

(1) 检查伺服液位计变送器的运行是否有故障代码。

(2) LTD 日常运行的关键控制点如下:

① 正常运行时,LTD 维修仓前的阀门必须全开且上锁,避免误操作关闭阀门切断 LTD 的通信钢缆。

② LTD 传感器每天早晚各设置一次自动巡检,用于修正所测的液位、温度和密度。

③ 检查通信卡指示灯是否持续有规律的闪烁。

(3) 雷达液位计日常运行的关键控制点:160000m³ 储罐正常运行时,液位不高于 34.4m,就不会发生联锁。

（4）RTD 日常运行的关键控制点：储罐正常运行时,环隙温度和罐底温度都是均衡的,不会有大的变化。

2）船岸通信连接日常运行的关键控制点

（1）电缆测试。

① 确认船岸连接系统（SSL）控制柜电源正常,选择电系统。

② 确认码头控制室 Inhibit 当前船到岸 ESD 信号。

③ 将电动测试工具（ETU）插入电缆卷筒处接头。

④ 码头发出岸到船 ESD 信号,观察 ETU 侧岸到船 ESD 的 LED 灯亮灭情况。健康则亮,跳闸则灭。

⑤ 在 ETU 发送一个船到岸的 ESD 信号,控制室观察是否接收到信号。

⑥ 成功测试完毕,确认禁止当前 ESD 信号,拔掉 ETU。

（2）光缆测试。

① 确认 SSL 控制柜电源正常,选择光纤系统。

② 确认码头控制室 Inhibit 当前船到岸 ESD 信号；将光纤回环检测设备插入到光纤卷盘处接头。

③ 在光纤操作屏幕上按下光纤回路测试、运行顺序按钮,观察运行情况是否正常。

3）采样和分析系统运行的关键控制点

（1）接船之前要对采样系统真空度进行检查。

（2）对色谱通标准气进行校验。

4）常规变送器日常运行关键控制点

LNG 接收站的变送器主要是指压力变送器、差压变送器、温度变送器、超声波流量计、雷达液位计、质量流量计、超声波液位计、可燃气检测器、火焰探测器、速度传感器、烟雾探测器等。

这些变送器在日常运行的关键控制点如下：

（1）外观无锈蚀和损伤,密封完好。

（2）零点准确,线性化不变形,量程符合设计要求。

（3）电气接口和接线牢固。

（4）过程接口无泄漏。

5）调节阀/开关阀日常运行关键控制点

LNG 接收站的调节阀大多是薄膜式单座低温型调节阀,开关阀大多是三偏心低温型气缸旋转阀。在日常运行中关键的控制点是:

（1）起源压力稳定,设定适当,无泄漏。

（2）电气接口和密封完好,接线牢固。

（3）定位准确,开关平滑稳定。

二、维护要点

1. 现场仪表巡检的要点

（1）规定巡检路线,确定重点巡检对象:BOG 压缩机、空气压缩机、高压泵、海水泵和装车橇等的橇装仪表,每天巡检两次。

（2）每天巡查必须与操作人员进行交流,了解仪表运行状况,及时跟进和重点监控。

（3）若导压管接头及调节阀填料老化发生泄漏,要及时报告值班长,办理工作票,采取恰当安全措施,及时更换填料。

（4）冬季巡检重点是防冻防凝,每天至少检查一次带电伴热的现场仪表运行状态。

（5）巡检中发现问题,应及时汇报并处理故障问题。巡检应有记录,要求真实、及时、完整、可追溯。

2. DCS/SIS 巡检的要点

（1）巡检区域集中在中控制室、工程师室、大屏幕室及机柜间,码头控制室及机柜间,装车控制室及机柜间。

（2）控制室环境必须保持无尘、洁净,通风良好。环境温度和湿度符合规范要求。

① 温度:18 ~ 25℃,变化率 <3℃/h。

② 湿度:40% ~ 75%,变化率 <6%/h。

（3）检查系统硬件运行状态正常,无故障报警信号显示。

（4）检查系统软件功能正常,冗余切换功能正常,通信功能正常。

（5）巡检中发现问题,应及时汇报并处理故障问题。巡检应有记录,要求真实、及时、完整、可追溯。

3. 自动化仪表设备定期预防性维护

1）预防性维护的必要性

自动化仪表设备随着运行运行时间的增加,相关的投入在逐年提高。自动化仪表设备直接控制生产装置的运行,仪表自动化技术的应用可反映出一个企业生产控制水平,对自动化仪表设备实行科学、有效的维护,不仅可以提高仪表设备的完好率,而且还能够延长仪表的使用寿命,降低仪表设备的使用成本。仪表预防性维护是维护过程中的重要组成部分,做好仪表预防性维护是确保设备长周期运行的关键。

仪表设备的预防性维护不同于装置仪表设备检修和故障处理,是在设备未发生故障前对设备进行有针对性、有计划、有目的的采取预防性的修补方法,使影响装置运行的仪表故障明显减少。

2）预防性维护的要点

（1）铭牌标志完好,位号标示清晰,仪表外表清洁无油污,仪表零部件齐全、无破损、无锈蚀。

（2）机械连接牢固、无松动。

（3）信号线无折、断、短路、绝缘破坏现象。

（4）仪表电气接口及接线无松动和渗漏现象。

（5）仪表工艺接口无松动和泄漏现象。

（6）调节阀气源无泄漏,动作无异常,风表指示正常。

（7）系统通信无异常,冗余状态正常。

（8）控制器和板卡表面无积灰,程序保护电池状态指示灯正常。

4. 备品备件管理

1）科学管理备品备件的必要性

由于接收站引进了大量的国外进口自动化设备,种类繁多,采购周期长,为了提高故障处理的时效性,必须对关键仪表及部件进行科学合理的储备。仪表备品备件的管理是设备管理的重要内容,保证备品备件的采购质量,并将备品备件的储存控制在合理范围内,尽可能减少对企业资金的占用,一直以来都是设备管理工作的一个重点、难点。

2）备品备件管理的要点

（1）建立和完善 ERP 系统,将现场的动设备及其附属自动化设备建立数据库,每个设备按位号、型号和部件材料号建档,在同种型号设备下建立备品备件的需求数量。

(2)备件的使用和采购自动统计,既能够节约成本又提高效率。

5. 技术资料管理

1)技术资料科学管理的必要性

技术资料是设计、施工、科研等各项工作的劳动成果,完整、准确的技术资料是操作人员准确操作和设备维护维修的依据,尤其是 LNG 接收站大部分设备是进口装备,要吃透和领会工作原理和操作方法,必须有完整的技术资料支持。

2)技术资料管理的要点

(1)对技术资料整理、分类,对 DCS/SIS 及 PLC 系统程序和应用程序定期备份和保管。

(2)建立设备档案,做好强检设备档案和维修台账的管理,做好备品备件的计划和保管。

第四节　公用工程系统

一、日常运行关键控制点

公用工程系统是接收站的辅助功能系统。公用工程系统主要包括生产及生活水系统、污水处理系统、工厂空气及仪表空气系统、液氮系统。其中接收站内工厂空气主要供公用工程站使用;仪表空气主要供调节阀和仪表使用;接收站内的氮气主要用于设备和管道的吹扫、置换和保压,同时为 BOG 空气压缩机的负荷控制、卸料臂旋转接头的吹扫、火炬提供稳定的氮气;生产及生活供水系统主要用于向站内生产装置和辅助装置提供生产及生活用水,水源为淡水。

1. DCS 公用工程系统监控要点

1)空气压缩机

(1)观察主备机模式与空气压缩机实际运行情况是否一致。

（2）观察空气压缩机系统是否处于联控模式。

（3）观察空气压缩机出口压力,应不小于仪表管网最低设计压力。

（4）观察空气压缩机达到设计压力是否能正常启停。

（5）观察空气压缩机出口流量是否波动太大。

（6）观察空气压缩机系统是否有报警。

2）液氮汽化系统

（1）观察液氮储罐液位是否高于最低设计液位。

（2）观察汽化器出口温度,若温度过低,电加热器是否自动启动。

（3）观察氮气缓冲罐出口压力及温度是否在正常范围内。

（4）观察氮气出口缓冲罐流量及波动范围。

3）生产水系统

（1）观察原水提升泵泵井液位是否在正常范围。

（2）观察生产水罐液位,若低于正常范围,补水泵是否正常启动。

（3）观察生产水出口压力,若低于设计压力,生产水泵是否正常启动。

（4）观察泵的运行状态反馈是否正确。

4）生活水系统

（1）观察生活水罐液位,若低于正常液位,补水阀是否打开补水。

（2）观察生活水出口压力,若低于设计压力,生活水泵是否正常启动。

（3）观察泵的运行状态反馈是否正确。

5）污水处理系统

（1）观察生活污水池液位,若液位过高,提升泵是否正常启动。

（2）观察增氧风机运行状态反馈是否正常。

（3）观察地下室排水井液位,若液位过高,雨水泵是否正常启动。

（4）观察监察池液位,若液位过高,监察池提升泵是否正常启动。

（5）观察含油污水调节池提升泵、隔油池加压泵运行状态,是否在启泵值时启动,达到停泵值时停止。

（6）观察核桃壳过滤器阀是否在设计时间间隔正常开关。

2. 设备日常巡检要点

公用工程系统的日常巡检点主要为空气压缩机系统、液氮系统、生活供水系统、生产供水系统以及污水处理系统。

1）空气压缩机系统

空气压缩机系统主要流程示意图见图6－1。

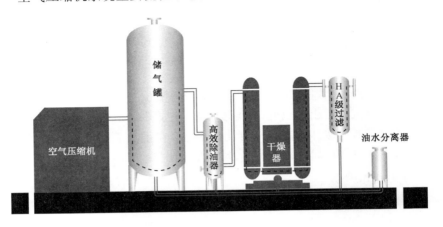

图6－1　空气压缩机系统流程图

空气经空气压缩机压缩后，汇入工厂空气缓冲罐，再进入高效除油器进行初步除油除污。经过除油除污后的压缩空气进入干燥器进行干燥，以控制空气的露点。干燥后的空气进入后置过滤器（HA级过滤器），进行进一步的除油除尘后进入净化空气缓冲罐，分两路供给仪表空气系统和工厂空气系统。工厂空气缓冲罐、高效除油器、干燥器和后置过滤器等设备经过过滤沉积产生的一些油、水都通过排污管线排放至油水分离器，经过分离后排放到污水系统。

空气压缩机系统的巡检要点如下：

（1）检查空气压缩机有无异常声音、不正常振动以及异味。

（2）检查空气压缩机油气桶油位是否正常。检查油气桶的进出口压差。

（3）查看油过滤器更换时间、油细过滤器更换时间、油更换时间、空气过滤器更换时间、电动机油脂更换时间是否已到，及时通知维护人员进行维护作业。

（4）检查空气压缩机排气温度，如温度偏高，应及时采用开门通风、启动室内排气扇、清理机罩滤网、清理后冷器风扇及百叶等措施。

（5）检查空气压缩机排气压力。

（6）检查空气压缩机运转电压。

（7）检查空气压缩机运转电流。

（8）检查空气压缩机进气阀动作是否正常。

（9）检查干燥器是否正常工作。

（10）检查干燥器消音器是否有堵塞、喷水情况，必要时及时协调清理。

（11）检查 PLC 联控柜是否有报警情况。

（12）打开空气缓冲罐下的排污阀进行排水。

（13）打开干燥塔下的排污阀进行排水。

2）液氮系统

液氮系统由液氮储罐、空温汽化器、电加热器以及氮气管网入口缓冲罐组成。

液氮储罐以及氮气管网入口缓冲罐属于压力容器，在使用过程中要严格监视其内部压力的变化。

空温汽化器是依靠空气温度对低温液氮进行汽化的装置。由于空温汽化器受环境温度的影响非常大，所以为了使进入氮气管网的氮气达到设计温度，设计了电加热器。

液氮系统的主要巡检要点如下：

（1）检查液氮储罐的液位，不足时及时联系补充。

（2）读取液氮储罐的压力值，以确定工艺正常。

（3）检查空温式汽化器出气管，如有结霜，需要及时减小液体流量并清除管外结霜。

（4）空温式汽化器连续使用 8～10h 后汽化效果减弱，翅片管上结霜严重，需要切换备用的汽化器。

（5）检查系统操作是否正确，控制盘上有无报警指示。

（6）检查电加热器是否运行，出口温度是否达到设计要求，如出口温度偏低或超高，应检查电加热器工作是否正常。

（6）定期采样，检测氮气露点。

（7）对空温式汽化器每年检漏一次。

（8）对电加热器每年检漏一次。

3）生活、生产水系统

生活水主要用来供应倒班宿舍、中控室、化验室、综合办公楼等设施的用水。本系统主要由生活水储罐及生活水泵组成。

生活水系统的巡检要点如下：

（1）水泵的工作电流是否在正常范围内。

（2）管道有无泄漏。

（3）入口压力。

（4）出口压力。

（5）水泵润滑油液位是否正常。

（6）水泵填料密封处是否有泄漏。

4）污水处理系统

污水处理系统分为生活污水处理系统和含油污水处理系统两大部分。

生活污水处理系统通常由手动格栅、生活污水调节池、生活污水提升泵（一用一备）、一体化生活污水处理装置（一级接触氧化池，二级接触氧化池、沉淀池）、鼓风机（一用一备）、雨水提升泵（一用一备）、消毒池、监控池、监控池提升泵（一用一备）、污泥浓缩池组成。

含油污水处理装置通常由手动格栅、含油污水调节池、含油污水提升泵（一用一备）、斜板隔油池、雨水提升泵（一用一备）、储油罐、加压泵（一用一备）、污油泵、核桃壳过滤器、反洗泵（一用一备）组成。

生活污水处理系统的巡检要点如下：

（1）确认现场控制柜上无报警指示。

（2）检查生活污水调节池液位。

（3）检查监控池液位。

（4）检查地下室排水井液位。

（5）检查鼓风机出口压力。

（6）检查生活污水提升泵的就地压力。

（7）检查雨水提升泵的就地压力。

（8）检查监控池提升泵出口压力。

（9）检查鼓风机的运行状况，有无振动异响。

（10）确认管段阀门无泄漏。

含油污水处理系统的巡检要点如下：

（1）确认现场控制柜上无报警指示。

（2）检查含油污水调节池液位。

（3）检查斜板隔油池液位。

（4）检查储油罐的液位，液位过高及时外输污油。

（5）检查加氯装置液位。

（6）检查含油污水提升泵的就地压力。

（7）检查污油泵的就地压力。

（8）检查加压泵的就地压力。

（9）检查核桃壳过滤器进、出口压力。

（10）检查反洗泵的就地压力。

（11）确认管段阀门无泄漏。

3. 设备启停控制

1）空气压缩机系统

启机前检查内容如下：

（1）检查泄压电磁阀已打开，保证油气桶内无压力。

（2）慢慢打开油气桶的泄油阀，将停机时的凝结水排出后关闭。

（3）检查润滑油液位。

（4）打开干燥机吸附塔下的排污阀进行排水。

（5）送电，检查系统显示和报警状态。

（6）打开空气压缩机出口阀及下游干燥过滤系统管路阀门，确保流程导通。

（7）检查干燥机、过滤器的控制方式处于联控位置。

（8）空气压缩机准备启动就绪。

启机操作如下：

（1）选择控制方式（分为近控和远控，下面第（2）步为近控，第（3）～（4）步为远控操作）。

（2）按"ON"键，"运行"指示灯亮，"停止"灯灭，空气压缩机启动。

（3）从单机就地控制面板上将空气压缩机控制方式设置为远控。

（4）从联控柜上按下"总启"按钮，空气压缩机系统以设定模式启动。

（5）观察液晶显示屏及指示灯是否正常。

（6）检查是否有异常声音、振动、泄漏等。

停机操作如下：

（1）在单机就地面板上按下"OFF"键，"运行"指示灯灭，"停止"灯亮，空气压缩机停车（近控模式）。

（2）按下单机就地面板上按下"OFF"键或按下联控柜上"总停"按钮，空气压缩机停车（远控模式）。

2）液氮系统

卸车程序如下：

（1）液氮储罐有足够的空间接收液氮。

（2）对槽车中的液氮采样，测试液氮的品质。

（3）液氮槽车需要在指定地点停车并完全制动。

（4）液氮槽车引擎停车，并接好地线，引擎钥匙已拔出并交给操作员保存。

（5）检查液氮储罐和槽车的液位指示器正常工作，无声光报警指示。

（6）低温软管的压力等级要相匹配，并安装在旋转法兰上，自由端已经连接到在液氮储罐的入口。

（7）所有的工作人员需要做好人身防护，以避免低温液氮的伤害。

（8）开残液排放阀。

（9）待充装软管出现结霜时，打开顶部进液阀。

（10）缓慢地打开液氮槽车的出口阀。

（11）打开放空阀排气降压。

（12）同时打开底部进液阀。

（13）在进液到储槽3/4时，关闭顶部进液阀，同时打开测满阀。

（14）待溢流阀出液时，关闭底部进液阀，打开残液排放阀。

（15）关闭液氮槽车的出口阀。

（16）卸除充装软管。

（17）将发动机的钥匙交给槽车司机，解除制动装置的限制。

液氮储罐压力调节方式如下：

（1）增压调节：就是将液氮引入液氮储罐自带的小型汽化器使其汽化，并排入液氮储罐顶部。

（2）减压调节：就是将底部液氮引入液氮储罐的顶部使其冷却顶部的高压液氮，以达到降压的目的。

3）生活水系统

启泵前准备工作如下：

（1）检查润滑油油位。

（2）检查泵壳内的储液是否高于叶轮的上边缘，若不足，可以从泵壳上的加液口处直接向泵体内注入储液，不应在储液不足的情况下启泵运转，否则泵不能正常工作，且易损坏机械密封。

（3）检查泵的转动部件是否有卡住、磕碰现象。

（4）检查泵体底脚及各连接处螺母有无松动现象。

（5）检查泵轴与电动机主轴的同轴度和平行度。

（6）检查进口管路是否漏气，如有漏气，必须设法排除。

（7）打开吸入管路的阀门，稍开（不要全开）出口控制阀。

启泵操作如下：

（1）确认生活水系统压力表根阀打开，生活水储罐的液位适宜。

（2）确认生活水罐与市政管网之间的阀门都已开启。

（3）确认市政管网能够正常向生活水罐内补水。

（4）确认生活水泵都处于停机状态并且没有故障指示。

（5）确认生活水泵的入口阀门已经开启。

（6）确认回流阀门处于一定开度。

（7）确认出口阀门处于一定小开度。

（8）确认泵已经准备就绪。

（9）泵启动后确认出口压力在工作压力范围内。

（10）缓慢开启出口阀门，保证出口压力在工作压力范围内。

（11）完全打开出口阀门。

（12）确认压力稳定在工作压力范围内。

停泵操作如下：

（1）确认生活水泵需要停止。

（2）在控制盘上点下停止按钮。

（3）确认泵已经停转，出口压力下降至停泵压力。

（4）关闭泵的出口阀门。

4）污水处理系统

操作前检查内容如下：

（1）安装工作已经正确完成。

（2）管道已连接，各流程已打通。

（3）检查各接头是否旋紧，连接处无泄漏。

（4）对手动阀门、水泵、减速机等相应位置进行润滑处理。

（5）确认各个水泵的出口阀门打开，曝气风机出口阀门打开。

（6）检查电源、水源是否通畅，裸露管线是否有保护措施。

（7）提升泵运行测试正常。

（8）核桃壳过滤器准备工作就绪。

（9）各控制系统工作程序正确。

生活污水系统手动启动操作如下：

（1）在就地操作面板上将操作模式设置为手动模式。

（2）打开生活污水调节池出水阀门。

（3）确认生活污水调节池液位达到可以启泵液位。

（4）在就地操作面板上启动1台生活污水调节池提升泵。

（5）在就地操作面板上启动1台鼓风机。

（6）一体化处理装置出水进入消毒池时，在LCP上启动1台次氯酸钠加药泵。

（7）监控池液位达到启泵液位以上时，在LCP上启动1台监控池提升泵。

（8）在就地操作面板上将操作模式设置为自动模式。

生活污水系统自动启动操作如下：

（1）确认生活污水调节池出水阀门（阀号）打开。

（2）将就地操作面板上将操作模式设置为自动模式，选择1台鼓风机、1台生活污水提升泵、1台加药泵和1台监控池提升泵，按下系统启动按钮。

（3）待提升泵出水后，对出口阀门进行调节。

（4）生活污水调节池液位达到启泵液位时提升泵联锁启动，曝气风机联锁启动，次氯酸钠加药泵联锁启动。

（5）监控池液位达到启泵液位时，监控池提升泵联锁启动。

生活污水系统停机操作如下：

（1）确认就地操作面板上的操作模式为手动模式。

（2）确认生活污水调节池液位达到低值以下。

（3）在就地操作面板上停止生活污水调节池提升泵。

（4）在就地操作面板上停止次氯酸钠加药泵。

（5）监控池液位达到低值以下时，在就地操作面板上停止监控池提升泵。

（6）在就地操作面板上停止曝气风机。

含油污水系统手动启动操作如下：

（1）在就地操作面板上将操作模式设置为手动模式。

（2）打开生活污水调节池出水阀门。

（3）确认含油污水调节池液位达到启泵液位以上。

（4）在就地操作面板上启动1台含油污水调节池提升泵。

（5）斜板隔油池集水箱液位达到启泵液位以上时，在就地操作面板上启动 1 台加压泵。

（6）在就地操作面板上，按下"过滤进水阀开"按钮，对应的阀门指示灯亮，核桃壳过滤器开始进水。

（7）当排油阀有水溢出时，按下"排油阀关"按钮，过滤器排油阀关闭，且对应的阀门指示灯灭，核桃壳过滤器进水结束。

（8）过滤器充满水后，滤料浸泡时间不得低于 16h，然后进入过滤流程。

（9）按"过滤进水阀开/关""过滤出水阀开/关"按钮，过滤器进水阀、出水阀打开，且对应的阀门指示灯亮，过滤罐进入过滤流程，设备进入正常运行状态。

（10）监控池液位达到启泵液位以上时，在就地操作面板上启动 1 台监控泵。

（11）过滤器在正常过滤状态下运行时，应每间隔 2h 开启排油阀 3min，按下"排油阀开/关"按钮，过滤器的排油阀打开，且对应的阀门指示灯亮，约 3min，按"排油阀开/关"按钮，排油阀关闭，且对应的阀门指示灯灭，滤罐排油结束。

（12）在就地操作面板上将操作模式设置为自动模式。

含油污水系统自动启动操作如下：

（1）确认含油污水调节池出水阀门（阀号）打开。

（2）将就地操作面板上操作模式设置为自动模式，选择 1 台含油污水提升泵、1 台加压泵和 1 台监控池提升泵，按下系统启动按钮。

（3）生活污水调节池液位达到启泵液位时提升泵联锁启动。

（4）待提升泵出水后，对出口阀门进行调节。

（5）斜板隔油池集水箱液位达到启泵液位时，加压泵联锁启动。

（6）当加压泵启动时，过滤器产水气动阀开启，反洗气动阀及排空气动阀都关闭。

（7）斜板隔油池污油收集箱液位达到启泵液位时，污油泵联锁启动。

（8）监控池液位达到启泵液位时，监控池提升泵联锁启动。

（9）当过滤器过滤周期为 8～12 小时（用户自己设定）时，过滤器自动进入反洗流程。

含油污水系统停机操作如下：

（1）确认就地操作面板上的操作模式为手动模式。

（2）确认含油污水调节池液位达到停泵液位以下。

（3）在就地操作面板上停止含油污水调节池提升泵。

（4）斜板隔油池集水箱液位达到停泵液位以下时，在就地操作面板上停止加压泵。

（5）关闭核桃壳过滤器进水阀门，打开排油阀门。

（6）当排油完毕后，关闭排油阀门。

4. 设备隔离及恢复要点

1）空气压缩机系统

隔离操作如下：

（1）将需要维修的空气压缩机切换为近控模式。

（2）按下停机按钮。

（3）切断电源。

（4）关闭出口截断阀。

（5）隔离完成。

恢复备用操作如下：

（1）为空气压缩机送电。

（2）检查送电后的空气压缩机控制面板有无报警信息。

（3）打开出口截断阀。

（4）将空气压缩机切换为远控模式。

（5）恢复备用完成。

2）液氮系统

隔离操作如下：

（1）关闭汽化器（需要隔离哪个汽化器可以单独隔离）进口和出口的手阀。

（2）如果电加热器处于开启状态，则进行关闭操作。

（3）切断液氮电加热器电源。

（4）打开汽化器进口和出口手阀之间的排净阀。

（5）隔离完成。

恢复备用操作如下：

（1）为液氮电加热器送电。

（2）关闭汽化器进口和出口手阀之间的排净阀。

（3）将电加热器恢复至自动状态。

（4）打开汽化器进口和出口的手阀。

（5）恢复备用完成。

3）生活、生产水系统

隔离操作如下：

（1）手动缓慢全关泵入口阀门。

（2）手动缓慢全关泵出口阀门。

（3）通过泵下端的排净管线对泵进行排净。

（4）系统隔离完成，可以进行维修操作。

恢复备用操作如下：

（1）确认泵下端的排净管线已经关闭。

（2）手动缓慢全开泵入口阀门。

（3）手动缓慢打开一点泵出口阀门。

（4）恢复备用完成，可以启泵。

4）污水处理系统

当污水处理系统需长期停运时，需停泵并排净各设备内的余水，打开放空阀，放净各设备内的余水并吹扫干净，关闭所有阀门。如设备停运时间超过10h，风机能根据停运时间自动间歇运行，给装置充氧，保证生物的活性。

污水处理系统中各类泵与鼓风机均为一用一备，当一台设备故障时，切换至备用设备，将故障设备隔离维修。

5. 设备应急控制

1）空气压缩机系统

（1）排气温度超过设定限值但未能自动停机，此时需要手动紧急停止空气压缩机并检查原因。

（2）监视到空气压缩机出口持续无流量，且管网压力持续下降，此时需要现场检查空气压缩机出口至干燥器所有XV阀是否开启（工作气路），否则应检查电磁阀的动作是否正常。中控室DCS显示的电磁阀状态是电磁阀是否得电的状态，不一定和现场XV阀的状态一致，有可能出现中控室显示已经开启，但现场XV阀实际并未开启（电磁阀故障时虽然得电，但未动作）的情况。

（3）检测到空气压缩机出口露点持续上升，此时需要检查露点仪是否正常。现场用便携式露点仪测量露点，看是否与空气压缩机系统自带露点仪

测量的数值一致。露点过高,可能是空气中含水量大,这时可通过以下方式进行处理:

① 给空气缓冲罐、高效除油器、后置过滤器排水;

② 加大再生空气气量,或切换干燥器;

③ 停止空气压缩机,干燥器泄压后检查干燥剂是否失效。

2）液氮系统

（1）若阀门泄漏,第一时间关闭泄漏阀门的上下游手阀。在低点排净液氮并维修阀门。

（2）如果发现液氮储罐压力过高,则需要手动将储罐内的压力进行紧急泄放。如果液位过高,那么泄放时需要小心液氮的喷出。

（3）氮气的流动使用主要依靠液氮罐和后端总管网的压力差,在液氮电加热器使用时要多关注氮气的流量是否稳定。因为氮气量会根据压差的浮动而浮动,很有可能一段时间无氮气流过电加热器,那么就很容易导致电加热器过热。

3）生活、生产水系统

（1）填料处大量泄漏。此时需要紧急停止水泵,并进行隔离以便维修。

（2）发现填料处冒烟并伴随烧焦的气味。此时需要紧急停泵并检查填料是否受损。判断原因时要检查泵出口阀门是否正常开启,回流阀门是否留有一定的开度,还需要检查填料处是否有一定量的渗漏来保证填料的润滑。

（3）如果发现停泵状态下的泵在转动,这是因为出口止回阀失效导致水从出口倒流引起的泵反转。此时要切断此泵的出口阀门,如果出口阀门内漏无法消除,要停止另一台运转的泵,以便于维修出口止回阀和出口阀门。有过反转的泵在启动前一定要进行盘车,以免有损电动机。

4）污水处理系统

（1）监测到泵在启动中,但是液位长时间不降低反而升高变化。此时要紧急检查管道有没有堵塞现象以及泵有没有出现故障。在现场打开启动泵的回流阀门检查有无水流出,如果有水,那么很可能泵出口的下游管道堵塞;如果无水流出,那么再根据现场的振动情况判断是电动机堵塞还是故障。在尽快到现场判断问题后,要立即关闭有问题的水泵并隔离,等待维修,防止电动机受损。

（2）检测发现水质不合格。一定要先停止相关系统的所有设备并做隔离,然后进行相应的检查和维修。

二、维护要点

1. 空气压缩机系统

（1）每日检查油位、排气温度和排气压力,检查有无异常声音。

（2）开机前打开油细分离器排污阀排放冷凝水,检查各处有无泄漏,检查安全阀,检查皮带磨损情况(目测)。

（3）定期检查进气控制阀、最小压力阀、电控箱连接线端子、安全阀、冷却风扇。

（4）定期清洗、清扫后冷却器进气滤网、后冷却器百叶,试验安全阀可靠性。

（5）定期更换机油、机油过滤器芯、油细分离器滤芯、空气过滤器。

2. 液氮系统

1）液氮罐

（1）设备外表面需保持良好的油漆防腐层,凡发现有剥落之处,应及时修复。

（2）当需对低温阀门阀体进行焊接时,应将阀芯取出后再施焊,以免损坏密封垫。

（3）不得擅自在容器本体上施焊,以防破坏外壳致密性。如确需施焊,应取得制造厂技术部门同意。

（4）夹层真空度直接影响设备绝热性能和安全性能,如无特殊需要,禁止打开 VV 阀(抽空阀)和外筒防爆装置。当夹层真空度过低时,可用真空泵直接抽空,恢复绝热性能。应在内容器处于常温状态下进行抽真空工作。

（5）安全阀每年校验一次,合格后加铅封,并有校验合格证,合格证注明下次校验日期。

（6）压力表每半年校验一次,液位计每年校验一次,校验合格后加铅封,并有合格证,上面注明下次校验日期。

2）空温式汽化器

（1）检查所有的管道及焊缝、进出口管连接处有无渗漏,如有渗漏现象,应及时进行补焊(严禁带压焊接,焊接前汽化器须恢复常温,并先用氮气进行管道内壁吹扫)。

(2)为了不降低汽化器的换热效率,在使用过程中应尽量避免蒙灰、脏污。如有上述情况,应及时用干净软布擦净,除去污迹,去污剂应选用专用清洁剂或四氯化碳。

(3)管束结霜严重时,应及时除霜或切换汽化器。

3. 生活、生产水系统

1)水泵

(1)检查运行性能是否符合规定要求。

(2)检查周围环境是否符合规定要求。

(3)检查控制柜面板指示灯和仪表显示是否正常。

(4)检查是否有异常的噪声、振动和气味。

(5)检查电缆有无过热或变色等异常。

2)储水罐

(1)检查罐体与地面基座各部的连接情况,应连接牢固可靠,如有松动,及时紧固。

(2)检查阀门畅通情况,如有堵塞,及时疏通。

(3)检查接地线的连接情况,如磨损或接地不良,应及时更换。

(4)清洁罐体表面卫生。

(5)检查罐体,如有隔板脱落、罐体腐蚀等情况,应及时焊补防腐。

(6)检查出水阀门,如有阀门关闭不严、闸阀脱落等情况,应及时更换。

4. 污水处理系统

1)生活污水处理装置

(1)调节池格栅前的杂物每周打扫一次,运行时应盖好井盖板,避免石块等物落入堵塞甚至烧坏水泵。

(2)避免机械油及含表面活性剂的物质混入污水中,导致生物膜死亡。

(3)污水流量不得超过设定值,如流量小于设定时,应采用手动操作,避免风机、水泵频繁启动而缩短其使用寿命。

(4)污泥池内污泥应定期回收,否则可导致沉淀效率下降,甚至发生污泥膨胀。

(5)应经常观察电流表、电压表,如果电流过大,应关机对电动机进行检查,如电压明显偏离380V,也应暂时关机。

（6）风机停运不得超过24h,以避免生物膜缺氧致死。

（7）定期检查出水水质,避免超标排放。

（8）采用自动方式,应在调试结束运行正常后使用。

2）风机

（1）润滑系统的检查。

① 日常检查油箱内的储油量是否低于最低刻线,如机油不足请加油（机油牌号为ISO标准N68润滑油,低温寒冷地区可适当降低机油牌号）。

② 日常检查机油是否混入水分等污物而变质,如变质请及时更换机油。

③ 日常清洗油过滤器。

④ 日常检查滴油嘴的滴油状况是否正常,如滴油嘴脏了,可卸下调整螺钉清洗。

（2）空气滤清器的检查。

日常检查空气滤清器是否脏了,如脏了可卸下空气滤清器,旋开蝶形螺母,拿开盖子,清洗过滤海绵（卸滤清器时注意不要把脏物掉进风机主机内）。

（3）三角皮带的检查。

风机运行一段时间后,三角皮带会伸长。这时要将电动机的固定螺栓松开,移动电动机,拉紧三角皮带到合适位置后再将电动机固定螺栓紧住,并注意电动机皮带轮和风机皮带轮的断面要在同一平面上。同时检查一下两皮带轮的顶紧螺栓是否松掉,如松了请紧住。

（4）日常检查安全阀的灵活状况,如不灵活请清洗调试,以保证可靠的启闭。

（5）日常检查有无漏油、漏气的部位并维修,如不能修理,请立刻通知生产厂商。

（6）日常清理风机存放处,保持清洁,通风良好。

（7）经常检查风机及电动机的运行状况,如发现噪声、温度不正常时,要及时停机检修。

3）水泵

（1）检查运行性能是否符合规定要求。

（2）检查周围环境是否符合规定要求。

（3）检查控制柜面板指示灯和仪表显示是否正常。

（4）检查有无异常的噪声、振动和气味。

（5）检查电缆有无过热或变色等异常。

4）含油污水处理装置

（1）经常检查过滤系统的各润滑点油位情况，并及时添加更换润滑油。

（2）过滤系统在过滤时滤料的高度约位于滤罐上观察孔的中间，每年应检查一次滤料的高度，并适当添加滤料，滤料从滤罐的人孔、视镜或手孔中装入。

（3）每年应检查一次滤罐的防腐层，若有损坏或剥落现象，应及时进行涂补。

第五节　海水取排水系统

一、日常运行关键控制点

海水取排水系统为开架式汽化器（ORV）和消防系统提供清洁的海水。海水经由取水管进入海水前池，通过钢闸门后，依次经过拦污栅、旋转滤网进行过滤，供海水泵和海水消防泵使用。

1. 海水泵

海水泵通常选用轴流泵或斜流泵。为保证长轴的平衡与稳定，沿轴向设有多个导轴承，导轴承由海水润滑与冷却。取自海水泵出口的海水经过过滤、增压作为导轴承的润滑水。但在海水泵启动时因为没有海水，需要用淡水作为润滑水，海水泵出口压力稳定后切换至海水。

1）海水泵监控要点

（1）海水泵出口压力。海水泵一般为工频泵，泵出口压力通过出口阀开度来调节。有的接收站采用变频电动机驱动的海水泵，可通过调节电动机频率和出口阀开度控制压力。海水泵出口压力一般比进入 ORV 的海水压力大 $0.15 \sim 0.2$ MPa，以克服管路压降。

（2）生产水管网压力。海水泵在运行过程中需要使用净化海水作为润滑水，对导轴承进行润滑与冷却，同时为推力轴承的润滑油提供冷却。由于净化海水的过滤器堵塞或管路泄漏等因素导致净化海水压力低于设定压力时,海水泵自润滑系统会自动切换到淡水润滑,淡水维持一定时间后会再次切换到海水。作为海水泵润滑水的淡水需要压力稳定,因此在运行时需要时刻关注生产水管网压力,使海水泵切换至淡水润滑时能保证海水泵的正常润滑。

(3)海水泵运行温度。海水泵 A、B、C 三相线圈温度、上/下轴承温度、推力瓦温度、径向瓦温度是监控海水泵运行正常的关键参数,设有高高连锁,在运行过程中需要关注其变化趋势。发现温度出现异常变化时,应及时采取措施,必要时立刻切换至备用泵,保证接收站的正常运行。停用在用泵,并协调维检修人员对海水泵进行检查或维修。

2)设备日常巡检要点

(1)海水泵运行声音及振动情况。巡检时需要关注泵运行的声音有无异常,振动值是否在正常范围之内。

(2)填料压盖出水量情况。若出水量较少,则说明润滑水不足,需要增大润滑水流量。

(3)润滑水压力和流量。巡检时查看润滑水压力和流量是否在正常范围内,及时进行调整。自润滑系统的三通阀由于接头腐蚀或内部堵塞可能也会导致漏水情况的发生,巡检时需要多加注意。

(4)推力轴承油温和液位。油温正常运行时推力轴承油温一般在 16 ~ 24℃。润滑油液位需要维持在视镜上下标线范围内,液位过低则需要加注润滑油。

(5)检查工作电流和泵实际运行转速是否在正常范围内。

(6)海水泵出口压力需控制在合适的范围,保证对 ORV 的正常供应。

(7)检查管线及阀门是否存在漏水情况。海水对金属有腐蚀,可能会导致管线或阀门漏水。

(8)查看海水泵出口管线阀室积水,积水过多时,应检查潜液泵是否工作正常。

3)设备启停及切换控制

(1)海水泵启动。

启动前检查与准备内容主要包括润滑油液位是否正常、有无泄漏,取水泵坑液位是否正常,自润滑系统是否通电,润滑水管线阀门是否全开等。检查正常后进行淡水润滑,启泵之前保证淡水润滑至少 10min,压力、流量均保持正常,同时将泵出口阀打开10%。所有准备完成后,则可以在现场或中控室启动海水泵,当海水泵出口压力开始上升时开启出口阀,调整出口阀保证海水泵运行正常。

(2)海水泵停止。

停止海水泵时,先逐步关小出口阀降低海水流量,当现场出口阀全关时即可停止海水泵。在停止变频泵时,需要关小出口阀并降低频率,从而降低海水流量。

(3)海水泵切换控制。

海水泵切换时,需要首先启动备用泵。在开大备用泵出口阀的同时,关小待停泵的出口阀,待出口阀全关后停止该泵。也可将启动备用泵后产生的海水输送至备用 ORV 上,流量达到运行 ORV 所需海水流量后,一边关小待停泵的出口阀,一边关小备用 ORV 海水入口阀,待停泵出口阀和备用 ORV 入口阀全关后,停止待停泵,使用备用泵。在切换海水泵时,主要是控制 ORV 的海水流量,保证正在运行 ORV 的海水流量稳定。

4)设备隔离及恢复要点

(1)隔离时确认海水泵出口阀关闭,海水泵停止并断电,海水泵润滑水系统停止并断电。

(2)隔离时注意对海水泵的出口管线进行排净。

(3)关闭需要隔离海水泵前的钢闸门,启动抽水泵,将泵坑内的水抽出。

(4)当泵坑液位显示很低时,可将海水泵提出,并进行检查维修。

(5)恢复时,打开需要恢复的海水泵钢闸门对泵坑进行注水,确认达到海水泵正常运行液位。

(6)恢复后需检查现场阀门、仪表一切正常后,对海水泵进行供电。

2. 电解制氯系统

电解制氯系统工艺流程如图 6-2 所示。

1)电解制氯系统监控要点

(1)观察次氯酸钠储罐的液位。次氯酸钠储罐的液位设置高限、高高限以及低限。当达到高限时需要连续加药泵启动。当达到高高限时冲击加药泵启动。当达到低限时连续加药泵和冲击加药泵都停止。

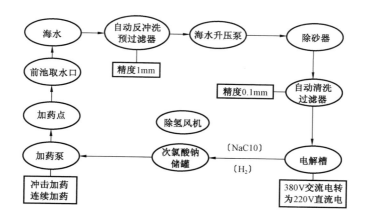

图 6-2 电解制氯系统工艺流程图

（2）设备是否故障。连续观察电解制氯系统设备有无故障，当出现故障时操作人员应去现场进行复位，并及时联系维检修人员对故障设备进行检查或维修。

（3）观察次氯酸钠的流量是否在正常范围内。

2）设备日常巡检要点

（1）检查电解槽内是否有结垢，如果结垢太多，应当切换电解槽（电解槽一用一备），并及时安排酸洗。

（2）观察海水升压泵、除砂器、连续加药泵、冲击加药泵是否有漏油、漏水现象。

（3）检查次氯酸钠储罐的液位是否与 DCS 画面显示一致。

（4）确认现场控制机柜上无报警。

（5）检查除氢风机是否运行正常，如没运行，应立即停止电解。

（6）检查海水升压泵、加药泵、电解槽的出入口压力是否在正常值范围内。

（7）检查整流器的电流、电压是否正常。

（8）检查设备管道是否漏水。

3）设备启停及切换控制

（1）电解槽的启动有远程和就地两种，就地控制可在现场控制电解制氯所有设备；远程控制时，操作人员通过上位机对制氯系统的各个设备发出运行指令。PLC 接收到指令后，根据编制好的程序自动控制各个设备运行。海水升压泵、加药泵、除氢风机的切换只需启动备用设备,停止运行设备即可。切换电解槽时,需将运行的海水升压泵、加药泵、除氢风机全部停止,点击允许切换按钮后,停止正在运行的电解槽,再逐一将海水升压泵、加药泵、除氢风机启动后,启动备用电解槽。切换设备可在现场进行,也可在控制计算机上远程控制。

手动模式启动操作如下:

① DCS 启动海水升压泵、排氢风机。

② 根据需要投用一个或多个电解槽。

③ 将整流器的远控/就地选择开关置于"就地",按下"自检"按钮。

④ 自检成功后将整流器的远控/就地选择开关置于"远控"。

⑤ 在 DCS 上复位启动整流器,调节电流、电压,打开海水入口阀,约 1min 后启动整流器,电流大小的设置根据排放海水余氯而定。

停机操作如下:

① 将整流器输出电流调到零,停止整流器。

② 关闭电解槽海水入口阀。

③ 停止海水升压泵、排氢风机。

(2)当整流器启动后要对加药泵的运行模式进行设置,确定主备机。

(3)电解海水时,除产生次氯酸钠和氢气外,还不可避免地产生钙、镁沉淀物,并在电解槽阴极上累积,导致电解槽电压升高、电流效率下降、电耗增大。因此,须定期地对电解槽进行酸洗,以除去阴极表面的沉淀物。电解槽酸洗周期一般为 30d。酸洗时,首先将清水注入酸洗罐内,达到一定高度,然后通过卸酸泵将储酸罐内的盐酸抽至酸洗罐。再次注入清水,调整盐酸溶液浓度为 10%。而后使稀盐酸在酸洗罐和电解槽组之间进行循环。酸洗结束后,酸洗泵再把积存在电解槽组内的废酸抽回酸洗罐,最后中和排出。

4)设备隔离及恢复要点

(1)电解制氯系统隔离。

① 停止电解制氯系统所有设备。

② 断电进行电气隔离。

③ 关闭入口海水阀门,排净管线中残留的海水。

④ 排净次氯酸钠储罐后,关闭系统内所有阀门。

(2)电解制氯系统恢复。

① 打开系统内相应阀门,对管线充液。

② 循环水系统已投入运行,并可接受来自制氯站的次氯酸钠溶液。

③ 管道已冲洗完毕,无颗粒或杂质。

④ 过滤器已调试完毕,能正常运行,所有的阀门都处于运行状态。

⑤ 电解槽内充满海水,海水流量、压力满足要求。

⑥ 给低压配电柜供电的电源开关闭合。

⑦ 在配电柜上启动控制柜的电源。

⑧ 根据操作卡启动电解制氯系统。

5)设备应急控制

电解制氯系统短时间停车对接收站正常外输没有影响。泵在长时间运行后,容易出现过载等故障,发现后立刻在现场进行复位后重新启动;过滤器容易出现漏水现象,关闭前后手阀后由检维修进行处理;对于电解槽由于过热导致线路损坏的问题,可切换至备用电解槽后由维修人员进行处理;当电解制氯系统停车时,立刻检查原因,争取短时间内恢复运行。

3. 钢闸门

1)设备日常巡检要点

(1)通过油箱视镜检查液压油位。

(2)检查液压油过滤元件。

(3)检查液压油连接处是否有泄漏。

(4)检查液压油泵。

(5)检查油管是否有断裂或损坏。

2)设备启停及切换控制

在液压钢闸门操作之前,检查电源是否连接;闸门槽和底槛有无杂物堵塞;检查闸门密封状况是否良好;检查起吊执行机构是否灵活、准确;检查液压系统油路是否畅通;连接高压油管弯曲半径不小于200mm;液压油泵电动机运转是否正常;由水流方向确定抓钩前后位置,避免位置反向;检查各转动部件转动是否灵活。具体操作如下:

(1)使用前先检查自动抓梁本身装置中的主轮、侧轮转动是否轻松灵活,弹簧是否挂上,整体平衡性是否良好,满足要求后可进行抓启工作。

(2)把重锤挂在弹簧上,再放下重锤式自动抓梁,当重锤碰到钢闸门的吊耳时,重锤前端挂梁开始抬起,继续下放重锤式自动抓梁,重锤挂梁在弹簧的作用下复位,可自动钩住吊耳孔,自动抓梁不再继续下落(观察钢丝绳工作状态)。

(3)先提升充水阀吊耳孔 100mm,即打开充水阀向钢闸门的另一侧灌水,直到两侧水位差相当时(充水阀灌水时间为 1~3d),再继续提升,到达限位状态后,即可提起钢闸门。

(4)放下时,先将钩住钢闸门的自动抓梁的弹簧从重锤钩上摘掉,然后再下落钢闸门,待钢闸门下到预定位置后,借助于重锤的偏心力,重锤下落。

3)设备隔离要点

(1)液压钢闸门已正常停车。

(2)控制系统已断电并接地。

(3)所有设备已电气隔离,可以进行钢闸门的维修。

4)设备应急控制

当闸门不能提升或提升非常困难时,检查闸门上游与下游水位差是否小于 200mm;检查闸槽,必要时进行清理;将起吊装置提起,再重复其操作过程,必须下放到位。若上述办法无效,一是需请潜水员下到池底进行检查,二是增加 150% 启吊闸门吨位

4. 旋转滤网

1)旋转滤网监控要点

(1)观察旋转滤网前后液位,前后液位差最大不应超过 1m。

(2)观察旋转滤网反冲洗报警指示是否正常,若故障则需联系维修人员进行检查维修。

2)设备日常巡检要点

(1)检查现场 PLC 控制柜前后液位指示是否正常。

(2)每 8h 对三个旋转滤网进行一次反冲洗操作。

(3)检查反冲洗水泵运行是否正常。

(4)检查冲洗、非冲洗状态下各反冲洗阀门阀位是否正确。

(5)检查反冲洗管线是否存在漏点。

(6)检查污物收集槽内污物量,及时清理。

(7)检查旋转滤网转动是否正常,有无卡顿。

（8）反冲洗时检查冲洗水量是否充足，检查点包括旋转滤网视窗及冲洗出口流道两处。

（9）检查减速机润滑油液位是否正常。

3）设备启停及切换控制

（1）每 8h 分别对每台旋转滤网进行一次时长为 20min 的反冲洗操作。

（2）旋转滤网反冲洗模式为自动模式，在自动模式下，在需要进行冲洗的旋转滤网就地控制盘上按下"高速"按钮，即可进行自动冲洗。

（3）观察确认冲洗装置随滤网一起正常启动。

（4）确认挡水板处于关闭状态。在滤网堵塞的情况下，为防止水压过高破坏滤网，则打开挡水板。

（5）每次停机前空机运转一段时间，同时将冲洗清水管的球阀打开，直到滤网上的脏物被冲刷干净。

（6）冲洗 20min 后，在就地控制盘上按下"停止"按钮，即可停止冲洗。

（7）不允许超过两台旋转滤网同时进行冲洗，防止反冲洗泵超载运行。

4）设备隔离要点

（1）全自动旋转滤网已正常停车。

（2）控制系统已断电并接地。

（3）所有设备已电气隔离，可以进行部件的维修。

5. 清污机

1）清污机监控要点

观察清污机页面各项报警指示是否正常。

2）设备日常巡检要点

（1）通过油箱视镜检查液压油位。

（2）检查液压油过滤元件。

（3）检查液压油连接处是否有泄漏。

（4）检查液压油泵。

（5）检查油管是否有断裂或损坏。

（6）操作抓爪完成整个提升、下降循环并检查抓爪上升、下降过程中是否水平，同时检查高低限位运行是否正常。

（7）检查提升钢丝绳的情况。

（8）检查行走电动机齿轮箱油位和提升电动机齿轮箱油位。

（9）检查电动机运转是否正常。

（10）检查小车行走轮表面的涂层。

3）设备启停控制

清污机的启停控制方式分为现场控制和远程控制两种。

（1）远程控制操作方法如下：

① 将就地控制盘的方式选择开关旋至"远控"，确定 DCS 上显示"允许远控"信号。

② 按下"远控启动"按钮，设备根据现场控制柜触摸屏设定的工作周期开始按选择的井位依次清污，清污循环结束后，清污小车停在卸料位等待下一工作周期的开始。

③ 当需要停止设备时，按下"远控停止"按钮。

（2）当方式选择开关旋至"现场"时，又分别有"手动""自动"选择，任何初始上电或中途切换工作方式后，清污小车都先回归原始位（卸料位）。具体操作方法如下：

① 将就地控制盘的方式选择开关旋至"现场"，确定 DCS 上显示"现场控制"信号。

② 现场控制模式可分为"手动"和"自动"模式，在就地操作面板上选择。

③ 当选择手动模式时，可在面板触摸屏分别单独操作"前进""返回""提升""下放""开耙""闭耙"动作，其中"前进""返回"必须在提升到位时才能操作。

④ 当选择自动模式时，设备即根据触摸屏设定的工作周期开始依次清污，清污循环结束后，清污小车停在卸料位等待下一工作周期的开始。自动工作方式时也可人工选择井位，当某个井位的垃圾特别多时，即可完成对它的连续自动清污。

4）设备隔离要点

（1）全自动清污机已正常停车。

（2）控制系统已断电并接地。

（3）所有设备已电气隔离，可以进行部件的维修。

二、维护要点

1. 海水泵

1）运行日志

如实记录运行情况,将要用它调整和制订新的运行计划,若有一个完整的运行日志,发生故障时,就能尽快修好。运行日志最少应包括下列内容:开、停机时间,测量数据时间(包括泵附近的温度、输送液体温度、吸入水位、排出压力、振动、噪声、填料函温度、电流、电压、频率等)及有无异常情况。应将上述测量数据进行整理,然后与泵的标准性能曲线相比较,以便制订出更完善的运行方案。

2）运行检查

作为泵运行时的周期性检查,应检查下列内容:

（1）保证填料函填料有适量的泄漏。

（2）轴套螺母与填料轴套的密封。新装上的"O"形圈应在试运行后压紧一下,以消除任何松动。

（3）检查管路系统有无泄漏。

（4）电动机电流强度和工作温度是否正常。

（5）应定期清理海水泵除砂器的杂质。

（6）由于海水泵三通阀总出现漏水现象,所以应定期对三通阀进行清理维护。

（7）现场海水泵就地出口压力表损坏后,应及时联系相关人员进行维修。

（8）检查泵的润滑油油位,不能低于油视镜的标线。维护周期为每次巡检。

（9）检查泵轴温度。维护周期为每次巡检。

（10）检查泵的振动是否正常,是否有异常声音。维护周期为每次巡检。

（11）检查填料函的泄漏情况。维护周期为每次巡检。

（12）检查管道及法兰是否有泄漏。维护周期为每次巡检。

（13）检查泵外部油漆及螺栓腐蚀情况。

（14）检查泵的地脚螺栓以及管道法兰螺栓、管卡螺栓是否松动。

（15）更换润滑油。

（16）更换密封填料。

（17）更换止推轴承。

（18）应当根据接收站的维护计划定期对联轴器进行外观检查,至少每年一次。特别注意以下情况:叠片组件的外层表面是否有碰伤、裂纹、过度的永久变形等缺陷;螺母是否有松动;开口销是否有折断或缺损;联轴器法兰是否损坏;螺栓配合段表面是否有明显揉伤;机组轴对中是否已变化(若不对中且数值已超过规定,应重新进行对中调整)。允许为经动平衡的联轴器单独更换损坏的叠片组件和紧固件。

（19）为保证电动机连续安全可靠使用,必须及时进行检查和维护。建议按以下准则进行检查和维护工作:

建议要经常检查润滑系统及所有油位表中的油位。通过油环观察窗查看润滑油的变色及污染情况。注意任何噪声或振动的突然增大或过大,并应迅速纠正。在连续运行期间应定期检查轴承温度,至少每天一次。对于一般使用条件下的电动机,推荐以下维护和检查内容:

① 每星期的检查:在提供的测温装置处测量温度,这是为了测量定子绕组、冷却空气及轴承的温度(例如埋入式电阻测温元件);检查和监听整台电动机是否有不正常的机械噪声或者出现变化的响声(例如摩擦或敲击声等);当采用过滤器装置时,用目测检查过滤器的脏污程度;用温度计(如装有)在测温装置处测量并记录轴承温度。

② 每月的检查:用轻便型测量设备测量振动情况,测量点位置在轴承室中部;检查所有电缆、连接线及其紧固情况;在油润滑的轴承中,检查油环运转是否平稳以及带油的情况;检查轴承密封是否漏油,如果已弄脏,则清除脏物;检查供油设备。

③ 每季的检查:测量定子绕组的绝缘电阻;检查电源、仪表及控制线上灰尘沉积的程度。

④ 按照电动机的使用条件每年或每半年对电动机进行检查。当其房间的通风性差或环境的空气温度超过40℃或其运行时的电压及频率与额定电压及频率偏离过大时,需排放、清洗并重新给轴承加润滑油(脂)。如果发现轴承有异常情况,则检查轴承,特别是轴承密封处是否漏油。拆除端盖及顶罩,检查是否有凝露、积水、铁锈或腐蚀。检查灰尘或其他外物的沉积。检

查零部件,特别是绝缘是否有过热的迹象,其表现为气泡、变色或炭化。检查所有绝缘的电气连接,是否有绝缘的磨损、漆的开裂或者线圈的移动,同时要测量定子绕组的绝缘电阻。检查所有不绝缘的电气连接,是否有接触不紧密、过热、飞弧或腐蚀的迹象。检查所有螺栓及螺母,应确保是紧固的。检查主引出接线,是否有过热或电晕的迹象。

（20）海水泵在停用期的维护检查内容如下:

① 更换旧密封填料。

② 每周转动一下泵轴。

③ 长时间不用或在冰冻时期,应将进水位降到泵体以下。

2. 电解制氯系统

电解制氯系统的维护总则:次氯酸钠发生装置需每 5a 进行一次大修或设备更换。正常运行期间,为确保装置安全可靠的运行,必须按有关规定进行定期检查和试验。电解槽的阳极须每 5a 更换一次,以保证电解槽高效率、低电耗地稳定工作。

1）每天的维护

（1）目视检查设备和管道是否漏水。

（2）检查通过电解槽组的水流量是否在正常范围内。

（3）检查海水升压泵、润滑水泵、酸洗泵、浓酸泵和加药泵的出口压力是否在正常值范围内。

（4）记录通过电解槽的水流量、电解槽入口压力和出口温度、整流器输出的直流电流和直流电压。

2）每周的维护

（1）检查水泵的噪声和振动是否正常。

（2）检查电解槽各密封面和导电螺栓是否漏水。

（3）停机冲洗各电解槽。

3）每月的维护

（1）检查次氯酸钠储罐、浓酸箱和酸洗箱外表面是否有裂纹或严重划伤。

（2）电解过程产生的钙、镁沉淀物在次氯酸钠储罐底部沉积,需经储罐排污阀排出。

（3）当整流器满负荷工作时,测量每个电解槽的槽电压。如果槽与槽之间的电压偏差超过 3V,应停机检查。

（4）由于海水中存在钙、镁离子,电解时这些离子会在阴极上形成钙和镁的沉淀物,增加电能的消耗。因此,每月进行一次酸洗,通过酸洗消除这些沉淀物。

4）每年的维护

（1）对水泵进行拆卸检查,如有部件损坏,应及时更换。

（2）检查整流控制柜有无损坏或过热的迹象。

（3）清除整流控制柜内的积灰。

5）五年大修的维护

拆卸电解槽,更换阳极板、密封圈等部件。

3. 钢闸门

（1）止水橡皮如果不存在损坏或脱胶的情况,一般为 10a 更换一次。

（2）检修时,放下闸门之前要对钢闸门及液压系统进行打压检查,检查合格后方可放下闸门进行检修。

（3）检修完毕后,打开充水阀,待其两边水位一致（静水平压）、液压系统卸压为零后再启吊钢闸门。

（4）为保证钢闸门的正常使用,检修后储存钢闸门之前,用清水清洗钢闸门和液压系统元件,待钢闸门晾干后,对液压元件涂润滑油进行保护。

（5）在海潮、洪潮及台风到来之际,不允许进行整套设备的维修和检修工作。

（6）为保证闸门止水橡皮干燥,应涂上一层滑石粉（或中性液枋石蜡）。

（7）维护和保养周期见表 6 – 4。

表 6 – 4　钢闸门维护保养周期表

维护项目	作业内容	周期
闸门下游的漏水情况	检查其泄漏量	每季度
充水阀	检查充水阀液压启动系统及提升系统是否畅通	每季度
闸门和底槛的清理	当需要清理堵塞的闸门槽时,派潜水员承担此项工作	每季度
防腐蚀措施	经常检查油漆表面状况,部分油漆脱落及时进行修补,大面积油漆脱落需全部换新	每月

4. 旋转滤网

1）旋转滤网的日常维护

（1）每次使用时，需派人跟踪观察是否有异常响声，滤网运转是否有卡阻现象，滤网有无堵塞现象，出渣是否顺畅等。

（2）减速机加油需严格控制油位，初始使用6个月后需更换一次，以后每年更换一次。

（3）经长期使用后，个别死角可能会积累污物，需定期人工清除。

（4）每3个月对喷嘴检查一次。

（5）每3个月检查网板链条磨损情况一次。

（6）每3个月检查减速机润滑油一次。

（7）每3个月检查过载保护装置灵敏性一次。

（8）每6个月清理设备水池底部淤泥一次。

（9）每3个月对主轴轴承注油一次。

（10）每年对整个设备大修一次。

（11）旋转滤网投入运行后，不锈钢罩壳每6个月清洁一次；非不锈钢部件，每年涂刷防腐漆一次。

（12）主轴轴承座应每年定期检查是否有损坏现象，损坏的应更换，并清理轴承及轴承座中的污物，更换轴承压盖的密封垫。

2）注意事项

（1）内进式旋转滤网是通过水的自流进行过滤的，进水与出水需有一定的水位差。

（2）进水之前一定要彻底清除机架内的所有杂物，初进水时需采取临时措施，防止进水口中遗留的木方等杂物进入滤网内，撞坏滤网。

（3）水泵应按照其使用维护说明书进行维护，并更换已磨损的部件。

（4）驱动装置中的电动机和减速机应按照其使用维护说明书进行维护，并更换已磨损的部件。

（5）建议在淡水中运行的滤网每两年进行一次大修；在海水中运行的滤网每年进行一次大修。

（6）请及时与制造厂沟通运行中总结的经验教训与存在问题。

5. 清污机

1）清污机的日常维护

（1）通过油箱视镜检查液压油位，若不足及时添加。

（2）检查液压油过滤元件，发现问题及时更换。

（3）检查液压油连接处是否有泄漏，若泄漏及时紧固维修。

（4）检查液压油泵运行状态。

（5）检查油管是否有断裂或损坏，及时更换损坏的油管。

（6）检查提升钢丝绳的情况，若有断裂情况及时维修。

（7）检查行走电动机齿轮箱油位，加注润滑油。

（8）检查提升电动机齿轮箱油位，加注润滑油。

（9）每3个月润滑传动链条一次。

（10）检查小车行走轮表面的涂层，若有损伤及时修补。

2）注意事项

（1）确保小车进入端与电缆滑轮都在控制箱所在端。

（2）检查电缆滑轮上的扁平电缆是否正确安装，有无扭曲。

（3）检查小车顶部感应开关的位置。

（4）调整抓斗上的钢丝绳和定位齿轮箱上的链条。

（5）确认液压油管已连接到抓爪上，并保证合适的张紧度，并检查液压管是否漏油。

（6）检测抓爪的水平度。

（7）操作液压单元3～4次，排出油管中的空气，再一次检查油罐中的油位。

（8）在手动控制情况下操作设备完成一个周期，检查遗漏点。

第六节　案例分析

在日常运行维护过程中，氮气系统、仪表风系统及BOG压缩机等先后出现过不同类型的故障，通过对故障的分析，明确了下一步要改进工的工作重点，具体内容如下。

一、氮气系统故障

1. 故障描述

2016年2月17日,对卸料臂进行排净及吹扫作业,氮气系统压力无法升高,系统压力从0.58MPa缓慢升至0.60MPa左右,氮气供应不足无法满足卸料臂排净吹扫要求,后通过船方提供氮气完成吹扫作业。两个液氮罐均无法通过自增压提高储罐压力,液氮罐A压力为0.6MPa,液位为7.7m;B罐压力为0.53MPa,液位为3.5m,仅能通过B罐工作提供少量氮气。期间,多次对两个液氮罐自增压阀门进行调节,并进行液氮放空、压力表检查等,无明显效果。氮气系统仅有约60m³/h的流量,系统压力6h后缓慢恢复至正常水平(0.67MPa左右)。

2. 整改措施

增加一套液氮储罐,延长使用周期,确保氮气系统稳定可靠;提高设备的备用率。

二、空气压缩机故障

1. 故障描述

2014年11月29日,仪表空气管网压力持续下降,3台空气压缩机均启动,但系统压力仍持续下降至0.65MPa。分别对空气压缩机A、B、C单控启动,均无法启动;然后将三台空气压缩机重新恢复联控后总停总启,空气压缩机两台主机C-2701B、C-2701C随即启动,但均为卸载状态,无法进行加载;改变主备机方式,均是启动后卸载状态;最后在B、C用A备状态下,对B、C联控总启,A单控启动,空气压缩机恢复正常加载,仪表风恢复供应。此时空气压缩机虽对仪表空气管网正常加压,但仪表空气系统压力已降到0.50MPa,触发联锁I-2700101,导致全厂气动阀门进入事故关闭状态,导致除海水泵以外所有设备停车,外输中断。

2. 整改措施

空气压缩机出口控制阀门的电磁阀故障,无法正常吸合,更换故障电磁阀后空气压缩机工作恢复正常。远期增设1台空气压缩机,从2用1备增加至2用2备,提高设备的备用率。

三、BOG 压缩机 A\C 故障

1. BOG 压缩机 C 故障描述

2015 年 4 月 7 日 9 时 25 分,在巡检过程中发现压缩机 C‑1301C 机体发出异响及异常振动;10 时 28 分,中控室 DCS 显示一级出口压力开始上升,二级出口压力开始下降,与此同时,一级、二级气缸出口温度都在缓慢升高,操作人员现场准备 C‑1301B 的启机前检查,并准备停止 C‑1301C。10 时 33 分,一级气缸出口压力从正常状态下的 395kPa 升高至 485kPa,二级气缸出口压力从 0.755MPa 降至 0.717MPa,现场异响和振动持续增大,中控室停止压缩机 C‑1301C。

2. BOG 压缩机 A 故障描述

2015 年 4 月 20 日,压缩机 A 出现一级出口压力、二级出口温度升高的现象,将压缩机 A 停机。

3. 整改措施

经检修发现二级气缸排气阀阀片断裂,气缸内与活塞下顶盖有划痕。二级气缸一个排气阀无法正常使用,造成一级气缸出口压力缓慢升高和二级气缸出口温度升高。更换后故障解决。

思 考 题

1. 卸船前的准备工作主要有哪些?
2. 工艺设备冬季、夏季的特别关注点有哪些?

第七章　冷能利用

第一节　液化天然气冷能利用简述

一、液化天然气冷能利用的概念及意义

冷能是指在自然条件下,利用一定温差所得到的能量。

冷能利用主要是依靠 LNG 与周围环境(如空气、海水)之间存在的温度和压力差,将高压低温的 LNG 变为常压常温的天然气时,回收储存在 LNG 中的能量。

截至 2014 年,全球 LNG 贸易量超过 1×10^8 t,并在继续增长,在 LNG 接收站,一般都将 LNG 通过汽化器汽化后使用,汽化时会放出很大的冷能,其值约为 830kJ/kg。如何通过特定的工艺技术充分利用 LNG 冷能,是专家学者们一直在研究的问题。LNG 冷能产生示意图见图 7-1。

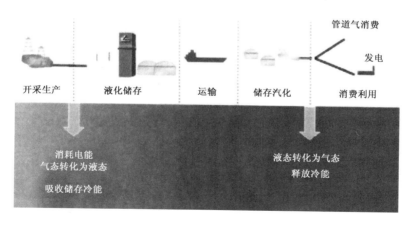

图 7-1　LNG 冷能产生示意图

随着天然气逐渐成为各国的主要能源,为了便于大量储存和运输天然气,天然气开采出来后通常要去杂质,在低温下液化,变成 LNG 以提高运输

和储存效率。当使用时,LNG 仍需转化为常温气体,其中大量的可用冷能释放出来。可用冷能分布见图 7 – 2。回收这部分可用冷能,不仅有效利用了能源,而且减少了机械制冷大量的电能消耗,具有可观的经济效益和社会效益。若 LNG 拥有的冷能以 100% 的效率转化为电力,那么 1t LNG 的冷能相当于 240kW·h 电能。

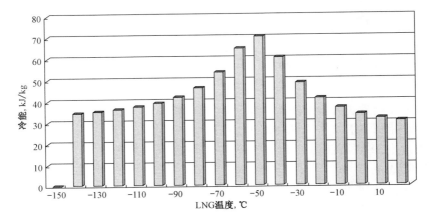

图 7 – 2　可用冷能分布示意图

二、液化天然气冷能利用过程

　　LNG 冷能利用过程见图 7 – 3。使用时,LNG 需重新转化为常温气体,温度由 – 162℃ 复温至常温,大量的可用冷能释放出来,其值大约是 837kJ/kg。1t LNG 经换热重新汽化在理论上可利用的冷量约为 250kW·h。对于一座年 LNG 接收能力为 300×10^4 t 的接收终端,年可利用冷能达 7.5×10^8 kW·h。

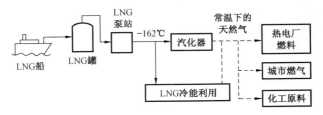

图 7 – 3　LNG 冷能利用示意图

第二节　液化天然气冷能利用的方式

　　液化天然气冷能利用方式按利用过程可分为直接利用和间接利用两类,见表7-1。直接利用包括发电、低温空气分离、冷冻仓库、制造液化CO_2、海水淡化及低温养殖、栽培等;间接利用包括用空气分离后的液氮、液氧、液氢来低温破碎,冷冻干燥,低温干燥,水和污染物处理及冷冻食品等。

表7-1　利用方式

间接利用	温度(℃)	直接利用
	10	低温饲养和培育
	0	低温除盐
储存及运输冷冻食品	-20	冷库制冷
	-40	低温发电
(干冰温度)	-80	生产干冰
冷冻食品	-100	
冷冻、粉碎食品	-120	
粉碎塑料和橡胶	-140	
粉碎废弃的汽车和家电	-160	(LNG)
	-180	空气分离
高温超导(液氮温度)	-200	

一、直接利用

1. 利用液化天然气冷能发电

　　回收LNG冷能,依靠动力循环进行发电是目前LNG冷能回收利用的重要内容,且技术较为成熟,发电方式如下。

　　1)直接膨胀法

　　将LNG压缩为高压液体,然后通过换热器被海水加热到常温状态,再通过透平膨胀对外做功。优点是循环过程简单,所需设备少。但由于LNG的低温冷能没有被充分利用,因此其对外做功也较少,1t LNG的发电量约为

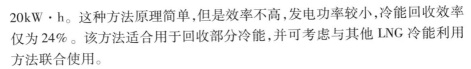

20kW·h。这种方法原理简单,但是效率不高,发电功率较小,冷能回收效率仅为24%。该方法适合用于回收部分冷能,并可考虑与其他LNG冷能利用方法联合使用。

2) 降低蒸汽动力循环的冷凝温度

最基本的蒸汽动力循环为朗肯循环,它由锅炉、汽轮机、冷凝器和水泵组成。通常冷凝器采用冷却水作为冷源。其原理是:将LNG通过冷凝器把冷能转化到某一冷媒上,利用LNG与环境之间的温差,推动冷媒进行蒸汽动力循环,从而对外做功。根据中间媒质的不同,存在单工质、混合工质的朗肯循环系统。单工质朗肯循环系统一般使用纯的甲烷或乙烯,其实用装置冷能回收率大约为18%。

混合工质朗肯循环系统工质为碳氢化合物的混合物,工质冷凝器采用多流体换热器,在换热器中LNG利用工质自身的显热和潜热进行预热或部分汽化,然后在蒸发器中全部汽化进入输气管线。

目前采用最为广泛的是将单工质、混合工质两种方法联合使用,这可使冷能的回收效率大大提高。即使天然气的输送压力提高,也可回收相当多的冷能,能量的利用率比两个单独的系统要高,但冷能的回收效率也只能达到36%。

3) 二次媒体法(中间载热体的朗肯循环)

将LNG通过冷凝器把冷能转化到某一冷媒上,利用LNG与环境之间的温差,推动冷媒进行蒸汽动力循环,从而对外做功。此方法冷能的利用效率优于直接膨胀法,但由于高于冷凝温度的这部分冷能没有加以利用,冷能回收效率受到限制。

4) 联合法(综合了直接膨胀法与二次媒体法)

LNG首先被压缩提高压力,然后通过冷凝器带动二次媒体的蒸汽动力循环对外做功,最后天然气再通过气体透平膨胀做功。联合法示意图见图7-4。

图中左半部分是靠LNG与海水或空气的温度差驱动的二次冷媒动力循环,通常采用回热或再热循环;右半部分是利用LNG压力㶲直接膨胀的动力系统。联合法的冷能回收率通常保持在50%左右,综合造价低,有利于环保,发电量为45kW·h/t(LNG)左右。其发电的稳定性也有优势,20多年来,全世界已投入运行的机组还未发生过因故障导致的停电事故。

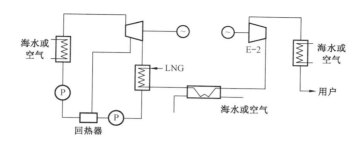

图 7 - 4 联合法示意图

5) 混合媒体法

由于 LNG 的温度在整个过程中是变化的,和单一媒体比较,使用混合媒体可以覆盖低温天然气更大温度范围的冷能。但由于混合媒体本身的不稳定性,这种方法在实际应用中会出现很多困难。

6) 布雷敦循环(气体动力循环)

系统主循环中用 LNG 冷能冷却压缩机进口气体,同时压缩机进口气体温度降低,使压缩机在达到相同增压比情况下耗功降低,高压氮气经加热器加热进入气体透平膨胀做功,对外输出电能。利用冷能来冷却压缩机进口气体,可使装置热效率显著提高。

7) 燃气轮机利用方法

采用不同的冷却介质(水、氟利昂、甲醇、乙二醇等)通过直接或间接的方法将 LNG 汽化时释放的冷能用于降低燃气轮机入口空气温度或用来冷却燃气轮机的排气。

8) 温差发电和动力装置联合回收系统

利用 LNG 与海水的温差或与工业废气之间的温差,设置动力循环系统,将冷能转化为电能。将温差发电器与 LNG 的动力装置联合应用,其设备简单、运行稳定、转化效率较好。

温差发电换热器原理:当不同的导体或半导体材料相连,两接点处于不同的温度时,如果是开路会产生电动势,如果是闭路则会有电流通过,这种现象即塞贝克效应。

LNG 的冷能发电是一项新兴的无污染发电方式,虽然这不失为一种节能的好方法,但它只考虑到对 LNG 冷能的回收利用,并未注意到对 LNG 冷能品位的利用。由于生产 1t LNG 要消耗 850kW·h 能量,即使 LNG 拥有的冷能以100%的效率转化为电力，1t LNG 的冷能也只相当于240kW·h。所以在发电装置中利用 LNG 冷能虽然是最可能大规模实现的方式，但却不是利用 LNG 冷能最科学的方式。

2. 空气分离

传统方式生产 1m³ 的液化空气大约需要 650kcal 的冷却能，利用回收的 LNG 冷能和两级压缩式制冷机冷却空气制取液氮、液氧，电能消耗也可减少 50%，水耗减少 30%，这样就会大大降低液氮、液氧的生产成本，具有可观的经济效益，所以利用 LNG 冷能进行空气分离得到充分应用。空气分离流程见图 7-5。

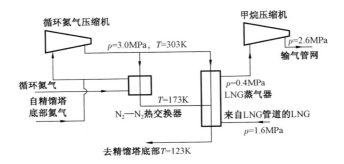

图 7-5　空气分离流程图

空气分离需求冷能分布见图 7-6。该方法在所有的 LNG 冷能利用系统中被认为是最有效的，这是因为它的节能率高，也很少受到地点条件的限制，而且 LNG 巨大的冷能产出的液体氮量和液体氧量都很大。空气分离的主要设备见表 7-2。

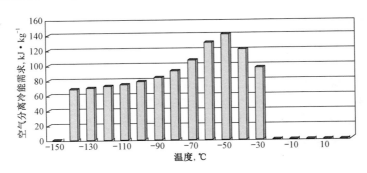

图 7-6　空气分离需求冷能分布

表7-2 空气分离的主要设备

空气压缩设备	空气预处理设备	空气分离设备	液化设备	产品储存器
(1)主空气压缩机及其内部冷却器、进口过滤器； (2)主空气压缩机后的过冷换热器； (3)冷冻水泵	(1)空气预冷换热器； (2)空气过滤器； (3)分子筛吸附器； (4)电加热器； (5)分子筛	(1)主换热器； (2)冷凝蒸发器； (3)高压分离器； (4)低压分离器； (5)粗氩分离器； (6)氩塔冷凝蒸发器； (7)精氩分离塔及相关设备； (8)液氩泵	(1)氮压缩机； (2)LNG换热器； (3)过冷器； (4)节流阀	(1)液氧储罐； (2)液氮储罐； (3)液氩储罐

3. 制取液态 CO_2 或干冰

以化工厂的副产品 CO_2 为原料,利用回收 LNG 的冷能制造液态 CO_2 或干冰,不但电耗小,且其产品的纯度高(可达99.99%),比传统方法节约50%以上的电耗和10%的建设费。

近几年,我国液态 CO_2 和干冰需求量以15%的年增长速度发展。干冰的用途极为广泛。干冰冷量随温度的变化分布见图7-7。

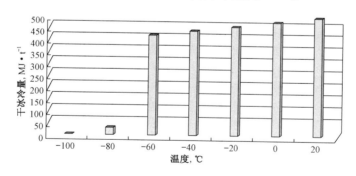

图7-7 干冰冷量随温度的变化分布

4. 冷冻或冷藏仓库

LNG 可以提供较高品位的冷能,对该冷能回收可用于各种低温环境。由于冷库多选择建在农渔牧或食物生产区附近,因此,LNG 冷能用于冷库的前提是 LNG 接收站附近有农作物储藏需求或冷冻食品加工区或消费区。冷库布置见图7-8。

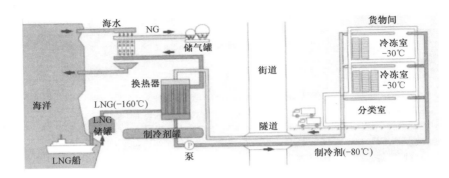

图 7 - 8　冷库示意图

　　LNG 基地一般都设在港口附近,一则方便船运,二则通常的汽化都是靠与海水的热交换实现的。而大型的冷库基本也都设在港口附近,这样方便远洋捕获的鱼类的冷冻加工。回收 LNG 的冷能供给冷库是一种非常好的冷能利用方式。将 LNG 与冷媒在低温换热器中进行热交换,冷却后的冷媒经管道进入冷冻、冷藏库,通过冷却盘管释放冷量实现对物品的冷冻冷藏。这种冷库不仅不用制冷机,节约了大量的初期投资和运行费用,还可以节约 1/3 以上的电力。为有效利用天然气冷能,可将食品冻结及加工装置、冷冻库、冷藏库及预冷装置等按不同的温度带连成一串,使冷媒、管路系统化。通常,管路行程用串联的方式。这种方式是按液化天然气的不同温度带,用不同的冷媒进行热交换后分别送入低温冻结库或低温冻结装置(- 60℃)、冷冻库(- 35℃)、冷藏库(0℃以下)以及果蔬预冷库(0 ~ 10℃)。这样可以使 LNG 的冷量几乎无浪费的得以利用,其冷能的利用效率将大大提高,整个成本较机械制冷下降 37.5%(图 7 - 9)。

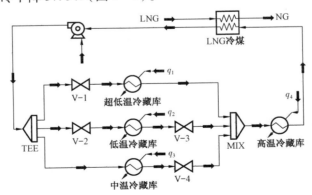

图 7 - 9　LNG 冷能回收进行冷冻、冷藏流程

LNG 冷能用于冷库的关键点在于载冷剂的选择,主要的载冷剂有 R410A、R23、酒精、氨、丙烷等,各种载冷剂都有优缺点,合理选择至关重要。

LNG 冷量巨大,中小冷库利用在经济上不合算,只有依托兼具冷物流集散枢纽功能的临港工业区,才具有市场竞争力。

5. 海水淡化

我国淡水资源缺乏,海水淡化尤为重要。LNG 接受站建在海边,回收 LNG 冷能进行海水淡化具有得天独厚的优势。真空冷冻法海水淡化技术是依据水的三相点理论,利用 LNG 冷能使海水同时蒸发与结冰的一种低能耗、轻腐蚀结垢的海水淡化新方法。该技术有三种使海水结冰方案,其主要特点见表 7 – 3。

表 7 – 3　三种制冰方案的主要特点

	冷媒直接接触法	真空蒸发式直接法	间接法
LNG 流量(kg/h)	78.5	68.5	85.0
制冰部分装置尺寸(m³)	~1	~2	~3.6
消耗电能	少	较多	少
控制难易	较难	难	较易
结晶器之外辅助设备	较少	较多	较少
技术成熟度	不成熟	不成熟	较成熟

6. 汽车空调和汽车冷藏车

随着液化天然气(LNG)汽车的不断发展,LNG 用作汽车清洁燃料的同时,可以将其冷量回收用于汽车空调或汽车冷藏车,见图 7 – 10。这样就无须给汽车单独配备机械式制冷机组,既节省了投资,又消除了机械制冷带来的噪声污染,具有节

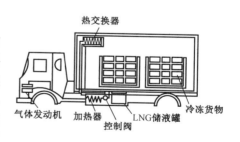

图 7 – 10　汽车冷藏车示意图

能和环保的双重意义,是一种真正意义上的"绿色"汽车,尤其适用于城市中心地带的商业步行街或其他有噪声污染限制的地区。

夏季,货物在冷库经充分的预冷后装上冷藏车,开始不需要消耗过多的冷量,此时 LNG 液化后产生的冷量储存在蓄冷板中。随着运输时间的增加、开门次数的增多,引起的负荷增大,LNG 汽化后产生的冷量就直接进入车

厢,与蓄冷系统同时供冷,以维持车厢中的温度。按冷藏车 LNG 消耗量为 12～15kg/h 计算,其制冷能力为 2.8kW·h,足以将预冷后的货物进行中短途的冷藏运输。世界上首台 LNG 冷藏车首先由德国的梅赛尔公司制造完成,并于 1997 年底在德国 REWE 零售连锁店投入使用。这种冷藏车经过 1998 年一个夏天的运输检验,以其稳定的运行工况、良好的冷藏效果以及轻污染的环保优势,得到了科隆地区政府的认可。

7. 制冰

LNG 冷能制冰有很大市场,主要用途包括:制造大块的冰用于渔船中;食用冰(如啤酒用冰);中央空调利用冰(需求巨大,把冰分散运到需要冷却的各中央空调地点,用于冷却水冷却);其他方面(如医药、电子产品、水泥急冷)等。

二、间接利用

1. 低温破碎

利用液氮可在低温下破碎一些在常温下难以破碎的物质,如橡胶、塑料、金属。与常温破碎相比,它能把物质破碎成极小的可分离的微粒,且不存在微粒爆炸和气味污染,通过选择不同的低温可以有选择性地破碎具有复杂成分的混合物。因此这种方法在资源回收、物质分离、精细破碎等方面有极好的前景(如粉碎由金属、电子器件、塑料器件和橡胶等构成的废旧汽车)。

1) 废旧轮胎低温破碎

废旧轮胎低温破碎装置见图 7－11。利用 LNG 冷能的废旧轮胎破碎流程见图 7－12。

图 7－11　废旧轮胎低温破碎装置

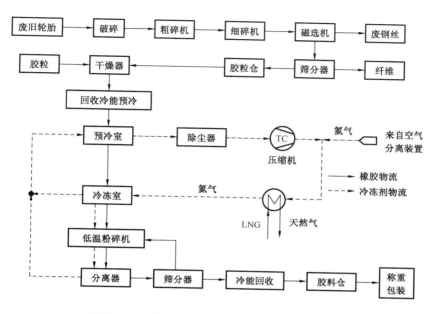

图 7 - 12　利用 LNG 冷能的废旧轮胎破碎流程

我国每年生胶消耗量的 50% 需要进口,废旧橡胶回收技术已被列入可持续发展战略中。600t/d 的液体空气分离产品可年产 3.28×10^5t 精细胶粉(按青岛绿叶橡胶公司开发的 LY 型液氮冷冻法,生产 1t 精细胶粉消耗液氮 0.32t 计算),每年可处理约 2200 万条废旧轮胎(全国一年废旧轮胎产量约 12000 万条)。将轮胎先常温粉碎为粗胶粉,再低温粉碎为精细胶粉,两种方式结合可增加经济效益。轮胎低温破碎冷能利用的效率为 70.7%。用新型的 153K 以下的低温空气(如低压氮气)代替传统的液氮,生产能耗更低。

2)食品、医药低温破碎

随着现代食品精细化发展,食品低温粉碎近年来发展迅猛。低温粉碎能抑制粉碎物发热、氧化、溶解和挥发等,使粉碎后的产物的色、香、味、营养价值等有效成分得到保持。

3)低温破碎其他应用

低温破碎在其他领域也有很多应用,如合成树脂破碎、城市废弃物或垃圾销毁等。

2. 轻烃分离

LNG 冷能用于 C_2 分离和裂解制乙烯装置中的裂解产物深冷分离,是 LNG 冷能利用的极佳途径。LNG 冷能用于轻烃分离的主要产品 C_2 既可以进一步分离,作为丙烷和 LPG(主要成分是丙烷和丁烷)分别出售,又可将其作为制取乙烯的工业原料,市场前景都非常乐观。

第三节 国内外液化天然气冷能利用的现状

一、国外液化天然气冷能利用现状

国外 LNG 冷能利用情况见表 7－4。

表 7－4 国外 LNG 冷能利用情况

国家	利用方式	详细信息	备注
日本	(1)深冷发电; (2)空气分离; (3)液态 CO_2 及干冰; (4)冷冻、冷藏库	(1)深冷发电(15 台低温朗肯循环独立发电装置); (2)空气分离(7 台,处理能力(1～2)×10^4 m^3/h); (3)液态 CO_2 及干冰(3 台,生产能力100t/d); (4)冷冻、冷藏库(1 座深度冷冻仓库,3.32×10^4t)	据文献的数据,日本东京煤气公司 Negishi 终端在 1993 年—1994 年被利用了冷能的 95×10^4t LNG 中,36.3% 用于空气液化分离,56.3% 用于深冷发电,其余用于生产液态 CO_2 和干冰及低温冷库
韩国	(1)空气分离; (2)食品冷冻、冷藏	主要以空气分离为主	冷能利用率不到20%
印度	发电	利用 LNG 冷能来提高大型燃气轮机出力	印度达波尔电厂,由美国安然投资,安装 GE 的 740MW 联合循环机组,年使用 LNG230×10^4t

二、国内液化天然气冷能利用现状

国内 LNG 冷能利用情况见表 7－5。

表 7 - 5　国内 LNG 冷能利用情况

接收站	冷能利用规划	运营情况
福建莆田	空气分离、轮胎粉碎、冷(粮)库	正常运营
广东大鹏	分离轻烃、空气分离、发电、燃气轮机进气冷却、制冰、空调等	规划中
上海	空气分离、发电、轮胎粉碎、冷库、煤汽化合成氮、干冰	规划中
浙江	空气分离	规划中
江苏	空气分离	已建成
大连	空气分离、冷库	规划中
唐山	大规模空气分离、煤汽化、伴生气轻烃分离、冷媒循环产业链	正常运营

三、液化天然气冷能的综合利用

上述单项利用方法主要是只考虑了冷能的回收,而没有考虑品位的利用,造成大量㶲损耗,从能量有效利用的角度来看是不合理的。而对 LNG 冷能进行梯级利用是很好的解决办法,见图 7 - 13。

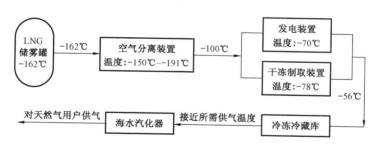

图 7 - 13　LNG 冷能梯级利用示意图

四、液化天然气冷能利用的注意事项

(1)利用过程的温度要求:由于产生低温所需动力随着温度降低将快速增加,机械效率降低,且工厂的造价随温度降低增加。因此要综合考虑、充分利用 LNG 的 - 160℃的低温,而非温度越低越好。

(2)用量的限制:由于 LNG 的使用量也随昼夜变化而变化,必须使用容易调节的系统,能根据燃气系统和发电系统负荷的变化相应调节 LNG 的供应负荷。

（3）工厂位置的限制：输送 LNG 的低温管道造价很高，且存在压力和冷量损失。因此，冷能利用工厂需尽可能靠近 LNG 终端接收站，但考虑到采购和销售环节，需兼顾交通便利。

（4）安全限制：直接利用 LNG 冷能最好，但因 LNG 易燃，应避免直接和物质进行热交换。而使用某种冷媒（如氟利昂），将使系统复杂和昂贵。

（5）间接利用的限制：利用 LNG 冷能制成液化氮和液化氧，需要消耗 LNG 冷能和电力，成本很高，有些工艺过程虽可以实现，但许多情况下被证明是不经济的。

五、液化天然气冷能利用的经济效益

如某 350×10^4 t/a 的 LNG 项目，因位于一个特大型循环经济区之内，有规模大、温位分布适宜的重化工业及其他低温冷能用户，包括大规模空气分离、油田伴生气轻烃分离以及下游低温粉碎、干冰、冷库等用户，总供冷负荷逾 70MW，70% 以上的冷能可获得利用。可行性研究表明，接收站售冷、节省天然气加热炉（SCV）燃料气收益加上缴税金，总经济效益约 4 亿元/a。油田伴生气轻烃分离项目内部收益率高于 50%，空气分离项目高于 25%，冷媒循环及各下游冷能用户项目也在 16% 以上。

第四节　液化天然气冷能利用案例介绍

LNG 冷能回收利用不是一个简单孤立的节能项目，它可以通过冷能直接利用串起一个低温产业链。同时还可以通过空气分离、液化分离技术改进，扩展空气制品（俗称工业气体）应用领域，带动一个庞大的产业群。LNG 冷能综合集成利用产业链，涉及下游的众多行业、部门和企业，实施的关键就是接收站与下游各冷能利用项目的早期同步规划和同步建设。在目前我国的经济体制和项目审批程序下，这是最大的障碍。中央企业与地方政府、企业各自掌握产业链的不同环节，部门分割、短期利益驱动、观念落后等都是统筹规划的巨大障碍。LNG 冷能综合集成利用产业链的构建，需要接收站业主协同地方循环经济开发区、相关的其他企业部门统一规划。在选址阶段，就必须充分考虑附近的工业布局和与可能的冷能产业链的集成，以及接收站附近的建设情况。

本节重点介绍中国石油某接收站冷能利用成功应用案例。

唐山 LNG 冷能利用项目由唐山瑞鑫液化气体有限公司投资建设,唐山 LNG 接收站为其提供冷能。项目占地面积约 36667m²,日产工业气体 2 × 723t(分两期建设),年设计能力 2 × 23.86 × 10⁴t。其中一期工程年产液氧 17.82 × 10⁴t,高纯液氧 0.231 × 10⁴t,液氮 4.95 × 10⁴t,液氩 0.858 × 10⁴t。建设内容包括空气分离装置、压缩厂房、储槽、产品储运装车系统、变电站、备件库及检修工区、办公楼及配套设施。从工程建设到项目投产历时两年。该项目充分利用 LNG 冷能和少量电能,使空气低温液化,并通过空气分离装置将空气分离,以制造液氮、液氧和液氩等工业产品,与传统空气分离项目相比,其生产工艺比常规生产工艺节能 45% 以上,节水 70% 以上,可以达到节约能源、安全环保、提高经济效益的目的。

一、界面条件和装置性能指标

1. 界面物性条件

(1)LNG 来料温度为 -124 ~ -156℃。

(2)LNG 流量为 74t/h。

(3)LNG 进出装置压力为 9.2MPa/8.7MPa(最高压力 11.5MPa,设计压力 13.9MPa)。

(4)LNG 进界区的管径为 DN250mm。

(5)NG 返回接收站管径为 DN400mm。

(6)NG 返回 BOG 管径为 DN200mm。

(7)NG 去火炬系统管径为 DN250mm。

(8)BOG 最低温度为 -170℃

(9)LNG 进料组分为氮气、甲烷、乙烷、丙烷、异丁烷、正丁烷。

(10)LNG 进空气分离界区压力为 9.2MPa(工艺设计点)。

(11)LNG 进空气分离界区温度为 -145℃(设计点)。

(12)冷能空气分离装置运行温度范围为 -136 ~ -153℃。

(13)LNG 在空气分离界区阻力为 ≤500kPa。

(14)NG 出空气分离界区温度为 ≥1℃。

2. 空气分离装置性能指标

空气分离装置性能指标见表7-6。

表7-6 空气分离装置性能指标

产品名称	产量 (10^6t/d)/(m³/h)	纯度 (%)	出冷箱压力 (MPa)
液氧	540(15500)	99.6%	0.05
高纯液氧	7(205)	99.999%	0.05
液氮	150(5000)	$O_2 \leq 3.0$mL/m³	0.15
液氩	26(600)	$O_2 \leq 1.0$mL/m³, $N_2 \leq 3.0$mL/m³	0.05

注:(1)m³/h指0℃,101.3kPa状态下的体积流量。
　　(2)装置操作弹性为75%~105%。

二、液化天然气和天然气输送

　　来自接收站增压泵后的部分高压低温LNG通过管道输送至空气分离界区,作为冷源进入LNG冷量回收冷箱系统的LNG—氮换热器,其中一部分直接汽化复热到1℃以上进入用户管网。其余LNG由板式中部抽出去乙二醇换热器作为冷源,将高温端冷量传递给乙二醇,自身汽化并复热至1℃以上,并通过管道输送至LNG接收站NG管网。LNG/NG输送能够与接收站通过阀门快速隔断,并有多道手动阀门截断,确保LNG接收站和空气分离工厂的安全。

三、工艺特点、优点

　　(1)采用乙二醇水溶液作为冷却剂。乙二醇水溶液在LNG—乙二醇换热器中被LNG冷却并作为压缩机级间及末级冷却器、润滑油系统、低温氮压机电动机及润滑油系统的冷源,充分利用了LNG的高温段冷量。乙二醇水溶液循环冷却系统取代传统的循环水系统,可使压缩机级间及末级冷却器的排气温度更低,能耗更低。同时,乙二醇水溶液还具有配兑容易、不易挥发、使用安全可靠、防腐和防垢等优点。

　　(2)采用氮作为与LNG换热的介质。空气分离系统与LNG—氮液化系统采用压力氮循环传送冷量,循环氮不参与精馏,空气分离系统更安全、更可靠。

（3）LNG—氮换热器的出口端设置天然气泄漏纯度分析联锁报警点，可以起到很好的防护作用，避免对液氮储槽造成污染。

（4）液氧产品直接由冷凝蒸发器中连续抽出，烃类物质在主冷中浓度远低压极限值，确保了主冷安全。

（5）LNG 均复热到1℃以上，直接并入管网，减少对 LNG 站管网系统的影响。

（6）LNG—氮液化冷箱板式换热器采用两级节流过冷，改善板式换热器温差，LNG 利用效率更高，能耗比常规流程更低。

（7）LNG—氮液化冷箱板式换热器采用高、低温分开形式，过冷段采用国产板式，LNG 板式换热器采用进口产品，既保证了效率、安全性和可靠性，又合理地降低了成本。

（8）具有完全的知识产权，具有能耗低、液氩产量高、操作弹性大、产品结构优化调整灵活、经济技术指标优越等优势。关键设备（空气压缩机、低温氮压机、乙二醇换热器、LNG 高压手动阀门）均采用国产产品，一方面大大降低了成本，另一方面对推动大型装备国产化、提升国产装备技术水平具有重要意义。

（9）空气压缩机级间、末级冷却器采用多重疏水装置，避免出现带水现象，确保后续系统安全，提高了装置的可靠性。

（10）考虑到5000m³ 的液氧储槽较高，配置了液氧充槽泵，并设置旁通管线。当储槽液位较低时，主冷液氧可以通过旁通管线直接进入储槽；当储槽液位较高时，可以通过充槽泵加压后进入储槽。这样配置既确保了储槽可以灌满，又最大限度地降低了能耗。

（11）与常规液体空气分离流程相比，取消了冷热端膨胀机及预冷机组，能耗更低。

（12）常规液体空气分离压缩机功率大，采用凉水塔风机空冷换热，循环冷却水在降温的过程中大量蒸发，补充水量大、排污量大，并需添加药剂，增大了对环境的污染。冷能空气分离乙二醇水溶液采用封闭循环，几乎不消耗工艺水，检修通过收集、过滤回收，几乎无工艺排污。分子筛和氧化铝一般 5 年左右更换一次，作为固体废弃物，排放量也很小，对环境影响很微小。装置排放的氮气、污氮气均为大气的主要成分，对环境几乎没有影响。

思 考 题

1. LNG 冷能的利用过程可分为哪两类？
2. 液化天然气冷能的特点是什么？

参 考 文 献

［1］顾安忠,等.2003.液化天然气技术.北京:机械工业出版社.

［2］李伟、章泽华、水明星.2009.工程项目管理实务.北京:石油工业出版社.

［3］张卫忠.2011.世界天然气发展趋势.国际石油经济,6:37－39.

［4］王晓芸.2009.LNG应用概况.科技信息,11:384.

［5］廖志敏,杜晓春,陈刚,等.2005.LNG的研究和应用.天然气与石油,23(3):28－31.

［6］许长胜.2000.建筑陶瓷燃油窑炉LNG替代方案分析.天然气工业,20(5):83－85.

［7］杜琳琳,李志红,郭慧.2005.LNG的利用技术及发展前景.广东化工,7:31－33.

［8］章泽华,李伟.2011.实践"业主＋PMC＋EPC"建设模式的几点做法及思考.石油工程建设,37(2):61－63.

［9］艾绍平,周荣星,张奕.2011.LNG接收站建设项目管理模式研究.中国科技博览,36:338－339.

［10］王莉,李伟.2015.中国发展LNG储备调峰的可行性探讨.国际石油经济,6:51－62.

［11］国际商会.2010.国际贸易术语解释通则.北京:中国民主法制出版社.

［12］International Group of Liquefied Natural Gas Importers.2011.Lng Custody Transfer Handbook.3rd ed.Paris:GIIGNL.

［13］桑家军.2008.液化天然气海运交接计量技术的研究.大连:大连海事大学出版社.

［14］张奕,艾绍平,安娜,等.2015.船运LNG到港计量交接作业及常见问题的解决措施.天然气技术与经济,9(1):53－56.

［15］张奕,艾绍平,王浩,等.2015.LNG接收站贸易交接在线取样技术.天然气与石油,33(2):41－45.

［16］邢辉,张荣旺.2011.船运LNG到港计量交接作业及常见问题的解决措施.天然气工业,31(8):96－100.

［17］邢辉,张荣旺.2012.液化天然气船到港接卸流程与优化.油气储运,31(5):381－386.

［18］章泽华,张奕,艾绍平.2013.薄膜型LNG储罐.石油工程建设,3:1－3.

［19］章泽华,张奕,艾绍平,等.2012.LNG储罐罐壁工程质量缺陷及控制措施.管道技术与设备,4:21－23.

［20］张奕,艾绍平,李生怀.2014.LNG接收站开架式海水汽化器的运行与维护.油气田地面工程,10:96－97.

［21］陈汝夏,刘涛.2012.LNG接收站船岸界面匹配研究分析.油气储运,31(z1):60－63.

［22］SIGTTO.2000.Liquefied gas handling principles on ships and interminals.3rd ed.Bermuda:SIGTTO.

［23］OCIMF.2008.Mooring equipment guidelines.3rd ed.Bermuda:Oil Companies International Marine Forum.

[24] OCIMF. 2005. Effective mooring. Bermuda：Oil Companies International Marine Forum.

[25] 朱刚,顾安忠.1999.液化天然气冷能的利用.能源工程,(3).

[26] Lee G S,Chang Y S,Kim M S,et al. 1996. Thermodynamic analysis of extraction processes for the utilization of LNG cold energy. Cryogenics,(1):35－40.

[27] 游立新,陈玲华.1995.液化天然气冷量利用发电方案探讨.能源研究与利用,(3).

[28] 林文胜,顾安忠,等.2003.空分装置利用LNG冷量的热力学分析.设计制造,(3).

[29] 黄玉桥,樊峰鸣.2000.液化天然气冷能利用初探.资源节约和综合利用,(3): 20－22.

[30] 王海华,张同.1998.液化天然气冷能发电.公用科技,(1).

[31] 铃木淳一.1996,利用液化天然气冷能发电.国外油田工程,(5):18－20.

[32] Kim C W,Chang S D,Ro S T. 1995. Analysis of the power utilization of the cold energy of LNG. International Journal of Energy Research,(11).

[33] Wong W. 1994. LNG power recovery. Proceedings of the Institution of Mechanical Engineers,Part A：Journal of Power and Energy,(1):1－12.

[34] Yang Y J,Huang F. 2001. Utilization of LNG cold potential in large scale gas turbine power plant. Zhongguo Dianli/Elec－tric Power,(7).

[35] Song C H,Ro S T. 1998. Performance enhancement of a gas turbine with humid air and utilization of LNG cold energy. American Society of Mechanical Engineers,(5).

[36] Nakaiwa M,Akiya T,Owa M,et al. 1996. Evaluation of an energy supply system with air separation. Energy Convers,Mgmt,37(3):295－301.

[37] 王强.2003.液化天然气冷能分析及其回收利用.流体机械,31(1):56－58.

[38] 王强.2003.液化天然气冷能㶲的特性及在汽车制冷中的回收利用.西安交通大学学报,(3):294－296.

液
化
天
然
气
接
收
站
建
设
与
运
行